아무도 넘볼 수 없는
최상의 우주 설계

필리포 보나벤투라
로렌초 콜로보
마테오 밀루치오 지음
박종순 옮김

아무도 넘볼 수 없는
최상의 우주 설계

북스힐

|

우주를 조절하는 다이얼

> 낙관론자는 우리가 모든 가능한 세상 중에서 가장 좋은 세상에
> 살고 있다고 말하고, 비관론자는 그게 사실일까 봐 두려워한다.
>
> _제임스 브랜치 캐벌, 《The Silver Stallion》

당신은 필리포 보나벤투라, 로렌초 콜롬보, 그리고 마테오 밀루치오의 새 책 《아무도 넘볼 수 없는 최상의 우주 설계》를 이제 막 읽기 시작했다.

긴장을 풀고, 정신을 모으고, 아무 생각도 하지 말라.

어쩌면 당신은 집에 있거나 야외에 있거나 교통수단을 타고 있을 수도 있다. 어쩌면 당신은 완전히 혼자일 수도 있고, 다른 사람들이 주변에 있을 수도 있다. 밖에는 해가 나 있거나 비가 내릴 수도 있고, 늦은 밤 독서와 어울리는 아름다운 정적이 흐를 수도 있다.

당신의 하루가 어떻게 흘러가거나 흘러갔든지 간에, 우리는 당신이 눈을 뜨면서부터 하루가 시작되었다고 합리적으로 확신한다. 아마도 당신은 숨을 쉬고 있다는 사실과 같이 다소 당연한 세부사항에

대해서는 그다지 생각해 보지 않았을 것이다. 당신은 지금도 숨을 쉬고 있지만, 우리가 당신에게 호흡을 지적한 지금에야 그것을 깨달을 것이다.

폐로 들어오고 나가는 공기는 당신이 살아가는 데 필요한 산소를 포함한 기체의 혼합물이다. 아마도 당신에게는 그것이 특별함과는 거리가 멀다고 느껴질 것이다. 그러나 관측 가능한 우주는 3,600억 조의 조의 조의 조의 조(3.6×10^{71}) 세제곱킬로미터에 걸쳐 있으며, 우리가 아는 한 여러분이 단 몇 분이라도 살 수 있는 유일한 곳은 여러분이 있는 이 행성의 지표면뿐이다.

이 시점에서 아마도 당신은 생존이 그렇게 당연스럽지 않다고 생각하기 시작할 것이다. 그러나 잠시만 더 들어 보시라. 우주의 질량은 약 10억 조의 조의 조(10^{45}) 톤이며, 우리가 아는 한 이 물질 중 극히 일부만이 살아 있는 유기체 성분이다. 이미 작은 이 비율 중에서 전체 인류는 1만 분의 1에 불과하다.

당신은 아마 이 책 몇 줄만 읽고서도 살아 있다는 것이 매우 행운이라는 사실을 곰곰이 생각하고 있을지 모른다. 그러나 여전히 확신이 서지 않는다면, 당신이 생명이 없는 원자 덩어리가 아닌 살아 있는 유기체가 되게 했던 우연의 일치에 대해 생각해 보라. 먼저 부모님 인생의 어느 시점에서 두 분이 만나야 했으며 이것은 결코 당연하게 여길 수 없다. 부모님의 부모님도 역시 서로 만났어야 하고, 증조부님과 증조모님도 만났어야 하고, 계속해서 시간을 거슬러 올라가 끝없는 우연의 일치가 계속해서 일어났어야 한다.

그렇다. 당신은, 우주에 수십억 개나 있는 막대나선은하 중 하나의 작은 팔에서 발견되는 그다지 특별한 것 없는 별의 궤도를 도는 세 번째 행성에서 영겁에서 영겁으로, 종에서 종으로 이어지며 수십억 년 동안 매우 긴 일련의 생물학적 생식과 유전적 전달이 무작위적으로 성공한 결과다.

오늘날 당신을 존재하게 하려면 얼마나 많은 우연의 일치가 있어야 하는지 상상해 본다면, 당신이 존재할 확률이 얼마나 미미한지 알게 될 것이다. 너무도 작아서 심지어 당신은 우주가 당신의 존재를 허용하기 위해 특별히 만들어졌다고 여길 수도 있다. 너무나도 많은 것이 우연의 일치다. 당신이 숨을 들이마시고 내쉬며, 《아무도 넘볼 수 없는 최상의 우주 설계》라는 제목의 책을 읽고 있는 지금 이 순간도 우연의 일치에 우연의 일치가 포개어진 결과다

생명, 특히 지적인 생명이 없다면 우주를 관찰하고 그것과 의식적으로 상호작용할 존재도 없을 것이다. 우리의 존재가 이 우주를 관찰 가능한 우주로 만든다. 게다가 우주는 단순하다. 더 정확히 말하자면 우리 마음으로, 적어도 부분적으로 이해될 수 있을 정도로 단순하고 규칙적이다. 이것 또한 우연의 일치일까?

그러면 요점별로 하나씩 살펴보자.

모든 과학, 특히 물리학은 가장 적은 수의 기본 가정에서 시작하여 최대한 많은 양의 현상을 설명하고자 노력한다. 물리학은 최대한 많은 사실을 가능한 한 간결하고 일반적인 진술로 '응축'했을 때 최대의 성공을 거두었다.

화학원소의 기이한 거동을 예로 들어 보자. 1859년 드미트리 멘델레예프Dmitrii Mendeleev는 주기율표의 첫 번째 버전을 발표했다. 이 표에서 원소들은 행('주기')과 열('그룹' 또는 '족')로 정의된 정확한 위치를 차지하고 있었다. 이 위치들은 원자량이 증가하면서 화학원소의 특성에 존재하는 규칙성이 드러나게 했다. 멘델레예프의 표는 원소의 특성이 잘 나타나도록 배열되어 있어서, 심지어 그 당시 알려지지 않았던 갈륨과 게르마늄 같은 원소의 존재와 특성을 예측할 수 있게 해주었다.

그러나 왜 주기율표가 다름 아닌 바로 그 구조를 가지는가에 대해서는 20세기 초반까지 미스터리로 남아 있었다. 양자역학의 출현으로 어떤 화학원소의 원자든 동일한 세 가지 입자(양성자, 중성자, 전자)로 이루어지며, 이들은 슈뢰딩거 방정식이라는 단 하나의 방정식만 따른다는 것이 이해되었다. 화학원소들은 다름 아닌 이 비범한 방정식의 다른 해들이다. 따라서 전체 화학의 바벨탑은 세 가지 입자와 하나의 방정식으로 설명될 수 있으며, 더욱이 예측까지 할 수 있다.

우리는 또한 천문학 분야의 예를 들 수도 있다. 아이작 뉴턴Isaac Newton이 중력이 우주 저 위에서도 지상에서 작용하는 것과 같은 방식으로 작용한다는 것을 깨달았을 때 천국을 이해하는 문이 활짝 열렸다. 그가 바로 최초로 이 놀라운 사실, 즉 사과가 나무에서 어떻게 떨어지는지를 설명하는 방정식이 별이 우주에서 어떻게 움직이는지도 알려 준다는 사실을 직감한 사람이다. 완전히 다른 종류의 천체들이 하늘에 새기는 궤적의 복잡한 무늬는 만유인력의 법칙 하나로 설명될 수 있고, 나아가 '예측'할 수도 있다.

뉴턴의 법칙은 지난 세기 동안 수정되고 확장되고 있었다. 그러다가 아인슈타인Albert Einstein은 공간과 시간이 분리된 독립적 실체가 아니라 깊이 상호 연결되어 있으며, 우리가 현재 시공간이라고 부르는 동일한 구조의 일부라는 것을 깨달았다. 개념의 또 다른 '압축'이며, 자연 세계를 이해하는 데 한 걸음 더 나아간 것이다. 물리학의 역사는 우주를 설명하는 데 필요한 근본적 구성요소의 수를 점차 줄임으로써, 우리가 어떻게 자연을 점진적으로 잘 정리하여 왔는가에 관한 이야기다.

당신은 궁금할 것이다. 그래서 그 구성요소는 무엇인가? 세상은 무엇으로 이루어져 있는가? 지금까지 우리가 우주에 대해 줄 수 있는 가장 좋은 설명은, 전체 우주는 서로 간과 그리고 시공간과 네 가지 다른 방식으로 상호작용할 수 있는 기본 입자들로 이루어져 있다는 것이다. 다른 두 구성요소는 우리가 존재한다고 믿지만 직접 관찰한 적은 한 번도 없는 암흑 물질과 암흑 에너지다. 그리고 이 기본 요소들로부터 모든, 혹은 그보다는, 거의 모든 물리학이 도출된다.

우주에 대한 이 설명에는 실제로 우리가 제1원리에 기초하여 도출할 수 없는 매개변수, 우리가 측정은 하지만 아직 설명할 수는 없는 숫자들이 있다. 이들은 소위 물리학의 '자유 매개변수'이다. 예를 들어, 기본 입자들의 질량이 왜 다른 값이 아닌 그 값을 가지는지가 아직 명확하지 않다. 그리고 기본 상호작용의 세기가 왜 정확히 그 값인가, 또는 암흑 에너지의 밀도는 왜 다른 값이 아닌 바로 그 값을 갖는가, 우리는 모른다.

왜 정확하게 그 숫자들인가? 자유 매개변수의 값은 우연에 의한 것인가, 아니면 어떤 필요에 의한 것인가? 커다란 골칫거리다……

물론, 기본적으로 우리는 이 값들을 아는 것으로 족하며 그것들을 설명하려고 애쓸 필요는 없다는 실용주의적인 접근 방식을 채택할 수도 있다. 우리는 그저 그것들을 측정하기만 하면 되고, 일단 우리가 그 값들을 얻고 나면 그것으로 만족할 수 있다. 이는 잘못된 접근이 아니다. 하지만 그렇지 않다. 우리는 만족하지 않는다. 전혀. 우리가 찾을 수 있는 모든 값들 때문에, 우리가 측정한 값이 결코 우연이 아닌 것으로 보인다. 따라서 그것들은 설명이 필요하다.

이제 여러분은 살아 있다는 사실이 우주를 조절하는 매개변수 값과 어떤 놀라운 관련이 있다는 건지 궁금해할 것이다.

물론 관련이 있다. 그 이유는 놀라울 정도로 간단한데, 우주를 지배하는 매개변수들이 여러분이 살아서 이 책을 읽을 수 있도록 특별히 조정된 것처럼 보이기 때문이다.

당신이 원하는 대로 조정할 수 있는 여러 개의 다이얼이 있다고 상상해 보라. 각각은 엄청난 범위의 값을 다루며, 어떤 값을 다른 값보다 선호할 이유는 없다. 좋을 대로 아무 다이얼이나 돌릴 때마다 당신이 선택한 값에 따라 그 속성이 결정되는 우주가 생성된다. 그런데 무한히 적은 수의 조합만이 생명체에 적합한 속성을 가진 우주를 생성한다. 생명과 양립할 수 있는 매개변수의 조합은 무척 적고 가망이 거의 없어서, 생명이 존재하는 우주를 얻는 것은 건초 가리 100만

개 속에서 바늘을 찾기보다 더 어렵다. 그럼에도 불구하고 당신은 이렇게나 몹시도 있을 법하지 않은 우주에 살고 있다.

따라서 우리는 이 책에서 우주의 기본적인 구성요소를 검토하고, 그들이 당신의 존재를 허용하도록 특별하게 조절된 것처럼 보인다고 말할 때 그것이 의미하는 것이 무엇인지 이해하도록 노력할 것이다. 사실 그 다이얼 중 하나를 조금만 움직여도 당신과 우리, 우주의 모든 생명, 심지어 우주 자체를 소멸시키기에 충분하다는 것을 알게 될 것이다. 과학과 철학 사이의 이러한 일련의 관찰을 '인류 원리anthropic principle'라고 한다. 다음으로 우리는 이 퍼즐에 대한 몇 가지 가능한 설명을 제시할 것이다. 스포일러가 있다. 우리는 아직 망망대해 위에 떠 있다는 것이다. 만약 당신이 한 무리의 물리학자나 철학자와 함께 저녁식사를 하게 되었고, 마음을 따뜻하게 하거나 대화를 되살릴 방법을 찾고 있다면, 확실히 인류 원리를 화제로 내놓을 수 있을 것이다. 무수히 많은 평행 우주가 있다고 대답하는 사람들, 우주가 지적인 설계자에 의해 설계되었음을 조금도 의심하지 않는 사람들, 우리 모두 거대하고 매우 정밀한 시뮬레이션 속에 살고 있다는 생각을 소중히 여기는 사람들 사이에서, 당신은 우리가 이 어려운 문제에 대한 공통의 비전을 가지는 건 아직 멀었음을 완벽하게 이해하게 될 것이다.

이 시점에서 이것은 엄밀히 과학적인 문제가 아니라는 회의가 들수도 있다. 그렇지 않다는 증거로서, 우리는 이 책의 결론을 순전히 '인류적' 추론을 통해 얻은 놀라운 예측으로 맺기로 했다.

이 책을 읽은 후, 당신이 과학의 역사에서 진정으로 마법 같은 시기에 존재하고 있다는 느낌이 들기를 바란다. 우리는 고대 학자들이 '신의 마음'이라고 불렀을, 바로 우리 우주의 구조가 기반으로 삼는 숫자들을 직접 엿볼 수 있다. 그리고 우리는 그 숫자가 놀랍게도 생명을 허용하도록 정확하게 조절된 것 같다는 점을 깨달았다. 모든 것이 우주에 대한 우리의 불완전한 이해의 결과인지, 보편적 질서의 결과인지, 아니면 '생명'이 무엇인가에 대한 우리의 지식이 부족한 탓인지, 우리는 여전히 모른다. 아마도 100년 후에 우리는 인류 원리와 같은 것이 있을 수 있다고 생각한 것만으로도 우리가 바보였다고 믿게 될 수도 있다. 혹은 어쩌면, 우주가 어떻게 작동하는지 더 잘 이해하고자 하는 희망에서, 우리는 우리 자신과 우리 존재에 대한 근본적인 것을 이해하게 될 수도 있다. 그러나 하나는 확실하다. 오늘날의 과학은 대문자로 쓰인 '빅 퀘스천Big Question'들을 그 어느 때보다 잘 다룰 수 있다. 그 질문들은 얼마 전까지만 해도 철학자들만의 특권이었다.

요컨대, 이제는 알았을 것이다. 당신의 안식처일 뿐만 아니라 당신을 위해 맞춤 제작된 이 광대하고 멋진 우주를 발견하기 위한 긴 여행을 이제 막 시작하려고 한다는 것을.

떠나 보자!

목차

1장

|

맞춤 양말

인류 원리

어느 날 아침에 물웅덩이가 깨어나서 이렇게 생각한다고
상상해 보라. "내가 사는 세상, 그러니까 내가 우연히 놓이게 된
이 흥미로운 구멍이 내게 딱 맞는다는 게 신기하지 않은가?
정말이지 놀라울 정도로 내게 맞아.
내가 놓이기 위해 만들어진 게 틀림없어!"

_더글러스 애덤스, 《The Salmon of Doubt》

중심을 없애라

고대 그리스인들은 많은 것을 알고 있었다. 우리는 세계, 자연, 인간
을 바라보는 그들의 방식으로부터 많은 것을 물려받았다. 그들은 모
든 인간에게는 사물의 질서를 탐색하고 이치와 의미를 열렬히 추구
하게 만드는 비합리적 열정과 이성적 엄격함이 공존한다는 것을 알
고 있었다. 열정은 말, 이성은 그것을 제어하는 기사다.

인간 경험의 이 두 가지 필수적인 부분은 그리스 신화 속의 두

기본 용어, '카오스'와 '코스모스'로 표현된다. 카오스는 예측할 수 없는 것, 심연, 가능성, 무엇인가 되기를 갈망하는 공허함, 창조 이전의 어둠, 태초의 생성력이다. "태초에 혼돈이 있었다"라고 헤시오도스 Hesiodos는 그의 《신통기Theogony》에 쓰고 있다. 코스모스는 카오스와 반대되는 것으로서 질서, 구조, 정의할 수 있는 것의 집합이라고 할 수 있는 것이다. 자연에 관한 연구는 무엇보다도 항상 사물의 근본적인 질서에 관한 연구였다.

그러나 이 질서는 무엇으로 구성되어 있는가? 대답은 하나만이 아니고 끊임없이 진화하고 있다. 즉 과학적 연구와 긴밀하게 협력하면서 전진하고 있다. 원시인은 자신이 우주의 중심, 곧 전체 질서의 중심에 있다고 생각하기 쉬웠다. 왜냐하면 그것이 그가 관찰한 시점에서 본 것이기 때문이다.

창밖을 보라. 태양, 달, 행성, 항성 등 모든 것이 당신 주위를 도는 것처럼 보인다. 우리가 모든 것의 중심에 있고 모든 것이 우리를 여기 있게 하도록 특별히 만들어졌다는 사실을 믿지 않기는 어렵다. 우리가 숨 쉬는 데 필요한 공기, 수분을 공급하는 데 필요한 물, 그것 없이는 우리가 살 수 없는 빛과 열이 존재하는 이유를 달리 어떻게 설명할 수 있을까?

그러나 우리가 말했듯이 고대 그리스인들은 많은 것을 알고 있었다.[*] 지구가 만물의 중심에 있다고 모두가 확신한 것은 아니다. 사실 아르키메데스Archimedes가 보고한 바에 따르면, 이미 기원전 270년에 사모스의 아리스타르코스Aristarchos는 "항성과 태양은 움직이지 않고,

지구는 원의 둘레를 따라 태양 주위를 돌며, 태양은 그 궤도의 중심에 있다"라고 썼다. 그러나 우리가 알다시피 프톨레마이오스Ptolemaeos가 《알마게스트Almagest》에서 집대성한, 모든 것의 중심에 움직이지 않는 지구가 있다는 생각이 널리 퍼졌고, 이후 이 모델을 통해 창조에서 인간의 중심성이 확증되는 것을 본 그리스도교 스콜라철학에 의해 되살아났다.

프톨레마이오스 모델 또는 지구 중심 모델은 17세기 초까지 무려 17세기 동안 거의 방해받지 않고 유지되어 왔다. 사실, 한 세기 반 전인 1440년에 니콜라우스 쿠사누스Nicolaus Cusanus가 아리스타르코스의 개념을 유럽에 다시 가져왔다. 그는 이렇게 썼다. "그러나 이제는, 비록 우리가 그 움직임을 느끼지 않더라도 이 지구가 진짜로 움직인다는 것이 우리에게 분명하다." 그리고 한 세기 후에 니콜라우스 코페르니쿠스Nicolaus Copernicus는 이번에는 순수한 추론이 아니라 천문학적 데이터와 측정에 기초하여 태양 중심 이론을 다시 제안했다.

그러나 갈릴레오 갈릴레이Galileo Galilei가 새로운 천문 장비인 망원경의 도움을 받아 이 문제를 한 번에 해결하기까지 더 기다려야 했다. 망원경은 이미 항해용으로 존재하고 있었다. 갈릴레오는 17세기 초에 그것을 약간 고쳐서 하늘을 향해 본 최초의 사람 중 하나였다. 그리고 하늘에서 그는 프톨레마이오스 모델은 틀렸고 코페르니쿠스

• 현대 그리스인들을 폄하하는 건 아니다!

모델(또는 태양 중심 모델)이 옳다는 압도적인 증거를 발견했다.

갈릴레오와 함께 현대 과학이 공식적으로 탄생했다. 그는 최초로 오늘날 우리가 과학적 방법(그 핵심은 관찰을 통해 가설을 검증한다는 생각이다)이라고 부르는 것을 엄밀하게 따랐다. 갈릴레오 망원경의 접안렌즈에서 하늘이 보여 준 것은 명백했다. 태양 주위를 돌고 있는 것은 지구이지, 그 반대가 아니다.

그것은 진정한 혁명이었다. 고대 패러다임의 빗장이 뽑혔을 뿐만 아니라, 처음으로 우리 인간은 공식적으로 우주의 중심으로부터 내던져졌다. 만약 지구가 특별한 위치에 있지 않다면, 우리 또한 특별하지 않다.

이어지는 수 세기 동안 천문학에서 이루어진 위대한 발견들은 우리가 한때 우리의 것이라고 믿었던 가설적인 중심으로부터 점진적으로 우리를 물러나게 했을 뿐이다. 그러나 18세기까지는 우주가 공간에 균일하게 분포된 별들로 채워져 있으며 은하수가 전체 우주라고 믿었다.

놀랍게도 최초로 이 모델에 의문을 제기한 사람은 천문학자가 아니라 유명한 철학자 이마누엘 칸트Immanuel Kant다. 《순수 이성 비판》의 저자는 별들이 큰 '별의 도시'(지금 우리가 은하라고 부르는 것)로 무리 지어 있으며 우리 은하도 그중 하나일 뿐이라고 주장했다. 칸트는 안드로메다 대성운(당시에는 그렇게 불렸다)과 마젤란 성운이 은하수와는 구별되는 '별의 도시'라고 올바르게 가정했다. 그러나 칸트는 과학자가 아니었기 때문에, 동시대 사람들에게는 완전히 별나게 보였던 가설

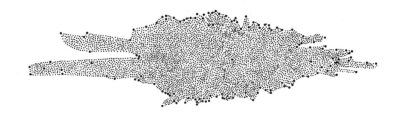

을 뒷받침할 경험적 데이터가 그에게는 없었다.

그러나 이 가설은 천왕성을 발견한 것으로 유명한 당대 최고의 천문학자 중 한 명인 윌리엄 허셜William Herschel에 의해 진지하게 받아들여졌다. 1785년 허셜은 야심 찬 제목의 저서를 출판했다. 은하수의 별들에 대한 최초의 지도가 포함된 《우주 구성론On The Construction of the Heavens》이었다. 허셜은 안드로메다와 다른 '성운'이 은하계 밖에 있다는 것을 증명할 수는 없었지만, 수천 개의 별의 위치를 지도로 만들어, 이 그림에서 볼 수 있듯이 우리 은하의 평평한 모양을 추론한 첫 번째 사람이었다.

허셜의 작업은 기념비적이었지만(그는 북쪽과 남쪽 하늘 양쪽의 수백 군데 지역을 관찰했다), 부정확했다. 거리를 계산하기 위해 이 천문학자는 모든 별이 동일한 고유 밝기로 빛난다는 잘못된 가정에서 출발했다. 그 결과 허셜은 많은 거리를 과소평가했고, 중앙에 보이는 가장 어두운 점인 태양을 가운데 위치에 배치했다.

그는 틀렸다. 오늘날 우리는 태양이 은하 중심과 원반 가장자리 사이의 중간 정도에 있다는 것을 알고 있다. 그러나 1920년대에 천문학자 할로 섀플리Harlow Shapley가 구상성단(수십만 개의 별에 의해 형성된

구형 덩어리)의 분포를 연구해 태양이 우리 은하 주변부에 자리한다는 사실을 처음으로 이해할 때까지는 그 위치로 간주되었다. 섀플리는 이렇게 한 걸음 나아갔지만, 그 역시 부분적으로만 나아갔을 뿐이다. 그는 우리 은하가 유일하고 그 너머에는 아무것도 없다는 주장을 지지했다.

특히 히버 커티스Heber Curtis가 그에 반대했다. 또 다른 위대한 천문학자였던 커티스는 안드로메다 같은 '성운'이 실제로 우리 은하와 구별되는 은하라는 칸트의 생각을 지지했다. 섀플리와 커티스 사이의 논쟁은 현대 천문학의 '위대한 논쟁'으로 역사에 기록되었다.

1923년, 안드로메다가 그 자체로 은하임을 보임으로써 이 문제를 최종적으로 해결한 이는 에드윈 허블Edwin Hubble이었다. 나중에 섀플리의 가설 또한 확증되었다. 우리 태양은 은하의 중심에 있는 것이 아니다.

우주를 재창조한 남자

1923년 10월 5일과 6일 사이의 밤에 에드윈 허블은 캘리포니아 윌슨산 천문대에서 당시 세계 최대 망원경(지름 2.54미터)으로 안드로메다 '나선성운'을 관찰하고 있었다. 그는 사진판 중 하나에 3개의 N을 표시했다. 그 것은 '신성nova', 즉 거대한 항성 폭발을 표시한 것이다. 그러나 이 이미지를 이전에 만들어진 다른 이미지와 비교함으로써 허블은 3개의 N 중 하나가 시간이 지남에 따라 밝기가 증가했다가 감소했다는 것을 알았다. 이 것은 폭발하는 별에서 일어나는 일이 아니라 변광성에서 일어나는 일이다! 그래서 허블은 N을 지우고 멋진 'VAR!'로 대체했다(그림 1.1).

천문학자가 주석을 느낌표로 끝낸다면 그것은 방금 놀라운 발견을 했다는 의미다. 그리고 허블의 발견은 정말 굉장한 것이었다. 그가 식별한 별은 변광성의 일종인 세페이드Cepheid로, 그 거리를 매우 정확하게 측정할 수 있다. 1912년에 위대한 천문학자 헨리에터 레빗Henrietta Leavitt은 세페이드의 광도가 변하는 주기와 고유 광도 사이의 정확한 관계를 발견했다. 허블은 별의 주기를 측정하여 레빗의 법칙에 따라 세페이드의 진정한 고유 밝기를 얻었다. 후자를 겉보기 밝기와 비교함으로써 허블은 안드로메다 성운까지의 거리를 계산할 수 있었다. 그가 약 100만 광년의 값을 얻었을 때 그는 자신의 눈을 믿을 수 없었다. 그것은 우리 은하 크기보다 10배 큰 값이다!

오늘날 우리는 안드로메다 은하가 실제로는 250만 광년 떨어져 있다는 것을 알고 있지만, 그 부정확한 측정만으로도 의심을 일소하기에 충분했다. 안드로메다는 은하계 바깥의 천체다. 에드윈 허블은 우주가 인류가 생각한 것보다 훨씬, 훨씬 더 크다는 것을 최초로 발견한 사람이었다…….

그 뜨거웠던 해로부터 한 세기도 채 지나지 않았다. 생각해 보면 별 것 아닌 것 같다. 우리 은하 너머에는 아무것도 없다고 생각했던 시대로부터 겨우 서너 세대가 지났을 뿐이다. 오늘날 우리는 그 발견의 역사적 중요성을 거의 인식하지 못한 채 다른 은하가 존재한다는 사실을 당연하게 받아들인다. 우주의 중심으로부터 지구를 밀어낸 코페르니쿠스 혁명 이후, 20세기 전반부에는 태양 또한 우리 은하의 중심으로부터 밀려났다. 그리고 은하수 자체도, 1929년에 허블이 보여 주었듯, 끊임없이 팽창하는 우주 속의 수많은 은하 중 하나일 뿐이라는 것이 밝혀졌다.

천문학과 함께 우주에서 우리의 위치에 대한 인식도 완전히 뒤집혔다. 불과 400년 전만 해도 작고 순진했던 우리 인류는 우리가 모든 것의 중심에 있다고 느꼈고, 온 우주가 우리를 위해 예정되었다고 믿었다. 그리고 지금 여기 우리가 있다. 상상할 수 없을 정도로 광대한 우주 어느 곳에나 흩어져 있는 아주 작은 티끌로.

겸손에 대한 이 위대한 교훈은 천문학자들에게 너무나 중요해서, 이른바 우주론적 원리cosmological principle(우주를 충분히 큰 규모로 고려하면 우주는 어디에서 보든, 어느 방향에서 관찰하든 동일한 속성을 가지고 있다는 원리)라고 불리는 하나의 원리로 채택되기도 했다. 생각해 보면 이것은 코페르니쿠스 사상의 확장에 지나지 않으며, 여기에서 또 다른 고려 사항이 파생된다. 만약 모든 장소가 같다면, 우리가 있는 곳은 중심이 아니다. 그 어떤 것도 그곳을 우주의 다른 어떤 지점과 예외적이거나 다르게 만들지 않는다. 우리의 위치는 특별하지 않으며 어떤 식으로도 특권을 가지지 않는다. 우리는 우주에서 무작위의 장소에 있다.

이 '스스로를 특별하다고 여길 권리가 없다는 느낌'은 이제 과학적 사고의 기본 원칙 중 하나로 간주되며, 어떤 이들은 더 나아가 이것을 우주를 관찰하는 우리의 장소만 독특하지 않은 게 아니라 관찰자인 우리 역시 독특하지 않다는, 이른바 '평범함의 원칙'으로 확장한다. 이 원칙에 따르면 사실 인간은 특별하지 않다. 인간은 물리학과 화학 법칙에 의해, 정확히 우리를 우리로 만드는 방식과 조건에 따라 모인 원자들이다. 우리는 단지 그 법칙들이 우리를 존재하도록 허용하기 때문에 존재하는, 물리와 화학 법칙의 결과일 뿐이다.

무작위라니, 젠장!

어이, 모두 그만. 우리는 우주에서 무작위의 장소에 있는 게 아니야! 절대 그렇지 않아!

만약, 이상적으로 말해서, 당신이 눈을 감고 연필로 우주의 임의의 장소를 가리키면 그곳은 십중팔구 거의 비어 있는 검고, 어둡고, 추운 장소일 것이다. 왜냐하면 이것이 본질적으로 큰 규모에서 본 우주이기 때문이다. 밀도가 약간 더 높은 가스 '거품'이 산발적으로 흩어져 있는 거대한 텅 빈 영역이다. 내가 우주에서 임의의 장소를 선택하면 거의 틀림없이 그곳은 −270℃의 온도에, 다른 어떤 것과도 매우 멀리 떨어져 있고, 공기도 없고 빛도 없는 믿을 수 없을 정도로 황량한 곳일 것이며, 거기서 당신은 기껏해야 TV 뉴스 주제곡이 나가는 시간 동안만 살아 있을 수 있을 것이다.

그러나 우리는 온도가 쾌적하고, 대기층은 두껍고, 산소가 풍부하며, 그 무엇보다도 우주에서 무작위로 선택한 장소에서는 쉽게 찾을 수 없는 액체 상태의 물이 풍부한 곳에 있다.

공간에서의 우리의 위치뿐만 아니라 시간에서의 우리의 위치도 무작위가 아니다. 우리가 가진 가장 정확한 측정에 따르면 우주의 나이는 138억 년이다. 이것은 우리의 터무니없는 시간 척도(우리 중 가장 운이 좋은 사람도 이 값의 0.0000007%밖에 살 수 없다!)와 비교하면 확실히 길지만, 우주 자체의 기대 수명에 비하면 매우 적은 수치다. 아마도 우주는 상상할 수 없을 정도로 오랜 시간 동안, 아마도 이 페이지에 들어갈 수 있는 숫자보다 더 오랜 시간 동안 계속 존재할 것이다.

이 엄청난 시간의 광활함 속에서 지금 바로 여기에 있는 것은 결코 우연이 아니다. 지금은 우리와 같은 존재를 위해서 적당한 시기다. 사실, 너무 어린 우주에서는 별들이, 그것 없이는 우리가 존재할 수 없었을 탄소와 다른 무거운 원소들을 형성하기에 충분한 시간이 없었을 것이다. 그리고 그런 원소가 이미 존재했더라도 생명은 그저 시작에 불과했을 것이다. 자연선택은 아직 지능적인 생명체 발달로 이어지지 않았을 것이다. 다른 극단인 너무 오래된 우주에서는 별들이 더 이상 존재하지 않을 것이다. 그곳은 매우 춥고 어둠이 모든 곳을 지배할 것이다. 결코 살 만한 곳이 아니다!

이러한 모든 이유로 "비록 우리의 상황이 중심적이지 않더라도, 우주에서 우리의 위치는 불가피하게 특별한데 […] 관찰자로서 우리의 존재와 양립하기 때문이다." 다소 '반코페르니쿠스적'인 정신을 담은 이 말은 물리학자 브랜던 카터 Brandon Carter가 1973년 코페르니쿠스 탄생 500주년을 기념하여 크라쿠프에서 개최한 우주론 학회에서 발표한 것이다. 이 연설을 통해 카터는 전 세계 학자들 사이에서 여전히 인기 있는 논쟁에 길을 터 주었다. 그는 이러한 관찰을 한 첫 번째 사람이 아니었지만, 어떤 이유에서인지 그 질문을 전체 과학계에 강력하게 가져온 것은 그였다. 그리고 그는 또한 이 개념에 '인류 원리'라는 이름을 부여한 사람이기도 하다.

그 생각은 너무나 단순해서 거의 뻔해 보인다. 우리가 여기서 우주를 관찰할 수 있다면, 그것은 우리의 존재와 양립할 수 있는 위치에 우리가 있기 때문이다. 그러니까 어떤 특별한 방식으로 말이다. 따라서 언뜻 보기에 인류 원리는 다소 자명하다고 생각할 수 있다. 우주는, 우리가 존재한다는 것을 참작하면, 생명과 양립할 수 있는 조건을 반드시 만들어 낼 수 있어야 한다. 사실 이 관찰에 이의를 제기할 사람은 거의 없을 것이다. 그러나 좀 더 자세히 살펴보면 그것은 앞에서 기대한 것과는 거리가 멀다. 왜 그런지 알아보자.

당신이 30개의 방이 있는 저택 안에 있다고 가정해 보자. 다른 29개의 방은 본 적이 없고, 지금 있는 방은 파란색 벽으로 되어 있다. 다른 방도 파란색 벽이라고 가정할 수 있을까? 아니, 그렇지 않다. 왜냐하면 관찰 지점이 무작위인지, 특별한지, 또 어느 정도로 그런지 모르기 때문이다. 즉, 당신은 지금 보고 있는 방이 건물 전체를 대표하는 표본인지 알지 못한다. 어쩌면 당신은 저택에서 유일한 파란색 방에 있고, 나머지 방은 모두 흰색 벽으로 되어 있을 수도 있다. 어떻게 그것을 알 수 있겠는가?

현대 우주론은 20세기 초 여명기부터 우주론적 원리, 즉 우리의 위치가 전혀 특별하지 않으며, 따라서 우리가 관찰할 수 있는 것이 큰 범위에서 우주를 대표한다는 원리를 바탕으로 진보했다. 우리가 이 방에서 파란색 벽을 보면 다른 방도 역시 같은 색이라고 합리적으로 확신할 수 있다.

그러나 카터가 주장했듯이, 우리의 존재 자체가 이 가정과 부분적으로 모순되는 것으로 보인다. 오히려 우리의 관찰 지점이 적어도 부분적으로는 특별한 곳이라는 것을 고려하도록 요구한다. 그렇다면 관찰 지점의 비(非)무작위성이 우리가 수행하는 관찰, 우리가 공식화하는 가설, 그리고 우리가 추론하는 이론에 영향을 주지 않는다고 어떻게 확신할 수 있을까? 우리가 하나뿐인 파란 방에 있지 않다는 것을 어떻게 아는가?

이제 이 두 원리, 우주론적 원리와 인류 원리 사이의 부분적인 불일치가 이해되는가? 인류 원리는 바로 우주론적 원리의 너무 엄격한 사용을 피하고 비무작위적인 위치로부터 우주를 관측하는 데서 오는 왜곡을 평가하고 가능하다면 정량화하기에 유용한 추론을 제공하기 위해 카터에 의해 제안되었다. 인류 원리는 우리가 우주에 관한 이론을 발전시킬 때 우리가 존재한다는 사실, 즉 우주 자체가 생명과 양립할 수 있다는 사실을 고려하기를 요구한다.

예를 들어 누군가 당신에게 별은 100만 년 이상 살지 않는다는 이론을 제안하려 한다면, 인류 원리를 발동하는 것만으로도 레드카드를 들어서 제안자에게 그 이론을 되돌려 보낼 수 있다. 우주는 '반드시' 오래 사는 별을 생산하는 방식으로 만들어져야 한다. 왜냐하면 우리가 존재하고 있고, 또 우리가 존재하기 위해서는 수명이 긴 별이 필요하기 때문이다. 따라서 우리는 다음과 같이 인류 원리를 공식화할 수 있다.

우주에는 지성을 가진 생명체가 존재한다. 그렇다면 우주는 그것을 만들어 내는 것을 가능하게 만드는 속성을 가져야 한다.

이제 오해의 영역을 없애자. 비록 그 이름은 명시적으로 우리를 언급하고 있지만, 인류 원리는 특별히 인간에 관한 것이 아니다. 그것은 우리가 두 팔과 두 다리 그리고 23쌍의 염색체를 가진 영장류인 호모 사피엔스로 존재한다는 사실과는 아무 관련이 없다. 그것은 우리가 '우리가 존재한다는 것을 인식하는 존재'라는 사실과 관련이 있다.

이것이 우리가 앞선 정의에서 우리 종에 대한 언급을 넣지 않은 이유다. 우리는 비늘과 수염으로 뒤덮여 있을 수도 있고, 16개의 촉수와 하나는 입방체인 3개의 눈, 또는 마지팬(으깬 아몬드, 설탕, 달걀 흰자로 만든 말랑말랑한 이탈리아 과자 – 옮긴이) 외골격*을 가질 수도 있다. 중요한 것은 우주를 관찰할 수 있는 자의식을 가진 존재를 우주가 생성할 수 있다는 것이다.

누구에게 약한가?

우리는 인류 원리가 자명한 논증과는 거리가 먼 것으로, 우주의 특성을 단순히 주목하는 것이 아니라 그것을 설명하려는 추론 방식으로

---

* 의심의 여지 없이 가장 쓸모없는 외골격이 될 것이다!

이루어져 있다는 것을 당신이 이해했기를 진정으로 바란다.

그리고 우주가 왜 다른 방식도 아니고 바로 이렇게 만들어졌는지를 설명하려는 시도에서, 인류 원리를 궁극적인 원인론적 방식으로 사용하려는 유혹이 자연스럽게 일어난다. 결국, '우주는 생명에 적합하게 만들어졌다, 왜냐하면 우리가 존재하니까'와 '우주는 우리가 존재하게 하려고 생명에 적합하게 만들어졌다'의 경계는 매우 모호하다.

인류 원리의 이 두 가지 다른 공식은 각각 '약한 인류 원리'와 '강한 인류 원리'라는 이름을 가진다. 첫 번째는 앞에서 말한 것과 같다. 두 번째는 '강한'이라는 말이 붙을 자격이 있는데, 왜냐하면 대응되는 것보다 소화하기가 훨씬 더 어렵기 때문이다.

카터는 다음과 같이 썼다. "우주(그리고 결과적으로 우주가 의존하는 기본 매개변수들)는 반드시 관찰자를 창조할 수 있어야 한다. 데카르트René Descartes를 인용하자면 *cogito, ergo mundus talis est.*" 나는 생각한다. 그러므로 세상은 있는 그대로이다.

이렇게 공식화한 인류 원리는 앞 단락에서 설명한 것과 크게 다르지 않다. 그러나 '반드시'라는 것이 문제다. 왜냐하면 그것은 여러 다른 해석을 제공하기 때문이다. 먼저 연역적으로 이해할 수 있다. "우리가 존재하기 때문에, 우주는 반드시 우리가 '존재할 수 있도록' 만들어진 것이어야 한다." 이것은 인류 원리의 약한 공식화에 속하는 진술이다. 그러나 그 '반드시'는 전혀 다른 의미로도 이해될 수 있다. "우주는 우리를 '창조하려고' 만들어진 듯이 만들어졌다." 강한 인류 원리를 선언하는 방법은 다음과 같다.

지적 생명체를 발전시키고 유지하는 우주의 능력은 우주 자체의
고유한 필연성이다.

수 세기에 걸친 과학적 진보가 우리 인간을 창조의 중심에서 점점
더 멀어지게 하고, 거대한 우주적 풍경과 비교해 우리를 점점 더 하
찮게 만들더니, 강한 인류 원리는 궁극적 원인론을 끄집어내어 다시
금 인간이 창조의 궁극적 목적이라고 생각하게끔 우리를 밀어붙인다.

인류 원리의 강한 버전이 당신에게 다소 위험해 보인다면, 존경
받는 과학자들이 그것을 완전히 수용하고 있다는 점을 알아 두라. 예
를 들어, 20세기의 가장 위대한 이론 물리학자 중 한 사람인 프리먼
다이슨Freeman Dyson은 다음과 같이 썼다. "우주는 우리가 도착하리라
는 것을 이미 알고 있었을 것이다. 물리학 법칙에는 우주를 생명이
살 수 있도록 만드는 데 부합하는 것처럼 보이는 수치적 우연이 있
다." 이것이 강한 인류 원리가 아니라면······.

그러나 다이슨이 말하는 우연의 일치는 무엇일까? 그리고 우리의
존재를 물리학 법칙에 따라 거의 '최초부터' 예견된 필연이라고 간주
하는 과학자들이 있다는 것이 어떻게 가능할까?

그것은 완벽한 양말이다

우리 행성을 우리에게 이토록 완벽한 곳으로 만드는 데 얼마나 많은 우연의 일치가 있어야 하는지 생각해 보라.

먼저 언제나 우리를 둘러싸고 있는 공기부터 살펴보자. 지구의 대기는 그저 아무런 대기가 아니라 우리가 여기 있게 허용하기 위해 정말 구체적으로 설계된 것처럼 보이는 특성을 가진다.

우선, 우리가 얼어 죽지 않는 것은 대기 덕분이다. 대기에 포함된 일부 가스(메탄, 이산화탄소 등)에 의해 생성되는 온실효과가 없다면 지구의 평균 온도는 현재의 14℃가 아니라 −18℃였을 것이다. 지표면의 액체 물은 확실히 통상적이지 않았을 테고, 생명체가 발달하고 진화하기 위해 정말로 분투했어야 할 것이다. 우리의 대기는 생명에 이상적이다. 대기에는 액체 상태의 물이 존재할 수 있는 온도에 도달하기에 충분한 온실가스가 포함되어 있지만, 지구를 살 수 없는 지옥으로 만들 만큼 많지는 않다. 사실 너무 많은 온실가스는 지구의 평균 온도를 살 수 없는 수준으로 높일 것이다.

그다음으로 대기의 화학적 조성을 분석해 보면, 21%의 산소를 포함하고 있음을 발견한다. 어떤 비율이건 괜찮다고 생각할 수도 있다. 조금 더 많거나 덜 있다고 해도 별 차이 없지 않을까? 아니, 틀렸다. 만약 산소 비율이 25%로 증가하거나 15%로 떨어지면 대기는 더 이상 지구의 생태계를 지탱하기에 적합하지 않을 것이다.

그리고 아직 충분하지 않다면, 우리의 대기는 X선과 감마선같이 그 어떤 생명체의 건강에도 매우 해로운 이온화 방사선의 통과를 완전히 차단할 수 있다는 점을 알아야 한다. 대기가 이 방사선을 통과시킨다면 지구의 생명체는 바다 깊은 곳에서만 살 수 있을 것이다.

보호장치에 대해 말하자면, 지구는 또 다른 중요한 방패를 제공한다. 바로 우주선cosmic ray이 통과하지 못할 정도로 강한 자기장이다.

우주선은 대부분 태양으로부터 오는 고에너지 하전 입자이지만 더 먼 곳으로부터도 온다. 우주선을 가릴 수 있는 것이 아무것도 없다면 그것들은 계속해서 우리를 때려서 DNA에 손상을 입힐 것이다. 우리의 장기적인 생존은 절망적으로 위태로워질 것이다. 다행히도 지구 자기장은 우주선을 편향시키는 방패 역할을 한다. 이것은 극지의 오로라를 일으키는 메커니즘이다. 그러므로 다음에 비록 사진으로라도 오로라를 보게 되면, 지구가 그것을 만들 수 없다면 우리는 존재하지 않으리라는 것을 생각하라. 고맙다, 오로라. 더 정확히는 지구 자기장을 생성하는 철-니켈 핵이여, 고맙다. 정말 잘했어!

우리가 지구에서 멀리 떨어져서 우리 이웃(달을 말한다-옮긴이)을 관찰한다면, 그것 역시 우리 행성에서의 삶을 특별히 편안하게 만드는 데 이바지하고 있다는 것을 알게 된다. 달은 지구의 자전축을 안정시켜 계절과 지구 기후를 규칙적으로 만든다. 목성은 그 큰 질량으로 많은 양의 소행성을 자신에게 끌어당겨 대량 멸종을 일으킬 수도 있는 지구와의 충돌을 막아 준다. 그리고 태양이 만약 다른 유형의 별이었거나, 별의 일생에서 다른 단계에 있었다면 완전히 생명이 살 수 없었을 것이다.

은하수에서 우리 태양계의 위치도 결코 무작위가 아니다. 사실 그것은 우리가 존재하도록 하기에 완벽하다. 만약 중심부에 산다면, 이 경우는 전혀 유리하지 않을 것이다. 지구가 은하 중심에 너무 가까이 있다면, 즉 수명을 다해 초신성으로 폭발하는 거대한 별들이 밀집한 곳에 있다면, 지구는 매우 강력한 충격파와 감마선에 의해 정기적으로 '멸종'될 것이다. 반면에 우리가 은하계의 가장자리에 있다면, 정반대 상황에 놓이게 될 것이다. 별들은 우리에게서 너무 멀리 떨어져 있을 것이고, 따라서 별들이 죽어 가면서 주변에 흩어 놓는 모든 생명의 필수 원료인 탄소, 산소, 질소, 규소, 철 등의 무거운 원소들 역시 너무 멀리 있을 것이다.

그러니 맞다, 우리는 이상적인 위치에 있다. 은하 중심에서 26,000광년(은하 원반의 반지름은 약 50,000광년), 초신성이 우리 얼굴 앞에서 계속 폭발하지 않으면서도 상당히 많은 양의 무거운 원소들이 보장되는 거리에 있는 것이다.

아마도 이 시점에서 당신은 우리의 존재가 진정한 기적이라고 생각하고 있을 것이다. 생명체가 살 수 있도록 올바른 방향으로 가야 하는 것들은 너무 많아서, 한 행성에 그것들을 모두 모으는 것은 엄청난 일이다. 그런데 잠깐, 만약 그렇게 생각하고 싶은 유혹을 느낀다면 참길 바란다. 그것은 "내 발이 그 양말을 신기에 완벽한 형태인 것은 기적이다"라고 말하는 것과 같다. 발이 양말에 딱 맞는 게 아니라, 양말이 발에 완벽하게 맞는 것이다.

마찬가지로 우리에게 완벽한 것은 지구가 아니라, 지구가 제공하는 특정 조건에 적합하도록 진화한 우리다. 우리가 우리 존재와 완벽하게 호환되는 행성에서 진화한 것은 우연이 아니다. 달리 어디서 우리가 진화했어야 할까?

물론 이러한 정확한 특성을 가진 행성은 실제로 가능성이 매우 희박한 행성이라고 말할 수 있다. 지구는 극도로 있을 법하지 않다. 그렇다. 하지만 우주에는 너무도 많은 행성이 있어서, 비록 가능성은 희박해도, 생명체에 필요한 모든 특성을 가진 행성이 하나쯤 존재하는 것은 그리 놀라운 일이 아니다. 우주에는 약 5해(5×10^{20}) 개의 행성이 있다. 전 세계 모든 해변에 있는 모래알의 수보다 수십 배 많은, 진정 아찔한 숫자다.

지구가 우주의 유일한 행성이라면, 그 비개연성은 문제가 될 것이다. 왜냐하면 우리는 그것을 어떻게 설명할지 모르기 때문이다. 그러나 5해 개의 행성이 있다면, 당신이 거주 가능한 행성 중 하나에 있다고 해도 놀라지 마시라. 당신이 편안한 태양계에 있다고 해도 놀라지 말라. 우주에는 너무도 많은 태양계가 있다. 당신이 은하수의 목가적인 한 부분에 있다고 해도 놀랄 것 없다. 거기에는 수없이 많은 다른 지역들이 있기 때문이다. 이러한 외견상 우연의 일치는 실제로 그런 것이 아니다. 이것들은 통계와 한 꼬집의 '인류적' 추론으로 다 설명할 수 있다.

하지만 사실, 다른 것이 존재한다고 말할 수 없는 어떤 것이 있는데, 그것은 바로 우주다. 여기에 문제가 있다. 우주의 특성이 우리의 존재와 양립할 수 있는지가 전혀 예측되지 않는다!

우리가 '특성'이라고 쓸 때 그것은 기본 수준에서 구성되는 성분의 특징, 즉 입자 간의 상호작용 강도, 해당 입자를 특징짓는 값, 암흑 물질의 양과 암흑 에너지의 밀도, 시공간의 크기 등등을 의미한다. 이러한 특성은 일련의 기본 상수에 의해 지배되며, 그 각각은 마치 다이얼로 조정되는 것처럼, 우리가 측정하는 것과는 매우 다른 값을 가질 수도 있었지만 정확하게 생명체가 살 수 있는 우주를 만드는 그 작은 값의 범위 안에 놓였다. 그것들을 조금만 바꿔도 우주는 우리를 수용할 수 없게 될 것이다.

그러므로 살아 있는 관찰자가 있는 우주가 있을 확률은 매우 희박해 보이며, 오늘날 우리는 그 상수들(다이슨이 말한 놀라운 "수치적 우연의 일치")이 우리가 여기에 있을 수 있도록 왜 그렇게 믿을 수 없을 정도로 정확하게 조정되어 있는지 전혀 알지 못한다. 확실한 것은 우주의 생명에 대한 성향은 오늘날 우리가 아는 한 다른 우주는 없으므로 통계로는 제거할 수 없는 우연이라는 것이다.

아니면 혹시 있을까? 그러나 이것은 또 다른 이야기다.

|

2장

치명적인 끌림

중력 상호작용

그것은 우리를 둘러싸고, 우리를 관통하고,
은하계 전체를 묶어 준다.

_오비완 케노비, 〈스타워즈 에피소드 IV, 새로운 희망〉

$$\alpha_{\mathrm{G}} \approx 5.9 \times 10^{-39}$$

상호작용 없이는 파티도 없다

우주의 기본 구성요소에 대한 우리의 여정은 어느 이른 아침 바다 앞 '일출'에서 시작한다. 태양이 실제로는 움직이지 않는다는 것을 생각하면 일출은 다소 오해의 소지가 있는 표현이다. 우리가 지구와 함께 자전하다가 하루에 한 번 지구가 자기 자신 뒤에 드리운 그림자에서 벗어나는 동안 태양은 그 자리에 멈춰 있다. 매일 아침 세계 곳곳에서 수많은 일출이 있는 것이 아니다. 45억 년 전 지구가 형성된 이래로 지구 표면 전체에 걸쳐 하나의 자오선을 따라 중단 없이 이어지는 단 하나의 일출이 있다.

천문학적인 방랑은 잠시 접어 두고, 아름다운 일출이 눈앞에 있다. 보랏빛 광채가 동쪽에서, 수평선 위로 태양이 떠오를 시간이 임박했음을 알리면서, 처음에는 소심하게 그리고 점점 더 확실하게 출현한다.

태초부터 반복되어 온 마법이지만, 세상 그 자체만큼이나 오랜 태고의 감정을 선사하면서 매번 마치 처음인 양 우리를 놀라게 한다. 영묘한 밤의 그림자를 몰아내는 새벽의 빛 속에서, 모든 것이 아주 짧은 순간 시간 속에 멈춘 것처럼 보인다. "그것은 도약 전의 심호흡이다"라고 간달프(톨킨의 소설 《호빗》과 《반지의 제왕》 시리즈에 나오는 마법사—옮긴이)는 말했을 것이다. 새로운 날이 시작되기 전에 자연 전체가 잠시 숨을 멈춘다.

당신도 숨을 멈추라. 자연은 일관성을 잃으면서 동시에 되찾는다. 당신도 그렇다. 왜냐하면 당신은 자연의 한 부분이기 때문이다. 수평선에 깜박이는 새로운 태양은 새벽의 밝은 커튼 뒤에 숨어 일몰 후 다시 나타나기를 기다리는 마지막 별을 겁준다. 바다의 표면은 햇빛을, 이제 마침내 인지할 수 있는 파도의 리듬에 맞춰 움직이는 수천 개의 붉은 광채로 분해한다. 태양의 열기는 새로운 파도를 일으키는 바람을 만들고, 보이지 않는 물 분자를 증발시켜 태양을 가리는 구름을 만들 것이다.

모든 것이 연결되어 있고 모든 것이 다른 모든 것과 상호작용한다. 물리학자들에게는 이것이 존재하는 것을 정의하는 방식이다. 즉 무언가 다른 것과 상호작용한다는 사실이다.

이제 자세히 알아보자. 당신 앞에 있는 끝없는 바다 각각의 방울은 하나의 분자에 이를 때까지 더 작은 부분으로 나눌 수 있다. 분자는 물의 궁극적인 한계다. 왜냐하면 그것을 나누면 더는 물이 아닌 어떤 것을 얻을 것이기 때문이다. 물의 경우 3개의 원자, 즉 산소 1개와 수소 2개다.

세상에서 만날 수 있는 믿을 수 없을 만큼 다양한 물질들은 원자 수준에서는 100가지가 조금 넘는 벽돌, 즉 화학원소로 추려진다. 문자 그대로 '나눌 수 없는'을 의미하는 그 이름에도 불구하고 실제로는 원자를 나누어 전자와 핵을 얻을 수 있다. 전자는 더 나눌 수 없다. 반면 핵은 양성자와 중성자로 이루어진다. 그리고 이것들도 각각 3개의 쿼크로 분해할 수 있다. 오늘날 우리가 아는 한은 더 이상 나눌 수는 없다.

물리학자들이 현재 세계가 어떻게 만들어졌는지 설명하는 '표준모형 Standard Model'이라고 부르는 이론은 이러한 나눌 수 없는 입자 중 17개를 기본 입자로 정의한다. 그러나 화학원소의 모든 복잡성은 세 가지 입자로 축소된다. 그것은 전자와 '위쿼크'와 '아래쿼크*'라고 불리는 두 종류의 쿼크다. 각 원자는 위쿼크, 아래쿼크, 그리고 전자가

●   때로는 물리학자들조차 사물에 이름을 부여하는 방법을 모른다…….

다르게 배열된 것이다. 우리가 '보통'이라고 부르는 모든 물질은 이세 가지 기본 입자로 구성된다. 표준 모형의 관점에서 보면 당신과 안드로메다 은하는 단지 위쿼크, 아래쿼크, 전자의 다른 조합일 뿐이다.

나머지 소립자 중 9개는 물질을 구성하는 것과 유사하며, 하나는 다른 모든 것의 질량과 관련이 있고(유명한 힉스 입자), 4개는 메신저 역할을 하여 입자 간의 상호작용을 가능하게 한다.

표준 모형

표준 모형은 기본적인 수준에서 물질의 거동을 설명하는 이론이다. 중력을 제외하고 우리가 알고 있는 모든 물리학을 포함한다. 과학자들은 현재 최고의 중력 이론인 일반 상대성 이론을 표준 모형의 수학적 형식론 안에 통합하는 데 성공하지 못했다.

이들은 현재 기본으로 간주되는 17개의 입자다. 6개의 쿼크와 전자가 포함된 6개의 렙톤은 모든 보통의 물질을 구성하는 것이다(비록 원자는 이 입자 중 3개로만 구성되지만). 게이지라고 하는 4개의 보손은 표준 모형에 통합된 세 가지 상호작용을 매개한다(중력은 포함되지 않는다). 즉 광자는 전자기 상호작용을 매개하고, 글루온은 강한 핵 상호작용, W 및 Z 보손은 약한 핵 상호작용을 매개한다. 힉스 입자는 하나가 있으며, 2012년 제네바 유럽입자물리연구소CERN에 있는 대형 강입자 충돌기에서 발견되었고, 모든 기본 입자에 질량을 부여한다.

다른 입자와 결코 상호작용할 수 없는 입자가 어딘가에 있다고 가정해 보자. 그것을 '포에버랄론'이라고 부르자. 그것이 실제로 존재한다고 우리가 말할 수 있을까? 이것은 속담에 나오듯이 아무도 듣는 사람이 없는데 숲에서 나무가 쓰러지는 것과 비슷하며, 이 질문에 대한 진정한 답은 없다. 물리학자들은 일반적으로 그러한 철학적인 질문을 파고드는 것을 선호하지 않으며, 물리학은 측정할 수 있는 것만 고려한다고 말하면서 스스로를 제한한다. 그러나 측정은 필연적으로 일종의 상호작용을 의미한다. 따라서 우리는 무엇과도 상호작용하지 않는 포에버랄론으로 이루어진 우주는 입자가 전혀 없는 우주와 크게 다르지 않을 것이라고 말할 수 있다. 상호작용이 입자보다 훨씬 더 근본적인 요소라고까지 말할 수 있는데, 상호작용이 없다면 다른 모든 것에 대해 이야기하는 것이 별 의미가 없기 때문이다.

그러나 입자는 어떻게 상호작용할까? 그리고 무엇보다도 우리는 왜 일출을 보기 시작했을까?

입자들의 매우 복잡한 조합인 우리 인간은 수많은 방식으로 상호작용할 수 있다. 우리는 서로 사랑하거나 미워하고, 협력하거나 모욕하고, 때리거나 키스할 수 있다……. 그리고 새벽에 둘이서 하늘을 감상하는 것은 이 마지막 유형의 상호작용을 성취하는 데 확실히 큰 도움이 된다. 그러나 개별 입자 수준에서 상호작용의 기본 양식은 네 가지뿐이다. 새벽은 이를 설명하는 데 편리하다. 왜냐하면 그 네 가지를 모두 가지고 있으므로!

당연히 새벽의 여왕은 빛이다. 이것은 천문학을 가능하게 하고 우리 눈을 스칼렛 요한슨이나 제이슨 모모아와 같이 경이로움으로 가득 채워 주는 물리적 현상이다.

19세기 중반에 물리학자들은 빛을 생성하는 방법의 하나가 전하를 띤 입자, 예를 들어 원자를 구성하는 입자를 가속하는 것임을 발견했다. 스코틀랜드의 물리학자 제임스 클러크 맥스웰James Clerk Maxwell은 빛이 전자기장의 섭동perturbation이라는 것을 이해했다. 즉 전기장의 파동이 자기장의 파동을 일으키고 그것이 다시 전기장의 파동을 일으키는 식이다. 전기와 자기는 전자기라는 동일한 수학적 구조의 다른 표현으로 간주할 수 있다는 점에서 이중으로 연관된 현상이다. 전자기 상호작용은 첫 번째 기본 상호작용이다.

그러나 새벽의 빛, 즉 태양의 빛은 어디에서 오는 것일까? 그것은 태양 내부에서 일어나는 열핵 반응으로부터 온다. 우리 별의 중심부에서 양성자들은 매우 높은 온도에 밀려 서로 충돌하고 합쳐질 때까지 소용돌이치는 리듬에 맞춰 춤을 춘다. 이 과정에서 소량의 질량이 광자 형태의 순수한 에너지로 변환된다.

태양에 의해 생성된 에너지의 99%는 바로 양성자의 점진적인 '포장'에서 나온다. 천천히, 4개의 수소 핵(즉 4개의 양성자)이 결합하여 헬륨 핵을 생성한다. 이 핵은 양성자 2개와 중성자 2개로 구성된다. 별의 중심부에서 벌어지는 원자핵의 춤은, 전자기력 외에 두 가지 힘, 즉 핵 상호작용에 의해 움직인다. 강한 핵 상호작용은 서로 멀어지게 만드는 전기적 반발력을 이기고 양성자를 원자핵에 달라붙게 한다. 약한 핵 상호작용은 4개의 양성자 중 2개를 중성자로 변환시키는 것이다. 이 두 기본적인 상호작용은 태양의 중심부에서 작용하여 빛과 열을 생성하며, 무엇보다도 새벽의 멋진 장관을 가능하게 한다.

그러나 일출, 태양 그 자체와 그 주위를 공전하는 지구는, 우주의 기본적인 상호작용 중 마지막이지만 결코 무시할 수 없는 중력이 없었다면 존재하지 않았을 것이다. 태양과 우리 행성을 하나로 묶는 것은 중력이다. 하지만 그뿐만이 아니다. 중력이 없었다면 우주 구조도 형성되지 않았을 것이다. 은하도, 별도, 태양도, 행성도 없었을 것이다. 태양이 중심부를 양성자 핵융합 반응을 일으킬 만큼 뜨겁게 유지하는 데 필요한 에너지는 중력에서 빌려 온다. 무수한 작은 조약돌로부터 지구를 만들고, 지구가 태양 주위를 공전하고 자전축을 중심으로 회전하도록 하여, 마침내 새벽의 환상을 창조하는 것이 중력이다. 새벽은 45억 년 동안 계속되어 온 위대한 일출의 작은 점 같은 순간이며, 의심할 여지 없이 우주의 네 가지 기본적인 상호작용이 가장 미학적으로 만족스러운 방식으로 결합하는 순간이다.

커브를 조심하세요!

중력은 소개가 많이 필요하지 않은 기본적인 상호작용이다. 중력이 파티에 참석하면 모두가 그녀를 단번에 알아볼 것이다……. 그리고 사람들은 그녀에게 끌릴 것이다! 당신은 중력이 무엇인지 이미 알고 있다. 그것은 당신이 방금 버터를 바른 토스트를 땅에 떨어뜨린다(물론 항상 그렇듯이 버터를 바른 쪽이다!). 그것은 가을 거리를 주황색 낙엽이 춤추는 곳으로 바꾸고, 번지점프나 클라이밍 같은 활동을 흥미롭게 만들며, 라켓으로 한번 친 테니스공이 지구를 벗어나지 않게 한다.

위에 있는 것을 끌어내리려는 그녀의 열망 속에서 중력의 효과가 고갈될 수 있다고 생각할지 모르겠다. 그러나 이것은 지구라고 불리는 거대한 덩어리의 표면에 사는 우리 작은 존재의 미미한 관점일 뿐이다.

중력은 그 훨씬 이상이다. 그것은 우주에 보편적으로 존재하는 인력이다. 미시적 규모에서부터 우주론적 규모까지 인력이 작용하는 유일한 상호작용으로, 중력은 의심할 여지 없이 가장 낭만적인 힘이다. 그것은 질량이 있는 한 모든 것을 다른 모든 것에 더 가까이 두고 싶어 한다. 그리고 사랑처럼 중력은 맹목적이고 완고하다. 빈 공간에 두 개의 야구공을 1미터 거리에 놓으면, 중력은 이유도 묻지 않고 공들이 닿을 때까지 서로를 향해 밀어 줄 것이다. 중력이 그 일을 마치는 데는 3일의 시간이 걸리겠지만 결국에는 해낼 것이다. 그것은 매우 매우 인내심이 강한 힘이다.

중력은 우주가 우주 구조를 생성하는 데 사용하는 수단이다. 오늘날 망원경은 엄청나게 많은 별, 은하, 은하단, 은하단의 초은하단, 우주 필라멘트를 관찰할 수 있다. 밀도가 거의 0인 영역(예: 거대한 우주 진공 또는 끝없는 은하계 사이 공간)과 상대적으로 밀도가 높은 영역(예: 은하단 또는 은하계 자체) 간의 대비는 우리 우주의 가장 분명한 특징 중 하나다. 하지만 항상 그런 것은 아니었다.

새로 태어난 우주는 예외적으로 균질하고 균일했다. 한 점과 다른 점 사이의 밀도 차이가 너무 작아서 천문학자들은 이를 '섭동'이라고 부른다. 참을성 있게 전혀 서두르지 않고, 중력은 이러한 섭동을 수십억 년에 걸쳐 점진적으로 확장시켰다. 약간 더 높은 밀도를 가진 영역은 약간 더 낮은 밀도를 가진 영역으로부터 물질을 끌어당기기 시작하고, 그럼으로써 더 밀도가 높아져 다른 물질을 더 잘 끌어당기게 된다. 한 번에 원자 하나씩 천천히 축적해, 아주 작은 원시 초고밀도 영역이 시간이 흘러 수백만 광년에 이르는 거대한 구조를 가진 오늘날의 은하단이 되었다. 생각해 보라. 중력이 작은 섭동을 거대한 우주 구조로 바꾸는 일을 해낸 것이다!

뉴턴 물리학의 거대한 성공은 역학적 계(系)가 어떻게 변화할지 정확하게 예측하는 능력 위에 놓여 있다. 위대한 영국 물리학자가 개발한 아름다운 방정식은 다음과 같이 작동한다. 주어진 순간에 여러 물체의 위치와 속도를 입력하면, 같은 물체의 다음 순간의 위치와 속도를 알려준다. 이 모든 것은 충분히 복잡한 시스템을 다룰 때는 실행하는 것이 말처럼 쉽지 않다. 이런 경우 현재의 슈퍼컴퓨터로도 방정식을 풀 수 없다. 그러나 예를 들어 태양을 도는 행성 같은 단순한 계에서는 이것이 완벽하게 실행 가능한 계산이다.

그러나 뉴턴 역학이나 고전 물리학에서처럼 그 안에서 모든 것이 순전히 결정론적 법칙을 따르는 우주라는 생각은 물질의 거동을 원자와 아원자 수준의 아주 작은 규모로 설명하는 이론인 양자역학의 탄생과 함께 무너졌다. 사실, 입자를 다룰 때 방정식에는 확률로 예측 되는 결과가 내포되어 있다. 양자역학에서는 "전자는 X 지점에 있으며 속도는 Y다"라고 말할 수 없다. 이것은 독일의 위대한 물리학자인 베르너 하이젠베르크 Werner Heisenberg가 겨우 25살일 때 공식화한, 이른바 '불확정성 원리' 때문에 금지된다. 가장 단순한 형태의 불확정성 원리는 입자의 위치와 속도를 동시에 정확하게 알 수 없다는 것이다. 위치를 매우 정확하게 측정하면 대략적인 속도만 알 수 있으며, 그 반대의 경우도 마찬가지다. 입자가 '요동한다fluctuate'라고 말하는 것이 이러한 의미다. 이 원리는 뉴턴의 '역학적' 우주의 종말을 고했다.

약간 덜 알려진 하이젠베르크 원리의 다른 버전은 같은 개념을 에너지와 시간의 관계에 적용한다. "공간의 한 작은 영역이 정확한 순간 Y에 에너지 X를 가진다"라고 말할 수 없다. 당신은 정확한 어떤 순간의 에너지를 대략적으로만 알 수 있다. 이것은 그 작은 영역의 에너지가 매우 작은 시간 규모로 요동친다는 것을 뜻하며, 이것이 바로 우리가 '양자 요동'에 관해 이야기할 때 의미하는 것이다(그림 2.1). 아주 짧은 시간 동안 '우주 급팽창cosmic inflation'으로 알려진 엄청나게 빠른 확장이 빅뱅 이후 1초도 안 돼서 일어났다. 이러한 요동들은 '팽창'해 미시적인 것으로부터 거시적인 것, 즉 더는 불확정성 원리가 적용되지 않는 것으로 바뀌었다. 이것은 그들이 '재흡수'되는 것을 막았다. 더 높은 에너지를 가진 작은 영역과 더 낮은 에너지를 가진 작은 영역이 만들어졌다. 이 에너지는 질량으로 변화되면서 첫 번째 입자를 형성했다. 그 결과 우주의 일부 지역은 다른 지역보다 더 많은 질량을 가지고, 따라서 더 높은 밀도를 갖게 되었다. 나머지는 중력이 맡아서 이 작은 '씨앗'으로부터 은하단을 생성했다(그림 2.2). 양자물리학과 우주론, 무한히 작은 것과 무한히 큰 것 사이의 오래된 협조가 없었다면 우리 중 누구도 여기에 없었을 것이다.

하지만 중력이 정확히 뭐냐는 물음에 답할 수 있는가? 만약 그렇다면 스웨덴 왕립 아카데미에 연락해 보는 게 좋을 것이다. 노벨상을 받을 자격이 있으니까! 사실, 세상에서 가장 저명한 물리학자들조차 그게 뭔지 알아내는 데 실패했다. 네 가지 상호작용 중 표준 모형에 넣을 수 없는 유일한 것이다. 다른 말로 양자역학의 형식론으로 기술할 수 없는 유일한 것이다. 우리는 미시적 척도의 중력이 우리가 더 큰 척도에서 사용하는 중력처럼 작동하는지조차 확신하지 못한다.

그러나 우리는 양자는 아니지만 매우 확실한 중력 이론, 즉 알베르트 아인슈타인의 일반 상대성 이론을 가지고 있다. 이것은 아마도 20세기 전체에서 한 개인이 이룬 가장 큰 과학적 공헌일 것이다. 특수 상대성 이론으로 수 세기 동안 견고하다고 여겨졌던 절대 공간과 절대 시간의 개념을 뒤엎은 아인슈타인은 걸작을 만들어 자기 자신을 넘어섰다. 그 이론은 시간과 공간으로 형성된 '직물'인 시공간이 질량과 에너지가 존재할 때 어떻게 거동하는지 설명하는 이론이다.

이 이론의 가장 우아한 통합은 위대한 미국 물리학자 존 휠러John Wheeler가 쓴 이 말이다. "시공간은 물질에게 어떻게 움직여야 하는지 알려 주고, 물질은 시공간에게 어떻게 휘어져야 하는지 알려 준다." 따라서 우리가 '중력'이라고 부르는 것은 시공간의 곡률이 물질과 에너지에 미치는 영향에 불과하며, 곡률은 다시 시공간의 특정 영역에 포함된 물질과 에너지에 의해 생성된다.

일반 상대성 이론이 공식화되고 과학계에서 받아들여진 지 한 세기가 넘었지만, 당신에게는 방금 읽은 문장이 생소하고 매우 난해할 수 있다. 그것은 당신 잘못이 아니다. 당신은 훌륭한 사람이다.* 어떤 이유에서인지 상당히 이해할 수 없는 것은, 중력 이론의 '오래된' 버전인 뉴턴의 이론만 여전히 학교에서 가르치고 있다는 점이다. 아마도 아인슈타인의 것보다 뛰어난 걸작일지 모르지만, 업데이트가 되지 않았다.

반면에 뉴턴 스타일의 중력은 아마도 여러분에게 친숙할 것이다. 질량을 가진 물체는 질량을 가진 다른 물체에 인력을 가한다. 이 힘

---

* 당신이 우리 책을 구매했다는 사실이 당신에 대한 우리 판단에 약간 영향을 미쳤을 수는 있다.

48

이 바로 중력이며 그 세기는 관련된 두 질량과 그들 사이의 거리에 따라 다르다.

문제는 뉴턴이 이 힘이 정확히 무엇이며 어떻게 작용하는지 결코 설명할 수 없었다는 것이다. 그 기원은 무엇일까? 그리고 어떻게 두 물체가 서로의 존재를 알 수 있을까? 선량한 아이작은 이러한 결핍을 알고 있었다. 그의 이론은 중력을 정량적으로는 기술하지만, 정성적으로는 설명하지 않는다.

이 문제를 해결하는 데 3세기가 걸렸고, 알베르트 아저씨가 끼어들었다. 그의 일반 상대성 이론은 뉴턴의 중력 이론을 확장하고 그것이 가진 문제를 해결했다. 그러나, 그러기 위해 그는 중력에 대한 우리의 설명을 급진적으로 바꾸었다.

힘으로서의 중력의 개념은 실재에 대한 우리의 직관적인 인식에 완벽하게 들어맞는다. 물체는 지면으로 떨어지는 경향이 있다. 그러나 엄밀하게 이것은 우리가 매우 거대한 물체의 표면에 있다는 사실로 인한 직관적인 지각이다. 그러나 아인슈타인 이론에서는 물체의 궤적을 휘게 하는 힘이 없다. 그것들을 빗나가게 하는 것은 공간(또는 그보다는 시공간)이 정적이고 고정된 실체가 아니라, 그 기하학을 바꿀 수 있는 동적이고 활동적인 실체라는 사실 때문이다. 바로 곡선이다. 따라서 큰 질량 근처에 있는 물체의 궤적은 휘어진 공간 영역을 횡단해야 하며, 이것이 궤적을 비껴가게 한다.

우리는 당신이 예를 원할 거라고 확신한다. 그리고 그것은 쉽다. 한 번도 생각해 본 적이 없더라도 곡선 표면에 있다는 것이 무엇을

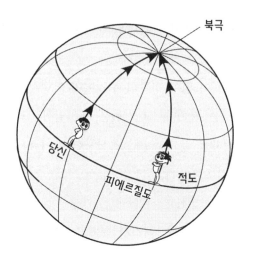

의미하는지 이미 잘 알고 있을 것이기 때문이다. 당신이 국제 우주정 거장에 있지 않다면(만약 거기에 있다면 당신의 우주 비행사로서의 경력을 축 하한다!) 대체로 여러분은 이 글을 읽을 때 구형인 지구 위에 있을 것이다. 이제 친구 피에르질도를 데리고 적도에 갔다고 상상해 보라. 그와 당신 사이에 약간의 거리를 유지하면서 가상의 선에 자신을 위치시킨다. 이제 둘 다 평행선을 따라 북쪽으로 이동한다. 당신의 여정이 평행이라면 둘은 절대 만나지 말아야 한다, 안 그런가? 하지만 그렇지 않다, 틀렸다. 기억하라. 당신과 피에르질도는 곡면 위에 있고, 북쪽으로 이동하면서 둘 다 같은 지점, 바로 지구의 북극을 똑바로 향하고 있었다. 둘은 걸으면서 점점 가까워지다가 북극에 도달하여 거기서 서로 만나게 된 것을 발견한다. 어떤 힘이 당신을 끌어당겼는가? 아니, 그것은 단지 당신이 서 있는 표면의 기하학일 뿐이다.

중력도 같은 방식으로 작동하지만, 앞의 예와 같은 2차원이 아닌, 4차원(시공간의 차원)에서 작용하는 것뿐이다. 나무에서 떨어진 사과가 지면에 가까워지는 것은 신비한 힘으로 끌리기 때문이 아니다. 지구의 존재로 인해 휘어진 시공간의 영역 안에 있기 때문에 가까워지는 것이다. 따라서, 당신이 직선이라고 믿었던 길을 걸을 때 당신과 피에르질도에게 일어난 일과 비슷하게, 시공간의 경로가 굴절되어서 사과가 지면에 점점 더 가까워지는 것이다. 힘은 없고 오직 기하학만 있다.

이것은 뉴턴 이론의 문제점을 해결한다. 질량이 있는 물체는 다른 물체에 직접적으로 영향을 미치지 않고, 주위의 시공간에 영향을 미쳐 간접적인 영향을 준다. 휠러가 주장한 것처럼, 물체의 질량은 시공간에게 어떻게 휘어야 하는지 알려 주고 시공간은 다른 물체에게 그에 따라 어떻게 움직여야 하는지 알려 준다. 전기장이 있을 때 벌어지는 것과 같은 일이다. 전하는 주변을 둘러싼 전기장에 영향을 미치고, 이것은 가까이 있는 다른 전하의 운동에 영향을 준다. 그러나 중력이 작용하는 장은 시공간 자체, 혹은 그보다는 그것의 기하학이다.

상황의 중대성(gravity)

우리 우주가 이전에는 균질하기만 했던 곳에 구조를 만들어 낼 수 있는 상호작용을 부여받았다는 사실에는 거의 기적에 가까운 뭔가가 있다.

중력이 없다면 우리가 살 수 있는 곳은 없었을 것이다. 별이 형성되게 하고 그럼으로써, 그것 없이는 우리의 몸이나 심지어 우리를 수용할 수 있는 행성조차 가질 수 없는 원자를 우리에게 제공해 준 것은 중력이다. 중력은 사실상 지구를 형성하는 역할을 했지만, 태양 역시 역할을 했다. 태양은 주요 에너지원으로서, 만약 태양이 없었다면 우리 존재는 불가능했을 것이다. 간단히 말해, 수십억 년 동안, 우주에서 가장 낭만적인 힘이 우리를 위해 많은 일을 한 것이다!

중력은 가장 낭만적인 힘에 더하여 가장 반항적이기도 하다. 다른 것과 달리 균형을 무너뜨리는 경향이 있기 때문이다. 떨어지는 물체는 가속되지, 감속되지 않는다. 붕괴하는 가스구름은 가열되지, 냉각되지 않는다. 이 변칙적이고 '반(反)열역학적'인 중력의 거동 없이는 생명체가 존재할 수 없다.

생각해 보라. 결국 삶은 평형에서 벗어나는 것 이상이 아니다. 순전히 물리적인 관점에서 볼 때, 물질 덩어리는 주변 환경과의 평형에서 가능한 한 멀리 유지되는 방식으로 조직되었을 때 '살아 있는' 것으로 정의될 수 있다. 사실 모든 생명체는 일부 이온 농도가 환경의 농도와 다른지 끊임없이 확인하느라 에너지를 소비한다. 또는 다른 예를 들면, 온혈 유기체는 외부 온도와 관계없이 자기 체온을 일정하게 유지한다.

죽음을 통해서만 우리는 환경과의 평형을 되찾는다. 우리 분자는 항상성을 유지하는 방식으로 작동하기를 멈추고 우주의 흐름과 조화를 이루는 것으로 돌아간다. 중력은 생명에 대한 이 기본 가정을 만족시킬 수 있는 유일한 기본 상호작용이다. 생명체는 평형과 거리가 먼 구조를 필요로 하며, 중력은 그것을 생성할 수 있는 유일한 상호작용이다. 이에 대해 우리는 모두 중력에 고마워해야 한다.

그러나 '얼마나' 고마워해야 할까? 논의가 양적으로 흘러가는 바로 여기서 판도라의 상자가 열린다. 그렇다. 중력이, 다른 모든 기본 상호작용과 마찬가지로, 우리가 측정하는 그 세기를 가져야 한다는 법은 없기 때문이다. 더 강하거나 더 약할 수 있었다.

더 강한 중력이 의미하는 것은, 예를 들어 당신과 우리 행성의 질량이 지금과 같다면, 당신이 지구에 더 세게 끌릴 거라는 뜻이다. 당신은 걷기 위해 더 애를 써야 하고, 달리기는 더 어려워지고, 높이뛰기 세계 기록은 현재의 2.45미터보다 좀 낮을 것이다. 로켓을 발사하는 것이 더 복잡해지고, 새들이 날기는 더 힘들어지며, 물체는 지금보다 더 빨리 땅에 떨어질 것이다. 또 우리보다 중력이 약한 우주에서는 정반대의 일이 벌어질 것이다.

그러나 중력의 세기를 어떻게 측정할 수 있을까? 두 물체 사이의 중력은 확실히 측정할 수 있지만, 상호작용으로서 중력의 고유 강도를 확립할 방법이 있을까? 문제는, 측정단위 없이 중력 상호작용이 얼마나 강한지를 나타내는 숫자를 찾아야 한다는 점에 있다. 피사의 사탑 높이가 57미터라고 하면, 57이라는 숫자는 미터라고 지정했기 때문에 의미가 있는 것이고, 당신은 1미터가 얼마나 긴지 알고 있다.• 측정단위를 변경하면 숫자도 변경된다. 우리는 피사의 탑 높이가 0.03해리, 600만 분의 1광년, A4 용지 긴 변 192개, 5,380억 개의 수소 원자, 2,244인치, 10억 분의 4천문단위, 또는 1유로 동전 26,824개가 쌓인 높이라고도 말할 수 있다. 이 모든 숫자는 임의로 선택한 다른 기준 길이와 관련하여 측정단위가 표시되기 때문에 의미가 있지만, 그 자체로는 아무 의미가 없다.

중력 상호작용의 고유 강도를 측정하려면 측정단위가 없는 순수한 숫자가 필요하다. 어떤 기준도 필요 없이 중력에 대해 그 자체로 말하는 숫자 말이다. 그 이유는 간단하다. 순수한 숫자는 임의의 선택에 의존하지 않는다. 그것은 우주의 기본 구성요소다. 자, 물리학자들은 중력 상호작용의 고유 세기를 나타내는 순수한 숫자를 밝히는 데 성공했다. 이제 우리는 당신에게 그 신비를 보여 줄 수 있다. 그것은 당신이 이 장의 시작 부분에서 본 숫자다. 기술적으로 이것은 특정 거리에 위치한 두 양성자 사이의 중력 위치 에너지와 파장이 그 거리의 2π배인 광자 에너지의 비율이다. 이제 당신은 파티에서 멋져 보일 수 있지만,•• 그러나 이 숫자의 물리적 의미는 중요하지 않다. 흥미로운 것은 그 값 자체다.

그것이 매우 작은 수라는 것을 이해하기 위해 10의 거듭제곱으

• 훈련받지 않은 사람을 위해 덧붙이자면, 페데리코 모치아Federico Moccia의 소설에서 사랑에 빠진 두 젊은이가 공중에서 발견되는 높이의 3분의 1이다.

•• "이제 그걸 알았으니 당신은 파티에서 좋은 인상을 남길 수 있다."

로 박사학위를 받을 필요는 없다. 다음 장에서 다른 세 가지 기본 상호작용의 강도가 10^{-7}에서 1까지의 범위에 있다는 것을 알게 될 것이다. 반면 중력의 강도는 수십 거듭제곱 더 낮음을 볼 수 있다. 중력은 다른 상호작용 중 가장 약한 것보다 50조의 조의 조 배 약하다!

생각해 보면 당연하다. 그러나 우리는 당신이 살면서 6자($6{\times}10^{24}$) 킬로그램의 질량을 가진 지구를 제외하고 다른 어떤 물체의 중력도 경험한 적이 없을 거라고 확신한다.* 글자 그대로 천문학적인 질량이 있어야 중력이 느껴지기 시작한다. 당신과 상호작용하는, 질량이 훨씬 작은 다른 물체가 가하는 중력은 마찰 같은 다른 힘에 완전히 압도된다. 더 작은 규모에서 다른 상호작용은 중력에 혼란을 초래한다. 당신이 서 있는 바닥이 당신을 지탱하는 것은, 당신과 지구 사이에 작용하는 중력에 의한 인력이 당신의 원자와 바닥의 원자 사이의 전자기 반발력보다 훨씬 약하기 때문이다.

분재(盆栽) 별과 하늘색 숲

중력이 다른 상호작용보다 훨씬 약한 이유는 무엇일까? 우리는 전혀

---

* 당신이 달에 발을 디뎠고 현재까지 살아 있는 네 명 중 하나가 아니라면 말이다. 만약 그렇다면, 음, 무한한 존경을 보낸다.

모른다. 하지만 이 숫자가 그렇게 낮지 않다면 우주에서 우리가 살 수 없으리라는 것은 확실하게 안다.

별들을 생각해 보자. 별은 중력의 영향으로 붕괴하는 가스구름에서 태어난다. 가스가 압축되면 가스구름의 중력 위치 에너지 일부가 열 에너지로 변환된다. 다른 말로, 가열된다. 구름이 압축되면 될수록 더 뜨거워진다. 이것은 내부에서 열핵 반응을 일으킬 수 있는 온도에 도달할 때까지 계속된다. 중력이 더 강하다면, 별을 생성하는 데 필요한 최저 온도에 도달하는 데 더 작은 질량이 필요하다. 따라서 별은 훨씬 더 가벼울 것이다. 질량이 작으면 헬륨으로 변환할 수소가 적고 생산하는 에너지를 더 빨리 방출한다. 그것은 별들의 기대 수명이 더 낮아진다는 것을 의미한다.

우리의 태양을 전형적인 질량을 가진 전형적인 별, 즉 별들의 마리오 로시(이탈리아에서 평범한 이름이다.-옮긴이)라고 생각해 보자. 중력이 10배 더 강력하다면(10^{-39}이 아닌 10^{-38}) 예상 수명은 현재의 100억 년이 아니라 10억 년이 될 것이다. 상당한 기간이지만, 지구에서 그랬듯이 발생에 수십억 년이 걸리는 지적인 생명체가 출현하기에는 충분하지 않다.

요컨대, 중력은 믿을 수 없을 정도로 약하지만, 우리가 존재하도록 허용하는 실질적인 최대 강도를 가지고 있다. 이게 만약 엄청난 우연의 일치가 아니라면!

하지만 더 있다. 별은 에너지 대부분을 빛의 형태로 방출한다. 우리 우주의 엄청난 우연의 일치 중 하나는 전형적인 별(태양 같은)에서 방출되는 빛 에너지가 유기 분자를 함께 묶는 화학결합 에너지와 필적하는 값을 가진다는 사실이다. 이를 통해 생물학적 시스템은 별의 빛에서 에너지를 추출할 수 있다. 그것은 여기 지구에서는 우리가 '광합성'이라고 부르는 것으로, 우리 행성에서 생명이 존재할 수 있게 한다.

별의 기대 수명에 대해 방금 고려한 사항은 접어 두고 광합성의 관점에서 볼 때, 중력이 한 자릿수 증가하더라도 생명체는 여전히 진화할 수 있다. 우주와 우리 행성은 지금과 다를 테지만 생명이 살 수는 있을 것이다.

어떻게? 우리는 앞에서 별이 얼마나 뜨거울지, 그리고 특히 에너지를 생성하는 반응이 일어나는 중심핵이 얼마나 뜨거울지를 중력이 결정한다고 말했다. 별의 중심부 온도는 별이 방출하는 복사 에너지를 결정한다. 중력이 약간 더 강하면 태양은 더 큰 에너지를 가진 빛을 방출할 것이다. 식물은 여전히 광합성을 할 수 있지만, 엽록소가 아닌 다른 색소일 것이며 아마도 하늘색일 것이다. 하늘색의 숲이 있는 행성을 상상할 수 있는가? 반대로 중력이 조금 약해지면 태양에서 방출되는 빛의 에너지가 약간 줄어든다. 광합성을 완료하기 위해 식물은 가능한 한 많은 빛을 흡수해야 하고, 잎은 검은색이 될 것이다.

그러나 중력의 강도가 현재 값에서 너무 멀어지면 이 평형이 급격히 깨지고 복잡한 생명체가 존재할 확률은 0으로 떨어진다. 두 자릿수만큼 커지면, 부모별의 거주 가능한 벨트에 있는 행성(즉, 잠재적으로 생명체를 수용할 수 있는 행성)들이 너무 많은 복사 에너지를 받게 되고, 따라서 더 이상 생명이 살 수 없게 된다. 두 자릿수만큼 줄어들면, 광합성같이 생명체에 필요한 광화학 반응들이 복잡한 생태계를 유지하기에는 너무 느리게 일어나고, 따라서 지적인 생명 형태를 유지할 수 없을 것이다(그림 2.3).

크기의 정도가 두 자릿수 변하는 것이 여전히 매우 큰 변화라고 생각할 수 있지만, 중력의 경우에는 관점을 바꿔야 한다. 원칙적으로 중력 상호작용의 세기는 수십 자릿수 사이의 범위를 자유롭게 가질 수 있다는 것을 고려하면, 다른 기본 상호작용의 강도에 비해 부자연스럽게 작은 크기일 뿐만 아니라, 이는 살아 있는 유기체가 자신의 별에서 오는 에너지를 이용하도록 허용하는 극히 드문 경우 중 하나를 '선택'한 것처럼 보인다.

그리고 그게 다가 아니다. 더 큰 중력은 구조 형성 과정을 크게 가속할 것이다. 그러면 별을 생성하는 데 훨씬 적은 시간이 걸린다. 그 이유는, 더 작은 질량으로 충분하고 붕괴는 훨씬 더 빠를 것이기 때문이다. 은하나 은하단과 같은 더 큰 구조의 경우에도 마찬가지다.

그 결과 중력이 더 강한 우주에서는 생명체도 더 일찍 나타날 것이다. 중력이 세 자릿수(즉 1,000배) 더 강력했다면, 지능적인 생명체가 발달할 수 있었다 하더라도 자연적으로 출현한 시기는 빅뱅 이후 천만 년이 된 시점이었을 것이다. 그 단계에서 우주의 온도는 섭씨 100℃를 너끈히 넘었을 것이고, 액체 상태의 물도 생명체도 존재할 수 없었을 것이다. 우리가 우주 온도가 지적 생명체와 양립할 수 있는 값으로 떨어질 때까지 기다린다면, 그사이에 거의 모든 별은 죽어서 소멸할 것이다. 우리는 상당히 어두운 우주를 갖게 될 것이며, 거기서 생명체가 발달하기에는 넘을 수 없는 어려움에 직면할 것이다.

반대로, 우리보다 중력이 훨씬 약한 우주에서는 중력이 너무 느렸을 것이다. 그래서 멈출 수 없는 우주의 팽창으로 인해 물질이 너무 희박해지기 전에 그 물질들을 끌어당겨 붕괴시킴으로써 별과 은하를 형성하는 일이 불가능했을 것이다.

간단히 말해서, 중력이 가질 수도 있었던 모든 값과 우리가 이장의 서두에서 언급했던 값 중에서 아주 적은 비율만이 지적 생명체를 품을 수 있는 우주를 허용했을 것이다.

이것은 의심할 여지 없이 중력에 대해 극도로 감사해야 하는 아주 좋은 이유다. 비록 그것이 때때로 자전거를 타다 넘어지게 하거나, 바롤로 와인이 든 잔을 쓰러뜨려 식탁보를 얇게 만들더라도 말이다. 상관없어, 중력. 널 용서할게!

3장

|

빛이 되게 하라

전자기 상호작용

신이 말했다. "빛이 있어라!" 그러자 빛이 있었다.

_창세기

$$\alpha \approx 1/137$$

하루에 사과 하나

2010년 5월 14일, 우주왕복선 아틀란티스호가 국제 우주정거장으로 향하는 마지막 임무를 위해 이륙했다. 우주선에는 우주비행사 외에도 역사상 가장 유명한 나무 중 하나에서 나온 조그만 나무 한 조각이 실려 있었다. 그것은 아이작 뉴턴에게 물리학에서 가장 권위 있는 이론 중 하나인 만유인력 이론에 영감을 주었던, 그 사과가 떨어진 나무의 일부였다. 그것은 뉴턴이 회장을 역임했던 왕립학회The Royal Society 350주년을 경축하기 위해 궤도에 올려졌다.

그러나 정확히 어떻게 된 일일까? 우리는 1752년 출판된 뉴턴의 친구이자 회고록 저자 윌리엄 스터클리William Stukeley의 저작 덕분에 사과에 대한 유명한 이야기를 알고 있다. 1666년, 전염병으로 인해 당시 23살의 뉴턴이 공부하고 있던 케임브리지대학교가 임시로 휴교했다. 상황의 중대성gravity*으로 인해, 선량한 아이작은 링컨셔에 있는 그의 출생지인 울스소프 저택에 머물러 있었다. 늦은 여름 오후, 뉴턴은 저택 정원에서 세상에 대한 생각에 잠겨 있었는데 갑자기 한 나무에서 사과가 지면으로 떨어졌다. 왜 사과는 항상 땅의 중심을 향해 똑바로 떨어지고, 옆으로나 위로는 떨어지지 않는 것일까? 뉴턴은 자신에게 이 질문을 던졌고, 시간이 흘러서 마침내, 스스로 답을 낼 수 있었다. 그 답은 한 인간의 마음이 생각해 낸 가장 위대한 이론 중 하나가 되었으며, 뉴턴과 모든 인류의 삶을 영원히 바꾸어 놓게 될 답이었다.

그렇다고 해도, 350년 이상이 지난 후 우리는 뉴턴이 문제의 일부만을 보았다고 말할 수 있다. 왜냐하면, 그렇다, 그는 사과가 나무에서 떨어져 지구 중심 방향으로 떨어지는 이유는 이해했지만, 사과가 나무에 붙어 있는 상태를 유지하게 하는 신비한 힘은 무엇인지 알고 싶어 하지 않았던 것이다. 그것은 중력보다 훨씬 더 강하고 덜 직관적인 힘으로, 사과 꼭지의 입자를 가지에 밀접하게 묶어 두는 힘

• 　말장난을 용서하시길! ('gravity'에는 '중력'이라는 뜻과 '중대함'이란 뜻이 있다. – 옮긴이)

이다. 제발. 잘 익은 열매 하나로 시작해서 그는 이미 기대할 수 있는 것보다 훨씬 더 많은 일을 해냈지 않은가……

오늘날 우리는 이 신비한 상호작용이 전자기력이라는 것을 알고 있다. 전자기는 중력보다 우리가 간접적으로 더 많이 깨닫게 되는 현상이다. 램프를 켜고, 컴퓨터를 작동시키고, 나침반 바늘을 끌어당기고, 때로는 고양이를 만지다 짜릿한 충격이 오는 것과 같은 마법이다. 그것은 또한 우리 일상생활의 가장 기본적인 경험과도 관련이 있다. 우리는 매일 엄청난 양의 전자기 에너지에 잠겨 있기 때문이다. 바로 태양으로부터 들어오는 빛이다. 그것을 식물은 광합성을 통해 많은 양의 에너지를 저장하는 데 쓰고, 동물과 인간은 보는 데 사용한다. 우리의 주요 감각, 즉 시각의 기반이 되는 것은 전자기학이다. 눈은 주변 환경에서 들어오는 빛을 모아서, 빛을 전기 자극으로 변환할 수 있는 기관인 망막에 집중시키고, 뇌는 이러한 자극을 색상과 명암으로 해석한다. 그리고 이것은 전자기를 감지하는 많은 방법의 하나일 뿐이다. 불 앞에 있거나 태닝할 때 느끼는 열기*는 이 기본적인 상호작용을 매일같이 경험하는 다른 예이다.

컴퓨터를 켜거나 휴대전화기를 충전할 때 당신은 전자기를 사용한다. 라디오를 들을 때 당신은 전자기를 이용한다. 그리고 전자기는 전기 콘센트에 포크를 찔러 넣지 않는 편이 좋은 이유이기도 하다.

● 과장 안 하고, 자외선은 농담이 아니다.

그리고 비가 오기 전에 세차하겠다는 잘못된 생각을 했던 때를 기억하는가? 그 아이디어는 전자기를 통해 뇌의 한 뉴런에서 다른 뉴런으로 이동했다. 전자기 상호작용은 우리 인간이 오랫동안 사용해 온 것이다. 사실, 수천 년 전에 이미 호박(琥珀) 막대를 서로 문질러 작은 종이와 천 조각을 끌어당기는 방법을 알고 있었고, 오늘날에도 못과 기타 금속 물체를 끌어당기기 위해 자철석을 사용한다. 전기electricity라는 용어가 'ἤλεκτρον'('일렉트론elektron', 호박을 의미)에서 파생되고 자기magnetism가 'Μαγνησία'('마그네시아Magnesia', 그리스의 지역 이름으로 거기서 이 이상한 돌이 나왔다)에서 파생된 것은 우연이 아니다.

그것을 모른 채, 뉴턴은 특히 빼어난 전자기 현상인 빛에 관한 연구에도 몰두했다. 뉴턴은 광선이 단일 프리즘을 통과할 때 생성되는 무지개 색상에 매료되었다. 그와 다른 많은 물리학자들은 이 기이한 두 가지 원격력의 발현에 대해 오랫동안 고심했지만, 두 세기가 지나서 제임스 클러크 맥스웰이 처음으로 전기와 자기의 두 가지 현상을 하나의 유기적 체제로 묶어서 기술하는 방정식을 만들고 나서야 전자기electromagnetism가 이해되었다.

전하 문제

전자기의 작용은 중력의 작용과 유사하고, 고전 물리학에서 두 상호작용을 기술하는 공식은 거의 같다. 우리가 '거의'라고 말하는 것은,

중력은 끌어당기기만 하지만 전자기력은 끌어당기거나 반발할 수 있기 때문이다. 중력이 물체의 질량에 의해 조절되는 것처럼 전자기는 물질의 또 다른 기본 속성인 전하에 의해 조절되는데, 전하는 양이거나 음일 수 있다. 질량은 양수만을 가지는 데 비해 전하는 양 또는 음일 수 있다. 규칙은 간단하다. 같은 부호의 전하는 서로 밀어내고 반대 부호의 전하는 서로 끌어당긴다. 전자기는 '유유상종'이라는 말을 별로 좋아하지 않는다! 원자와 분자를 가능하게 하는 것은 이 메커니즘이다.

그것이 무엇인지 더 잘 이해하려면 사물을 쪼개기 시작해야 한다. 지난 장에서 이미 보았듯이 원자는 3개의 더 작은 입자로 구성되어 있다. 전자(음전하를 가짐), 양성자(양전하를 가짐), 그리고 중성자(중성, 전하가 없음)다. 양성자와 중성자는 핵 안에 함께 묶여 있고 전자는 양자역학의 엄격한 법칙에 따라 그 주위를 돌고 있다. 흥미로운 점은 원자가 기본적으로 비어 있다는 것이다. 대부분의 질량을 포함하는 핵은 전자의 궤도보다 수십만 배 작다. 원자가 축구장만큼 크다면 핵은 동전 크기다.

원자를 미니어처 태양계처럼 상상할 수 있다. 핵은 태양이고 전자는 그 주위를 도는 행성이다. 그러나 사실을 말하자면, '오비탈orbital'이라고 불리는 전자의 궤도는 행성의 궤도보다 훨씬 더 복잡한 개념이기 때문에, 그 비유는 좀 약하다. 오비탈은 일정한 확률로 주어진 전자를 발견할 수 있는 공간의 어떤 영역이다. 전자는 정의에 따라 −1의 전하를 띠고, 양성자는 +1의 전하를 띠며, 여기서 1은 전하의 기본 단위를 나타낸다. 이것은 매우 작아서, 미터법 측정단위(C, 쿨롱)로 쓰려면 소수점 뒤에 19자리나 필요하다!

따라서 원자핵의 전하는 양성자 수에 따라 달라지며, 각 양성자 수는 특정 화학원소에 대응된다. 예를 들어 수소는 핵에 양성자가 1개만 있고 헬륨에는 2개, 탄소에는 6개, 산소에는 8개, 철에는 26개, 우라늄에는 92개가 있다. 완전한 원자에는 양성자 수와 같은 수의 전자가 있으므로, 핵의 전하가 전자 수와 속도 및 에너지를 결정하고, 따라서 이들 전자가 얼마나 공유되고 교환될 수 있는지를 결정한다. 사실 중성자는 어느 정도 구경꾼이다. 일정치 않은 수로 발생할 수 있어, 화학적 성질은 같지만 질량은 약간 다른 동위원소를 생성한다.

반대 전하는 서로 끌어당기기 때문에 자연 상태에서는 분리되기보다 함께 모이기가 더 쉽다. 모든 원자핵 주위에는 핵에 있는 양성자의 양전하를 상쇄하는 데 딱 필요한 수만큼의 전자가 궤도를 돌고 있다. 이로 인해 당신이 만나는 모든 고체, 액체 또는 기체가 겉보기에는 전하가 없는 중성 물질이 되게 만든다. 중성 전하들 간에는 전자기적 인력이 없다. 이것이 바로 당신이 소파에 누워 리모컨을 탁자 위에 놔두었다는 것을 깨달았을 때 손으로 리모컨을 자화(磁化)할 수 없는 이유다! 그러나 원자나 분자가 이러한 전자 중 하나를 잃거나 얻어서 전하를 띠는 일이 일어날 수 있다. 이온이 형성된 것이다.

그러나 전자를 잃거나 얻으려면 에너지가 필요하다. 원자핵에서 힘으로 전자를 뜯어내야 하기 때문이다. 전자가 원자를 떠날 만큼 충분한 에너지를 받을 때 '이온화'된다고 말한다. 예를 들어, 매우 뜨거운 기체는 원자를 이온화하기에 충분한 열 에너지를 가지고 있다. 이 것이 일어났을 때 우리는 '플라스마'라고 부른다. 양전하와 음전하가 자유롭게 움직이는 물질 상태다.

우주에서는 이런 일이 자주, 매우 자주 일어나서 존재하는 물질의 90%가 이온화된 형태로 존재한다. 은하 간 가스는 주로 이온화된 수소다. 수소는 양성자와 전자로 구성되므로 은하 간 가스는 실제로 이 두 입자의 플라스마다. 그 안에서 별이 탄생하는 거대한 분자 구름을 제외하고 성간 가스 대부분 역시 이온화되어 있다. 별조차도 거의 전체가 플라스마로 만들어진다. 태양 중심부에서는 온도가 너무 높아 물질이 완전히 이온화된다. 간단하게 말해서, 중성 물질은 가스, 돌, 행성을 형성하는 역할만 한다. 물론 당신과 같은 생명체도 함께.

이제 당신은 전자기 상호작용이 우리 우주의 모든 곳에서 작용한 다는 것을 이해했을 것이다. 당신이 일상적으로 다루는 모든 현상 중에서 전자기학은, 비록 그게 그렇게 분명해 보이지 않을지라도 지배적인 역할을 한다. 원자를 함께 잡아 두는 전자기는 원자의 구조를 결정하고, 그럼으로써 다른 원자와 결합하는 능력을 결정한다. 결과적으로 그것은 분자의 형성과, 따라서 당신이 매일같이 접하는 모든 물질의 형성에 주된 요인이 된다. 전자기파에 불과한 빛은 말할 것도 없다.

당신이 이 책을 읽을 수 있는 것은 전자기 복사 덕분이다. 복사는 빛을 구성하는 광자라고 부르는 질량이 없는 극소 입자에 의해 운반되어, 지면을 비춘 다음 반사되어 눈으로 들어온다. 심지어 책을 구성하고 여러분을 구성하는 원자들도, 핵과 전자를 함께 유지하고 다른 원자가 서로 결합하여 분자를 형성할 수 있게 하는 전자기 상호작용 덕분에 존재한다. 종이와 잉크뿐만 아니라 여러분의 조직, 뼈, 근육, 그리고 뇌도 포함된다.*

여기서 그치지 않고 전자기 복사는 별도 존재할 수 있게 한다. 동어 반복처럼 보일 수도 있겠다. 어쨌든 별은 빛을 내는 물체이며 별이 없다면 빛도 없을 것이다. 그러나 이 말은 더 깊은 의미가 있다. 실제로 별은 불안정한 균형을 이루는 두 가지 힘 사이에서 끊임없이 투쟁하는 천체다. 그것은 자체 무게로 인해 별을 짜부라트리고 내파(內破)시키려는 중력, 그리고 중심부에서 생성된 다음에 별 밖으로 나가기 위해 '밀고' 나오려는 전자기 복사에 의한 압력이다. 별은, 태양이 그런 것처럼, 이 두 힘이 정확히 서로를 상쇄할 때 안정적이다.

별의 진화 과정에서 그렇듯이, 에너지 생산이 달라지면 평형점도 변하여 별의 크기와 온도가 달라진다. 우리 태양은 그 섬세한 균형 덕분에 존재하며, 내부 에너지 생성이 변할 때(수소 핵융합에서 훨씬 더 큰 에너지를 내는 헬륨 핵융합으로 옮겨 갈 때) 우리 태양은 극적으로 팽창하여 적색거성이 된다. 헬륨도 고갈되고 나면 에너지 생산은 필연적으로 종료된다. 더 이상 중력에 대항할 것은 없게 되고 별은 스스로 붕괴할 것이다. 태양과 비슷한 모든 별에서 같은 일이 일어난다. 이

• 그러나 근육에 대해서는 우리도 장담할 수 없다······.

붕괴의 결과는 여러 요인에 따라 달라지며, 그중 전자기가 주요 요인 중 하나다.

이처럼 전자기 상호작용은 원자 척도와 거시 척도 둘 다에서 작용한다. 그러나 중력보다 훨씬 더 큰 강도를 가지므로, 천문학적이지 않은 물체에 의해 일어나더라도 일상생활에서 그 영향을 경험할 수 있다.

당신은 정말 나를 끌어당기는군요!

질량이 있는 우주의 모든 것은 중력을 작용한다. 태양, 지구, 그리고 당신의 욕실에 있는 세탁기와 당신의 친구 피에르질도까지도. 당신은 매일같이 지구의 인력을 경험하지만, 확신하건대 세탁기의 중력을 견디기 위해 변기에 자신을 단단히 고정해야 할 필요성을 느낀 적은 없을 것이다. 마치 당신이 불쌍한 피에르질도에게 절대로 끌리지 않았던 것처럼.* 그 이유는 앞 장에서 보았듯 중력이 매우 약한 힘이기 때문이다.

그렇다, 하지만 얼마나 약할까? 뉴턴의 사과를 생각해 보라. 전자기력은 너무 강해서, 중력이 사과 꼭지와 나뭇가지를 맞잡고 있는 전자기력을 극복하려면 행성 전체의 질량이 필요하다. 또는 자석을 철

---

* 좋다, 아마 그저 중력 문제만은 아닐 것이다.

조각에 가까이 가져다 대 보라. 힘들이지 않고 들어 올릴 수 있을 것이다. 전자기 상호작용은 중력보다 훨씬 세기 때문에 작은 자석 하나가 지구 전체의 중력을 극복할 수 있다. 중력과 전자기의 기본상수 각각의 값을 비교하면, 전자기는 중력보다 10억의 10억의 10억의 10억 배 더 강력하다.

앞에서 말했듯이, 원자가 교란되지 않는다면 각 원자는 총 전하량 0을 가진다. 왜냐하면 원자핵에 존재하는 양전하는 전자의 음전하와 완벽하게 균형을 이루기 때문이다. 따라서 어떤 물체건 그것은 실질적으로 중성 원자의 덩어리이고, 따라서 다른 중성 물체에 0의 전기력을 미친다. 사과가 나무에서 떨어질 때 사과를 지면으로 미는 것은 전자기력이 아니다. 전자기력은 반대로 사과의 원자와 분자를 함께 잡아 주고, 사과 꼭지의 원자를 가지의 원자와 결합시킨다. 단일 원자가 가하는 중력은 무시할 만하지만, 지구 정도 큰 물질 덩어리를 형성하는 필요한 모든 원자를 함께 더하면 사과를 가지에 붙드는 전자기력을 극복하기에 충분한 중력 인력을 갖게 되고, 사과를 지면에 떨어뜨린다.

거시적 수준에서 전자기력은 상쇄되는 반면 중력은 상쇄되지 않는다. 따라서 중력이 우세할 만큼 충분한 물질을 축적하는 것으로 족하다. 10개의 원자로 구성된 물체를 상상해 보라. 그다음은 100개의 원자, 그다음은 1,000개의 원자, 그다음은 10,000개의 원자……. 어떻게 진행되는지 파악했을 것이다. 24번째 물체는 0이 24개가 붙는 수만큼의 원자를 포함하고, 설탕 덩어리의 크기가 된다. 27번째 물체는 사람 크기이고, 39번째는 지름 1킬로미터의 소행성 크기다. 이 크기의 물체에서는 전자기 상호작용과 중력 중에서 지배적인 것은 전자기 상호작용이다.

두 상호작용이 최소한의 균형을 이루기 위해서는 훨씬 더 많은 물질이 필요하다. 얼마나 많이? 54번째 물체, 즉 원자 10^{54}개의 덩어리에 도달해야 한다. 확실히 하자면 목성 정도의 크기다! 이제 우리는 중력과 전자기 간의 투쟁에서 결정적인 지점에 도달했다. 그러나 더 많은 수의 원자를 가진 물체는 어떻게 될까? 답은 매일같이 당신 눈앞에 있는 것이다. 그저 하늘을 올려다보라. 당신이 태양이라고 부르는 불그스름한 노란색 구체다.

태양은 약 10^{57}개의 원자를 포함하고 있으며, 이는 57개의 0이 있는 숫자다. 이토록 많은 원자를 가진 큰 물체에서 중력의 힘은 자신을 스스로 붕괴시키는 힘에 도달한다. 이러한 붕괴는 핵을 압축해 핵융합 반응을 활성화할 정도로 가열하고, 다음에는 상상할 수 없는 양의 에너지를 생성한다. 그러나 방출된 복사는 핵 주위의 물질에 붕괴를 막기 충분한 매우 높은 압력을 가한다. 그리고 여기서 우리는 완벽하게 균형 잡힌 구조를 얻는다. 여러분! 스타가 탄생했습니다!

중력은 약하고 전자기 상호작용은 훨씬 더 강하기 때문에 이러한 물질의 엄청난 덩어리는 매우 크다. 그리고 이것은 생명의 발달에 근본적이다. 사실, 전자기력이 더 약했다면 별은 너무 작아서 내부에서 핵반응을 일으킬 수 없었을 것이고 행성은 너무 추워서 어떤 형태의 생명체도 수용할 수 없었을 것이다.

왜 137인가?

중력의 경우와 마찬가지로, 다른 기본 상호작용 각각에 대해서도 고유 세기를 나타내는 상수가 있다. 전자기 상호작용의 세기를 나타내는 상수를 '미세구조 상수'라고 하며, 그리스 문자 'α(알파)'로 표시한다. 이것은 측정 단위계와 무관한 순수한 숫자다.

이 상수는 매우 중요한데, 이것이 원자와 그 원자로 구성된 모든 것의 크기, 어떤 분자가 가능하고 어떤 분자가 불가능한지, 빛의 세기와 색깔, 전자기력의 세기를 결정하기 때문이다. 그리고 무엇보다도, 우주의 모든 것을 구성하는 기본 빌딩 블록인 원자의 구조를 우리가 이해할 수 있게 해주는 숫자다.

양자역학이 제공하는 실재에 대한 설명은, 전자는 핵에서 임의의 거리에 있는 공간을 차지하지 않고, 오비탈*로 정의되는 특정 영역에서만 발견될 수 있다고 알려 준다. 각 오비탈은 전자가 핵에 얼마나 결합되어 있는지를 나타내는 에너지를 가지고 있다. 따라서 오비탈의 에너지는 아무 값이나 가질 수 없으며, 어떤 특정 값만 허용된다. 이것을 오비탈 에너지가 양자화되어 있다고 한다.

전자와 핵 사이에 존재하는 관계는 미세구조 상수에 의해 정확하게 규정된다.

미세구조 상수는 전자 전하와 빛의 속도(두 가지 다른 보편 상수), 즉

---

* 궤도(전자의 운동 궤도, 원형이거나 타원형 ─역자주)

전자기 상호작용과 그 거동을 설명하는 데 도움이 되는 요소를 함께 묶어서, 다른 모든 것과 별개로 존재하는 하나의 차원 없는 순수한 숫자로 요약된다. 그리고 그것이 이 장의 시작 부분에 있는 공식에 나와 있는 것이다. 지금까지 얻은 가장 정확한 추정치에 따르면 1/137.035999206, 즉 약 0.00729351이다.

우리는 지금 당신을 사로잡고 있는 의심이 무엇인지 안다. "이 특별한 값은 어디에서 오는가? 예를 들어 14나 0.2222222226 또는 9,990억이 아니라 정확히 1/137인 이유는 무엇인가?" 아무도 모른다. 물리학자들이 수십 년 동안 알아내려고 노력했지만 헛수고였다. 우리는 그것을 측정할 수는 있었지만, 아직도 그것을 어떻게 '설명'할지는 모른다.

지난 세기의 가장 위대한 물리학자 중 한 명인 리처드 파인먼Richard Feynman은, "이 숫자는 '신의 손'으로 기록된 것이며 그가 연필을 어떻게 움직였는지 우리는 거의 모른다고 말할 수 있다. 우리는 이 값을 매우 정확하게 측정하기 위해 실험적 수준에서 무엇을 해야 하는지를 완벽하게 알고 있지만, 그 안에 그것을 비밀리에 넣지 않고 계산기에서 나오도록 꾸미는 것이 얼마나 까다로운 일인지 모른다!"라고 했다.

미세구조 상수 값에 대한 수수께끼는 과학자들에게 너무나 매혹적이어서, 오스트리아의 위대한 이론 물리학자이자 양자역학의 아버지 중 하나인 볼프강 파울리Wolfgang Pauli는, 신이 원하는 것은 무엇이든 물어볼 수 있도록 허용한다면 자신의 첫 번째 질문은 "왜 137입니까?"일 거라고 말했다.

미세구조 상수는 스펙트럼선의 미세구조를 설명하기 위해 1916년 물리학자 아르놀트 조머펠트Arnold Sommerfeld가 도입했다.

빛을 성분 색상으로 분해한 것을 스펙트럼이라고 한다. 햇빛을 프리즘에 통과시키면, 햇빛을 구성하는 여러 가지 파장에 해당하는 다양한 색상으로 분해된다. 빛이 태양이나 다른 고체 광원에서 오는 경우, 분해는 연속 스펙트럼을 일으킨다(그림 2.3).

그러나 가스도, 예를 들어 적당한 전기 방전을 통해 고온 발광 상태가 되면 빛을 방출한다. 그리고 그것을 다양한 파장으로 분해하면 연속적인 무지개 대신 줄무늬 색상 분포를 얻는다. 이 선들을 스펙트럼선이라고 하며, 존재하는 모든 화학물질의 고유한 서명이다. 왜냐하면 스펙트럼선의 분포는 원자 궤도의 전자가 원자를 비추는 입사광과 어떻게 상호작용하느냐에 따라 다르기 때문이다.

조머펠트는 수소의 초고해상도 스펙트럼을 연구하여, 스펙트럼선 중 많은 것이 실제로는 두 개 이상의 매우 가는 선들로 구성되어 있고 거의 서로 붙어 있다는 사실을 알아냈다. 이것은 동일한 오비탈을 점유한 전자들이 약간 다른 에너지를 가질 수 있기 때문이고, 그 결과 구별되지만 매우 근접한 스펙트럼선이 된다(그림 3.1).

이것이 바로 스펙트럼선의 미세구조다. 미세구조 상수는 가지각색의 매우 근접한 스펙트럼선이 생기게 하는 전자들 간의 에너지 차이를 정량화하는 열쇠다.

접촉 금지

우리는 중력의 세기라는 다이얼을 현재 값에서 다른 값으로 움직이면 어떤 일이 일어나는지 — 몹시 나쁜 일이 일어난다 — 이미 보았다. 이쯤 되면 당신의 상식은 당신이 미세구조 상수를 그대로 놔두게 할 수도 있겠지만, 그러나 그 상식은 종종 당신에게 어리석은 일을 하라고 부추기고, 그 다이얼은 거부할 수 없는 매력이 있고…… 그렇다면 이번에 한 번 더 시도하지 않을 이유가 있을까?

미세구조 상수는 원자를 하나로 유지하는 데 필수적이며, 따라서 분자, 행성, 은하, 그리고 마침내 우리 존재를 보장한다. 당신은 이제 이것을 알았다. 그러나 이제 여러분은 궁금해진다. 우리 주변 세계에 상당한 변화를 일으키려면 α의 변동이 얼마나 커야 할까? α의 다이얼을 움직여 소수점 둘째 자리만 약간 바꿔도 우리를 둘러싼 우주는 더 이상 인식할 수 없는 것이 된다. 단백질 접힘(즉, 단백질이 3차원 구조를 취하는 과정), DNA 복제, 원자의 속성…… 이 모든 현상은 돌이킬 수 없을 정도로 위태롭게 될 것이다. 어떤 형태의 생명체라도 존재하는 것이 거의 불가능해질 것이다.

하지만 왜 그런지 살펴보자.

우리가 외계에서 생명체를 찾을 때, 최소한 네 가지 기본 성분이 있어야 한다. 액체 물, 탄소, 질소 같은 분자들(기본 화학반응에 필수적), 그리고 에너지다. 여기서 미세구조 상수의 값이 4%만 커져도 탄소와 대부분의 다른 원자는 불안정해지고, 붕괴한다. 그러나 값이 더 작아지면 물과 대부분의 다른 분자들이 불안정해질 것이다.

α가 증가하면 핵 안에 있는 양성자들 사이의 반발력이 그에 따라 증가하여 양성자들을 함께 묶어 주는 힘(다음 장에서 다룰 것이다)을 이기게 되고, 반면 α가 감소하면 이온을 분자에 묶어 두는 전기적 인력이 너무 약해져서 화학결합이 형성되지 않는다.

또한 미세구조 상수는 과거에는 더 작은 값이었고 시간이 지나면서 커졌다고 가정하고 있다. 이러한 경향을 미래에 투영함으로써, 그리고 우주가 계속 팽창하고 있다는 사실을 고려할 때(9장에서 볼 것이다), 미세구조 상수가 너무 커질 수 있으며, 이에 따라 양성자 사이의 정전기 반발력도 같이 커져서 원자들을 불안정하게 만들 수 있다.

전자기 상호작용은 우리가 알고 있는 생명의 기초가 되는 원소인 탄소의 생성에도 근본적인 역할을 한다. 탄소는 우주에 아주 풍부하며 긴 원자 사슬을 만들어 복잡한 유기체를 형성할 수 있는 원소다. 탄소 생성은 주로 별에서 헬륨 핵융합의 산물로 발생하며, 곧 보게 되겠지만, 별의 존재 자체가 미세구조 상수의 값에 엄격하게 의존한다. 따라서 α 값의 작은 변화라도 별의 핵에서 생성되는 탄소의 양을 크게 변화시킬 수 있다. 그 값이 현재 값보다 4% 높거나 낮으면 별은 탄소를 생성할 수 없다. 복잡한 생명체의 존재를 보장하는 또 다른 필수 원소인 산소 또한 생성되지 않는다.

탄소가 없다면 별은 생명체를 구성하는 원소를 포함하여 더 무거운 원소들을 '요리'해 낼 수 없을 것이다. 이들은 20개 정도의 원소로 구성되는데, 주로 탄소, 수소, 산소, 질소, 인 및 황에 더해 나트륨,

칼륨, 염소, 칼슘, 마그네슘, 철, 구리, 아연 같은 다른 많은 원소들도 있다. 그런데 기본상수가 조금만 달라져도, 우리는 아마도 수소만으로 이루어진 우주를 갖게 될 것이다.

당신은 "만약 전자기가 전혀 존재하지 않는다면?"이라고 궁금해 할 수도 있다. 그래서 우리가 당신을 좋아한다! 이 상호작용에 대한 다이얼을 0으로 돌리면, 그 결과 원자는 존재하지 않게 된다. 전자기 상호작용은 중력 붕괴를 겪고 있는 물질이 복사, 즉 전자기파 방출을 통해 냉각되도록 허용한다. 이 과정이 없다면 우주 구조의 붕괴는 은하, 별, 행성이 형성될 수 있기 전에 멈출 것이다. 그리고 결과적으로 우리가 알고 있는 생명은 발전할 수 없을 것이다.

그러나 이것은 시작에 불과하다…….

파스타를 던져라!

태양으로부터 우리에게 도달하는 열은 태양 중심부에서 일어나는 핵융합 반응 덕분에 생성되고, 거기에서 별 외부로 전달된다. 별의 중심부로부터 표면으로 열을 운반할 수 있는 메커니즘에는 대류와 복사 두 종류가 있다.

열 대류의 예를 찾기 위해 멀리 갈 필요는 없다. 부엌으로 가서 파스타를 만들어 보기만 하면 된다. 물이 가열기 위에 있을 때, 냄비 바닥과 접촉하는 쪽 물은 표면 쪽보다 더 많이 가열된다. 아래쪽 물이 따뜻해지면 위에 있는 물보다 밀도가 낮아진다. 따라서 위쪽으로 올라가려고 한다. 반대로, 표면 근처의 물은 더 차갑고 밀도가 더 높아서 아래쪽으로 이동하려는 경향이 있다. 이것이 대류 운동이라고 하는 순환 운동을 촉발한다. 이 운동은 아래 있는 물을 표면으로, 표면에 있는 물을 아래로 지속해서 옮겨 놓는다. 이것이 열 대류 현상으로, 바닥에서 표면으로 열을 전달해 물의 부피 내부로 열이 퍼져 나가게 한다. 별의 내부에서도 같은 일이 발생한다. 깊이 있는 물질은 별 표면을 향해 상승하면서 내부의 열을 가져온다.

반면에 복사에서 열은 이동하는 물질 없이 전자기 복사, 즉 광자에 의해 전달된다. 전구 내부는 진공인데 그 안에 있는 필라멘트가 열을 내는 것은 복사에 의한 것이다.

적절한 망원경으로 태양을 관찰하면(항상 필요한 보호장치와 필터를 갖추고!) 그 표면은 끓는 플라스마 덩어리로 보인다. 이 '끓는 현상'은 따뜻한 상승 플라스마인 더 밝은 '쌀알무늬granule'와 냉각되고 아래쪽으로 가라앉는 플라스마인 더 어두운 윤곽선의 형태로 분명히 관찰된다. 이 쌀알무늬는 끓는 물이 가득 찬 냄비에서 발견되는 것과 유사한 실제 플라스마 거품이다(그림 3.2). 이것은 열의 복사 전달 메커니즘이 우세한 가장 안쪽 영역과 달리, 태양의 가장 바깥쪽 층이 대류 운동으로 움직인다는 것을 의미한다.

일부 천문학자들은, 비록 우리가 물리적인 원인을 이해하기에는 아직 갈 길이 멀지만, 별 내부의 대류에 의한 열전달이 행성계 형성에 근본적인 역할을 한다고 믿고 있다. 그것은 아직 확정되지 않은 가설이지만, '인류적' 관점에서 매우 흥미로운 가설이다.

반면에, 더 큰 별에서 열을 전달하는 주된 내부 메커니즘은 복사이고, 우리는 이것이 행성 형성에 필수적이라는 것을 이미 확실하게 알고 있다. 사실 복사는 별이 초신성, 즉 거대한 폭발과 함께 터지게 만드는 요인 중 하나다. 그리고 어떤 별들이 수명이 다하면서 폭발한다는 사실은 정말로 중요하다. "*Mors tua vita mea*(너의 죽음은 나의 삶)"라는 말이 있는데, 이 경우에 이보다 더 적절할 수 없는 말이다. 사실, 질량이 큰 별이 초신성으로 폭발하면서 우주에 산소, 규소, 인, 철 등 많은 화학원소를 방출한다. 우주에 재처럼 흩어진 이 물질들은 새로운 행성의 탄생을 위한 '씨앗'이 되고 생명체를 만드는 '원료'가 된다. 〈우리는 별의 아이들Siamo figli delle stelle〉은 그저 유명한 노래일 뿐인 것이 아니다. 그것은 항성 물리학이다. 따라서 복사는 한편으로는 미래 행성을 형성할 요소를 우주에 퍼뜨리는 초신성의 존재를 보장하고, 다른 한편으로는 행성 자체의 형성을 촉진하는 기본적인 열전달 메커니즘이다.

이제, 이런 의문이 들지도 모른다. "하지만 이 장에서는 전자기학을 다루지 않나? 열과 무슨 상관이 있지?" 관련이 있다. 그리고 그것을 이해한 사람은 인류 원리의 창시자인 브랜던 카터였다. 카터는 실제로 별 내부에서 열이 흐르는 방식과 전자기력이 중력보다 10^{36}배 더 강력하다는 사실 사이에 놀라운 연관성이 있다는 것을 최초로 이해한 사람이었다.

별의 구조 형성을 연구하면서 그는 복사로 열을 운반하는 별과 대류로 열을 운반하는 별을 둘 다 가지기 위해서는, 그래서 지구에 생명이 존재하고 지구 자체가 존재하기 위해서는, 전자기력과 중력 사이의 비가 계산된 10^{36}에 매우 매우 가까워야 한다는 것을 발견했다. 별의 평형을 지배하는 중력과 전자기 복사 사이의 줄다리기는 이 두 힘의 고유 강도에 따라 달라진다. 따라서 만약 두 값 중 하나로 바퀴를 돌리면 두 상수 간의 관계를 변화시키고, 결과적으로 별의 거동을 변화시킨다.

중력이 조금 더 강했거나 전자기가 약간 약했다면 열의 이동은 모든 별에서 주로 복사 때문에 발생했을 것이고, 행성계가 형성되지 않았을 것이다. 반대로, 복사가 지배적인 열전달인 별이 없었다면 초신성의 존재는 불가능했을 것이고, 따라서 행성과 생명체의 탄생에 필수적인 화학원소의 분산도 없었을 것이다. 두 경우, 생명의 기회는 실질적으로 존재하지 않을 것이다.

따라서 중력과 마찬가지로 전자기도 우주에 생명체가 살 수 있게 허용하는 값을 정확히 가지는 것처럼 보인다는 것을 알 수 있다.

태양의 해부학

태양의 구조는 극도로 복잡하다. 많은 측면이 알려지지 않은 채 여전히 연구 중이다. 그러나 우리는 핵 영역에서부터 '표면'에 이르기까지의 거시적 해부학은 알고 있다.

- **핵**은 태양을 안정적으로 유지하는 모든 에너지가 생성되는 영역이다. 그 에너지는 지구에 빛과 열을 제공함으로써 생명을 가능하게 한다. 핵융합 반응은 온도 1,500만 도가 넘는 지옥 같은 환경에서 수소를 헬륨으로 변환한다.

- **복사층**은 복사에 의해 열이 전달되는 영역이다. 그것은 핵 바로 바깥의, 별 가장 안쪽 층을 차지하며, 중심에서 최대 50만 킬로미터 거리(이는 태양 반경의 70%다)까지 걸쳐 있다. 복사에 의한 열전달은 매우 느리다. 광자가 복사층 전체를 가로지르는 데 17만 년 이상이 걸리는 것을 생각해 보라!

- **대류층**은 우리 별의 가장 바깥쪽 층으로, 반지름의 30%에 이른다. 연속적인 열전달 순환 과정에서 따뜻하고 밀도가 낮은 물질은 표면으로 올라오고, 거기서 식으면서 태양 깊은 곳으로 다시 수직 낙하한다.

- 대류층은 태양의 가시 표면인 **광구**로 끝난다(태양이 플라스마로 구성되어 있음을 고려하면, 표면을 말하는 것은 정확히 옳은 것은 아니다). 여기서 온도는 5,500℃이다.

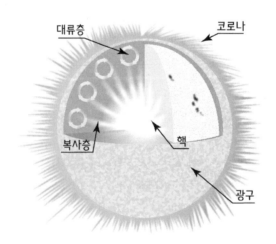

- **채층**은 광구 바로 위에 있는 태양 대기의 얇은 층으로, 그 물질은 자기장 선을 따라 배열되어 있다.
- 마지막으로 **코로나**는 무엇보다도 X선과 자외선에서 볼 수 있는 실제 태양 대기다. 그것은 수백만 킬로미터에 걸쳐 뻗어 있으며 섭씨 100만 도 이상의 극도로 높은 온도에서 이온화된 가스로 구성되어 있다. 코로나가 광구보다 뜨거운 이유는 오늘날까지도 우리 태양의 가장 큰 미스터리 중 하나로 남아 있다.

얼마나 중요한 원소인가!

전자기 상호작용이 고맙게도 당신이 존재하도록 하는 우연의 일치 목록에서 존경할 만한 위치를 차지한다고 이미 설득되었더라도, 이게 아직 전부가 아니라는 것을 알아 두시라.

화학원소가 없었다면 우리의 존재는 불가능했을 것이다. 그리고 당신이 예상한 대로, 대부분의 화학원소는 항성의 핵융합로에서 시작된다. 그런데 많은 것이 그렇지만, 전부 그런 것은 아니다.

주기율표에서 처음 만나게 되는 두 원소는 수소와 헬륨으로, 우주 화학의 역사에서 가장 기본적이며 단순한 원소다. 수소 원자는 단순히 양성자 하나와 그 주위를 도는 전자 하나에 의해 형성되고, 헬륨 원자는 2개의 양성자와 2개의 중성자로 이루어진 핵과 그 주위를 도는 2개의 전자에 의해 형성된다. 이 두 원소는 우리 우주에서 지배적이다. 우주에 있는 원자의 약 91%는 수소 원자이고 약 9%는 헬륨이다. 다른 원소는 인구조사에서 하잘것없는 0.1%를 차지한다.

양성자는 우주 일생의 첫 1초에 형성되었다. 그다음 3분 동안, 우주의 온도는 양성자 핵융합 반응을 가능하게 하기에 충분할 정도로 뜨거웠다. 이렇게 '원시 핵합성'이라고 불리는 과정을 통해 우주에 여전히 존재하는 거의 모든 헬륨 핵(소량의 리튬도 포함해서)이 형성되었다.

원자 구조를 결정하는 미세구조 상수는 최초의 우주 원소 형성에서 이미 근본적이라는 것이 증명되었으며, 사실 적어도 부분적으로는, 원시 핵합성이 끝났을 때의 수소 양과 헬륨 양 사이의 관계를 정의했다. 다른 α 값이라면 수소보다 헬륨이 훨씬 더 많이 생산될 수도 있었을 것이다. 그러나 주로 헬륨으로 이루어진 우주는 이 원소를 사용해서 핵융합하는 별을 생성할 것이며, 수소의 핵융합과는 달리 헬륨의 핵융합은 매우 빠르다. 너무 빨라서 모든 별은 수십억 년 전에 죽어 버려 생명이 발달할 시간을 주지 않았을 것이다.

긍정적(positive)으로 생각하라

지금까지 우리는 다이얼을 돌려서 전자기 상호작용의 세기를 바꿔 보는 시도를 했지만, 그 거동을 변경하려고는 하지 않았다. 그러나 전자기 상호작용이 다른 방식으로 작용한다면, 즉 같은 전하를 가진 입자끼리 끌어당기고 반대 전하를 가진 입자끼리 밀어내는 경우 어떤 일이 일어날지 궁금하지는 않았는가? 만약 그랬다면, 갈채를 보낸다. 그리고 이미 자신에게 답을 주었다면 진심으로 축하한다. 나머지 다른 사람들에게는 우리가 설명해 보겠다.

전자기학이 역으로 작용하면, 원자핵은 계속 존재하겠지만 더 이상 전자가 그 주위를 돌고 있지 않을 것이다. 이 말은 원자가 없다는 것이고, 따라서 분자, 즉 행성과 생명체를 만드는 데 필요한 '벽돌'이 없다는 것을 의미한다.

따라서 결론적으로, 어떤 측면에서 보더라도 전자기 상호작용은 정확히 우주의 생명체와 양립하는 특성을 가진 것 같다.

우리는 이것이 왜 이런 식으로, 또는 다른 방식으로 작동하는지 전혀 모른다. 왜 미세구조 상수가 1/137인지도 모르고, 이 값을 기본 원리에서 어떻게 도출해야 하는지도 모른다. 하지만 우리 원자와 분자를 완벽하게 안정되게 하여, 우리가 여기 햇빛 아래에서 책을 읽을 수 있게 하고, 대류에 의한 열전달이 당신이 누워 있는 행성의 존재를 보장하게 하는 것은 137이라는 숫자이다. 이제 그것을 알았으니 당신은 전구를 켜거나 냉장고에 자석을 하나 더 붙일 때 전혀 다른 만족감을 느낄 수 있을 것이다……

4장

|

실재의 접착제

강한 핵 상호작용

강한 빛의 깊고 선명한 존재 속에서 그것은 나에게 세 가지 색과
하나의 내용물이 세 번 회전하는 것처럼 보였다.

_알리기에리 단테, 《신곡 천국편》 XXXIII

$$\alpha_s \approx 1$$

우주의 저편

당신의 자존감에 상처 주기를 원하지 않지만, 우리는 지금까지 우리
가 익숙한 분야에서 옮겨 다녔음을 고백해야겠다. 사실 중력 상호작
용은 직관적이며[*] 과학과 언어가 있기 전부터 언제나 알고 있었다.
모든 동물은 '떨어진다'는 것이 무엇을 뜻하는지 알고, 모든 식물은

---

[*] 아마 알베르트 아인슈타인은 크게 동의하지 않을 것이다.

'위'가 어디에 있는지 알고 있다.

중력은 아마도 인생에서 알게 된 (그리고 두려워하게 된) 첫 번째 힘일 것이다. 넘어지면 다친다. 간단하다. "손을 앞으로 내밀어!" 어린 시절 당신은 이 말을 얼마나 많이 반복해서 들었던가? 중력은 가차없고, 밀어내는 중력은 없으므로, 조만간 모든 것이 필연적으로 떨어진다. 그런데 이상한 점은, 중력이 가장 약하고 가장 소심한 힘이라는 것이다. 그러나 우주의 물질은 너무도 많아서 이 미약한 상호작용이 엄청난 힘으로 발전한다. 모든 것이 모든 것을 끌어당긴다.

전자기는 우리가 보았듯이 원자, 화학반응, 그리고 빛과 열의 존재를 허용하는 것이다. 약간 덜 직관적이지만, (거의) 모든 동물은 주변의 전자기장, 즉 빛을 사용하여 보고 방향을 잡는다. 그리고 (거의) 모든 식물은 광합성을 통해 많은 양의 에너지를 저장하는 데 전자기장을 이용한다. 한 세기 동안 우리는 전자가 어떻게 작동하는지 수학적으로 설명하고, 상상력이 풍부한 모든 종류의 응용과 발명에 전자를 활용했다. 전기는 2차 산업혁명과 기술의 눈부신 성장을 가져왔다. 우리가 전자의 시대를 이야기하는 것은 헛된 것이 아니다!

그러나 이 두 가지 기본적인 힘은 실재의 단편일 뿐이다. 정확히는 반이다. 나머지를 밝히려면 토끼굴로 내려가야 한다. 이제 시작해볼까?

다수의 핵 접착제

원자를 만들기 위해서는 그 개수로 핵의 전하를 정하는 양성자와, 핵 주위를 돌며 핵의 전하를 정확히 상쇄하는 양성자와 같은 수만큼의 전자가 필요하다.* 반면에 중성자는 무덤덤한 관찰자이며 핵의 질량에만 이바지한다. 전자구름 사이의 상호작용은 우리가 화학이라고 부르는 것이다.

지금까지는 모든 것이 명확하고 간단하다. 그것은 모두 전자의 교환과 공유로 귀결된다. 이 수준에서는 모든 것이 전자기다. 그러나 우리는 당신의 예리한 눈이 문제를 알아차렸으리라 확신한다. 양성자의 전하는 양이고, 같은 부호의 전하끼리는 서로 반발한다. 따라서 두 양성자가 그들의 차이…… 음, 같음을 뛰어넘어 헬륨 원자핵에 붙어서 사랑과 합의 속에서 살기란 불가능하다. 헬륨 원자핵은 1,000조 분의 1미터 단위로 측정되는 매우 작은 물체이기 때문이다.** 우라늄 원자에서 그러하듯, 92개가 합의하는 일은 훨씬 더 불가능하다. 92개의 양성자를 매우 가깝게 가져와서 같이 살도록 강제하는 것은, 한 방에 92마리의 성난 고양이를 들여놓는 것과 약간 비슷하다.*** 상황

---

* 그렇다. 또한 테이블, 나무, 씨앗, 과일, 그리고 꽃을 만드는 데도 필요하다!
** 당신은 좋은 집단에 속해 있다. 1960년대의 물리학자들은 원자핵을 설명하기 위해 어디로 고개를 돌려야 하는지 도무지 몰랐다.
*** 이 책을 만드는 동안 어떤 고양이도 학대받지 않았다. 어쩌면 잔소리를 조금 했을 수는 있다.

의 혼란과 파괴력은 막대하다.

그럼에도 원자는 존재한다. 따라서 원자의 핵을 설명하려면 같은 전하를 띠고 있음에도 불구하고 양성자를 함께 붙들어 줄 수 있는 무언가가 필요하다. 우리는 우주에서 가장 놀라운 접착제가 필요하다.

우리는 전자기력과 중력을 넘어서, 실재의 다른 절반에서 이 접착제를 찾는다. 사실, 존재의 바로 그 기초에는 두 가지 다른 기본 힘, 핵력이 있다. 핵력은 거시적 세계에 어떤 영향도 미치지 않고 실질적으로 원자핵의 아주 작은 규모에만 존재하기 때문에 그렇게 불린다.

이러한 힘에 대해 한 번도 들어 본 적이 없다고 해서 걱정할 필요는 없다. 이 힘의 발견은 입자 가속기 같은 발전된 장비와 점점 더 복잡해지는 수학 이론 덕분에, 현대 물리학이 출현했을 때에서야 가능했다. 핵력은 우리가 알 수 있는 어떤 것의 한계에 있는 실체이며, 일상적인 현실과는 너무나 동떨어져, 상상력이 지나치게 풍부한 이론 물리학자들의 스타일리시한 연습문제처럼 보일 정도다. 그러나 핵력이 없다면 많은 것이 불가능할 것이며, 그중에는 원자의 존재도 포함된다.

아주 작은 공간에 양성자들이 같이 있게 만드는 실재의 접착제가 두 핵력 중 더 강하기 때문에 그것을 '강한 핵 상호작용'이라고 부른다. 심지어 그것은 모든 상호작용 중 가장 강력하다. 그 강도는 이 장의 시작 부분에 보고된 숫자 '1'로 표현된다. 전자기력보다 137배 더 강력하고, 중력보다 10^{39}배 더 강력하다. 아주 작은 공간 내에서만 존재하는, 경이로운 우주적 힘을 부여받은 상호작용이다.

결과적으로, 비록 핵 상호작용은 원자핵 안에서만 작용하지만, 핵 내부에서만큼은 이론의 여지가 거의 없는 지배자다. 이 수준에서는 중력과 좀 비슷하다. 양이나 음의 '강한 핵 전하' 같은 것은 없고, 강한 상호작용은 오로지 인력뿐이다. 강력은 원자핵의 양성자와 중성자를 구별하지 않는다. 따라서 두 입자를 모두 말하는 '핵자nucleon'라는 하나의 포괄적인 이름을 사용할 수 있다. 즉 핵자는 양성자이거나 중성자이며, 구별되지 않는다. 왜냐하면 강력이 둘을 구별하지 않기 때문이다. 원자핵 내부의 핵자 사이의 강한 상호작용은 너무 강해서 양성자 사이의 정전기적 반발력을 압도한다. 이렇게 핵은 반발력을 견뎌 내고 하나로 뭉친다.

중성자는 매우 중요한 역할을 한다. 위에서 강한 상호작용이 핵 안에서 거의 도전받지 않는다고 했다. 양성자 사이의 정전기적 반발력은 사실 매우 강력하며, 가까우면 가까울수록 더 강해져서 어떤 단계에서는 강한 핵 상호작용도 이를 억누르기 위해 애써야 한다. 실제로 우리 우주에서 핵이 양성자로만 이루어지는 것은 불가능하다. 중성자의 존재는 강한 상호작용의 작업을 쉽게 만들어 준다. 중성자는 양성자와 달리 공포에 질려 도망치려고 하지 않기 때문에, 강한 상호작용은 이 전기적으로 중성인 입자들을 '펠' 수 있다. 이것은 마치, 가장 반항적인 고양이들을 떨어뜨려 그들의 영혼을 진정시키기 위해, 92마리의 화난 고양이가 들어 있는 방 안에 태연하고 상냥한 고양이들을 풀어놓는 것과 같다.* 즉 중성자는 원자의 존재를 가능하게 하는 추가적인 안정성을 준다. 이것이 모든 화학원소의 핵이 최소한 양성자와 같은 수의 중성자를 갖는 이유다. 예외는 오직 둘만 있다. 수소-1(양성자 1개)과 헬륨-3(양성자 2개와 중성자 1개)이다. 여기서 숫자는 총 핵자 수를 나타내며, 같은 원소의 동위원소를 구별하기 위해 표시된다. 예를 들어 탄소-12(양성자 6개, 중성자 6개)는 중성자가 2개가 더 있는 탄소-14와 화학적으로는 구별할 수 없다.

그러나 강한 핵력은 범위가 매우 제한되어 있다. 각 핵자는 바로 인접한 이웃(기하학적인 이유로 결코 12개를 넘지 않는다)에게만 인력을 작용하고 상호작용할 수 있다. 이 경우 이것을 그려 보기는 매우 쉽다. 오렌지가 들어 있는 봉지에서, 오렌지 하나가 최대 12개의 다른 오렌지와 접촉한다고 상상해 보라.

그런데 이것은 문제가 된다. 우리가 양성자를 증가시키면서 주기율표에 있는 원소들을 만드는데, 그들이 함께 머물러 있도록 설득하는 데는 점점 더 많은 중성자가 필요하기 때문이다. 칼슘-40(주기율표의 20번 원소)은 양성자와 중성자 수가 같은 마지막 안정 동위원소다(각각 20개). 은(원소번호 47)은 47개의 양성자를 잡아 두기 위해 최소한 60개의 중성자가 필요하고, 금(원소번호 79)의 경우 118개가 필요하다! 어느 시점에서는 중성자가 아무리 많이 있어도 더는 충분치 않다. 양성자 사이의 정전기적 반발력이 이기게 되면서 핵은 불안정해

• 축하한다, 당신은 이제 막 고양이 카페를 차렸다!

진다. 방사성 원자가 그러하다. 이 원자들은 여분의 양성자나 중성자를 제거하는 변환을 통해 안정성을 달성하려고 한다. 이 변환 과정을 '방사성 붕괴'라고 한다. 방사성 붕괴는 여러 방식으로 발생할 수 있는데, 바로 두 가지 핵 상호작용에 의해 조절된다. 앞서 언급한 우라늄은 92개의 양성자를 충분히 진정시키기 위해 최대 146개의 중성자가 필요하다. 우라늄-238은 이 많은 중성자와 매우 긴 붕괴 시간(약 45억 년)에도 불구하고 여전히 불안정하다.

이 모든 말이 복잡하게 들릴 것이다. 머리가 약간 빙빙 돌더라도 당신을 탓하지는 않겠다. 하지만 그래도 약간의 인내심은 필요하다. 우리는 이제 막 토끼굴 속으로 내려가기 시작했다. 왜냐하면 핵자 사이의 인력은 단지 안심시키는 차분한 겉모습을 한, 강한 상호작용의 부분적인 일면일 뿐이기 때문이다. 그러니 계속하기 전에 숨을 크게 한번 들이쉬고, 이 순간을 이용해 색연필을 찾아보라. 왜냐하면, 이제 우리는 미술을 시작할 것이기 때문이다.

우주 팔레트

핵자 사이의 강한 상호작용은 이질적이고 혼란스러운 특성을 가진 소립자 바다의 외양일 뿐이지만, 그 어느 것보다 실제적이다. 1960년대 물리학자들은 원자핵을 설명하는 이 새로운 상호작용의 존재를 상상하고는, 프라이팬에서 불속으로 내던져졌다(나쁜 상황에서 더 나쁜 상황으로 갔다는 뜻-옮긴이). 사실, 그것이 존재한다고 가정하는 것만으로는 충분치 않고, 그것이 '어떻게' 작동하는지도 설명할 필요가 있었다.

우주를 구성하는 입자들과 그 입자들이 상호작용하는 힘은 양자장론quantum field theory이라고 불리는 매우 정확하고 복잡한 이론으로 기술된다. 이 이론에 따르면 입자가 상호작용하는 것은 그들이 무언가를 교환하고 있기 때문이다. 전자기 상호작용을 예로 들면, 전자와 원자핵은 테니스 선수가 서로에게 공을 보내는 것처럼 지속해서 광자를 주고받는다. 궁극적으로 이것이 전자기의 특성이다. 대전된 입자는 물리학자들이 '전자기장'(테니스공이 움직이는 경기장)이라고 부르는 것 안에서 빛의 속도로 전파되는 광자를 드리블함으로써 원격으로 서로 '대화'한다. 따라서 광자는 전자기력의 매개자, 즉 전자기 상호작용의 메신저이다. 각 광자는 물리학자들이 '양자'라고 부르는 일정한 에너지 덩어리를 가지고 있다. 양자는 입자로도, 또 빛의 속도로 전파되는 전자기장의 잔물결인 파동으로도 간주될 수 있다.

그러나 만약 강한 핵력이 전자기와 같은 기본적인 상호작용이라면 그것의 매개체는 무엇일까? 그것의 장은 무엇일까? 핵자들은 서로를 느끼고 끌어당기기 위해 얼마나 주고받을까? 연구자들은 이런 질문에 답해야 했다.

물리학자들은 계속해서 문제를 파헤쳤다. 원자를 전자와 핵자로 분리하는 데 만족하지 않고, 이제 그들은 핵자를 분리하려 했다. 핵자는 기본적인, 즉 더 이상 나눌 수 없는 것으로 생각되었지만, 시도해 보는 데는 비용이 들지 않는다. 그렇지 않은가?*

중성자는 중성이므로 할 수 있는 일이 거의 없지만, 양성자는 전하를 띠고 있고, 따라서 자기장을 사용해 조작할 수 있다! 물리학자들과 엔지니어들은 이제까지 만들어진 가장 놀라운 기술적 경이 가운데 하나라 할 수 있는 거대한 기계인 입자 가속기를 만들었다(그림 4.1).

이 기계 안에서, 슈퍼 자석과 엄청난 양의 에너지를 사용하여, 양성자는 빛의 속도에 가까운 매우 빠른 속도로 가속된다. 지금까지 만들어진 것 중 가장 강력한 거대 강입자 가속기 내부에서 움직이는 단일 양성자는 빛의 속도의 99.999999%**로 움직이며, 날아다니는 모기 정도의 에너지를 가진다. 하지만 모기는 30해(3×10^{21}) 개의 양성자와 중성자로 이루어져 있다. 피자에피키가 아니다!(피자에피키는 무화과가 들어간 피자로 단순하고 초라한 음식으로 여겨진다. 여기서는 그것과는 달리 중요한 가치가 있다는 뜻. -옮긴이)

이 양성자들은 서로 충돌하고, 그 결과로 인한 혼돈 속에서 충돌에너지 일부가 유명한 아인슈타인의 공식 $E = mc^2$이 우리에게 가르쳐 주듯이 물질로 변환된다.

---

*   LHC(Large Hadron Collider, 거대 강입자 가속기) 같은 슈퍼 가속기에 자금을 대는 사람들에게 한번 물어보든가!

**   맞다, 우리가 쓴 숫자 9가 맞다!

반물질

전자, 양성자, 중성자는 원자를 형성하고 광자를 교환함으로써 우리가 매일 경험하는 물질을 구성한다. 모든 실재를 구성하는 단 네 가지 재료다!

그러나 1928년 영국의 물리학자 폴 디랙Paul Dirac은 자신이 연구하고 있는 방정식 중 하나가 두 가지 다른 해로 이어지는 것을 발견했다. 하나는 전자를 기술하는 것이었고, 다른 하나는 같은 입자를 기술하지만 반대 전하를 갖는 것처럼 보였다. 4년 후, 미국의 칼 데이비드 앤더슨Carl David Anderson은 이런 기본 입자가 실제로 존재한다는 것을 발견했다. 그는 그것을 '양전자positron'라고 불렀는데, 이는 '양positive'과 '전자electron'를 합한 것으로 '양의 전자'를 의미한다. 이렇게 반(反)물질antimatter의 첫 번째 입자가 발견되었다. 반물질이라고 부른 이유는 그것의 모든 양자 특성(전하, 스핀 등과 같은 이른바 양자수)이 물질의 특성과 정확히 '반대'이기 때문이다.

시간이 지남에 따라 우리는 모든 물질 입자에는 대응되는 반물질이 있으며, 유일하게 변하지 않는 것은 질량이라는 것을 알게 되었다. 입자가 자신의 반입자를 만나면 모든 양자수가 상쇄되고 섬광과 함께 둘 다 사라진다. 이것은 '쌍소멸'이라고 알려진 과정인데, 두 입자의 처음 질량이 순수한 에너지로 변환되는 과정이다.

그러나 아인슈타인의 방정식은 반대 관계 역시 유효하다고 알려 준다. 즉, 어떤 상황에서는 에너지가 질량으로 '응축'될 수도 있다. 그러나 우주에는 깨트릴 수 없는 법칙이 있어서, 이에 따르면 전하는 항상 보존되어야 한다. 따라서 두 개의 광자가 충돌하여 질량으로 변환되면 완전한 거울상으로 같은 양의 물질과 반물질을 생성하게 될 것이다.

실제로, 당신은 소멸 도식을 양방향으로 읽을 수 있다!

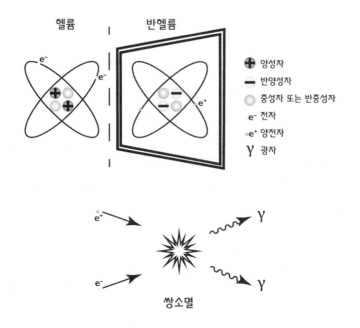

헬륨 　 반헬륨

양성자
반양성자
중성자 또는 반중성자
e⁻ 전자
e⁺ 양전자
γ 광자

쌍소멸

양성자와 양성자가 정면으로 충돌하는 이 엄청난 난투극 속에서 수백, 수천 개의 새로운 입자와 반입자가 생겨났고, 그 입자와 반입자는 서로 더 미친 듯이 충돌했다. 핵 물리학자들은 가속기로 얻은 데이터와 우주선, 즉 우주에서 우리에게 도달하는 초고에너지 입자의 비[雨]를 관찰하여 수집한 데이터를 결합해, 전문지식으로 정성 들여 그것들을 분류하기 시작했다. 입자 동물원은 빠른 속도로 꽉 차게 되었다. 그리스 문자와 숫자로 된 샐러드 같았다. 하지만 이 모든 것에 패턴이 있는 것처럼 보였다. 그리고 과학은 현실에서 패턴을 찾는 것을 '사랑'한다.

거기에는 단 하나의 설명만이 있었다. 양성자와 중성자는 기본 입자가 될 수 없었다. 그들은 다른 훨씬 더 근본적인, 원자핵보다 더 작은 아핵(亞核) 입자로 구성되어야 했다.

1969년에 미국 물리학자 리처드 파인먼은 이러한 양성자 충돌에서 물질이 생성된 방법을 설명하기 위해, 이 아핵 입자를 '파톤parton'이라 부르는 모형을 발전시켰다. 그리고 그의 모형은 5년 전에 동료인 머리 겔만Murray Gell-Mann과 조지 츠바이크George Zweig가 개발한 모형과 완벽하게 일치하는 것으로 밝혀졌다. 겔만과 츠바이크는 '파톤' 대신, 제임스 조이스가 소설 《피네간의 경야》에서 만들어 낸 무의미한 단어였던 '쿼크quark'라는 이름을 붙였다.

그래서 오늘날 우리는 그것을 쿼크라고 부른다. 우리가 아는 한 기본 입자, 즉 더는 나눌 수 없는 것이다. 물리학자들은 중성자와 양성자가 '위up'와 '아래down'라고 불리는 두 가지 유형의 쿼크로 구성되어 있음을 발견했다. 위쿼크는 $+\frac{2}{3}$의 전하를 띠고, 아래쿼크는 $-\frac{1}{3}$의 전하를 띤다. 이들은 임의의 숫자가 아니다. 왜냐하면 2개의 위쿼크와 1개의 아래쿼크(물리학자들은 'uud'라고 쓴다)를 취하면 총 전하가

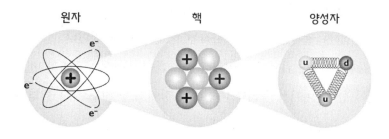

+1이 되는데, 이는 정확히 양성자의 전하량이기 때문이다. 2개의 아래쿼크와 1개의 위쿼크(줄여서 'udd')를 취하면 총 전하가 0, 즉 중성자의 전하가 된다. 자, 이제 우리는 무엇이 양성자와 중성자를 구성하는지, 그리고 다른 많은 흥미로운 입자를 구성하는지 알게 되었다.

유사하게, 반물질은 쿼크와 같은 속성을 가지지만 부호가 반대인 반쿼크로 구성된다. 반양성자는 2개의 반위쿼크(전하 $-\frac{2}{3}$)와 1개의 반아래쿼크(전하 $+\frac{1}{3}$)로 구성되어 있으므로 전하가 -1이다($'\overline{uud}\,'$로 표기하는데, 윗줄은 반물질임을 나타낸다). 반중성자는 역시 중성 전하를 갖지만 이번에는 반위쿼크 1개와 반아래쿼크 2개로 구성된다($\overline{udd}$).

쉽다, 그렇지 않은가? 그러나 승리의 노래는 좀 더 기다리길. 왜냐하면 마침내 크레용을 들 때가 왔기 때문이다. 상황은 더욱더 흥미로워진다.

그러나 먼저, 전자기 상호작용이 어떻게 작동하는지 빠르게 다시 살펴보자. 전하를 띤 입자가 전자기장에서 움직이고 그렇게 함으로써 잔물결을 일으킨다. 이러한 잔물결은 하전 입자 사이의 전자기력의 매개체인 광자로 해석될 수 있다. 전하는 양전하 또는 음전하의 두 가지 유형이 있으며 반대 전하는 서로를 끌어당긴다. 전하는 생성되지도 소멸되지도 않고 기껏해야 옮겨 갈 뿐인, 이른바 양자수이다. 우주의 알짜 전하는 시간이 시작된 이래로 항상 같았다.

강한 핵력을 위해서도 이러한 요소들(장, 양자수, 매개체)이 반드시 있어야 한다. 여기서 우리는 마침내 요점에 도달했다. 강한 핵력에는 +와 −의 두 가지 유형의 전하가 있는 것이 아니라, 여섯 가지가 있으며, 두 그룹으로 구성된다. 3개는 쿼크에 관한 것이고 3개는 반쿼크에 관한 것이다. 더욱이 이러한 전하는 쿼크들만 독점적으로 소유한다. 왜냐하면 강한 핵 상호작용은 금방 사라지는데, 매우 강력하지만 양성자와 중성자 너머에서는 나타나지 않기 때문이다. 이 여섯 가지 유형의 전하가 서로 끌어당기고 합산되는 규칙이 이 상호작용이 작동하는 방식의 핵심이다.

그들을 설명하기 위해 물리학자들은 미술 수업의 추억에서 착상했다. 청록, 자홍, 노랑의 세 가지 기본 색상이 있다. 셋을 모두 섞으면 어떻게 될까? 검은색을 얻게 된다. 색의 부재다. 그들을 둘씩 섞으면 빨강, 초록, 파랑의 세 가지 2차 색상을 얻는다. 기본 색상을 2차 보색과 결합하면 다시 검은색이 된다. 이러한 원리를 바탕으로 회화의 색이 만들어지고, 사진과 이미지가 인화된다. 당신이 크레용을 가지고 있다면 몇 가지 실험을 해볼 수 있을 것이다!

그러나 물리학자들은 이와 반대되는 색상 시스템을 사용하기로 했다. 이는 1차와 2차가 뒤바뀌고, 합이 검정이 아니라 다른 모든 것을 포함하는 색상인 흰색이 된다. 이것은 실제로 우리의 눈이 작동하는 방식이며 스크린이 가시적인 색상 범위를 재현하거나 디지털카메라가 이미지를 생성하는 방식이다.

그래서 '색전하charge of color'는 빨강, 초록, 파랑의 세 가지 타입이 될 수 있다. 각 쿼크는 정확한 '색'을 가지고 있으며, 핵자에 있는 3개 쿼크 색의 합은 0인 중성의 색상, 즉 흰색이어야 하며, 거기에 대해서 강한 상호작용은 아무런 힘이 없다. 각 반쿼크는 정확한 '반색anti−

color'을 가지고 있으며, 반빨강, 반초록, 반파랑일 수 있고, 그 합은 다시 흰색이며 언제나 0이다. 이러한 이유로 그들은 청록(초록+파랑)과 자홍(빨강+파랑), 노랑(빨강+초록)을 사용하여 그려진다. 쿼크 전하를 설명하는 데 사용되는 이러한 비유 때문에 강한 상호작용은 때때로 '색 상호작용'이라 불리기도 한다.•

물질이든 반물질이든 규칙은 같다. 쿼크로 구성된 입자는, 원자 내부의 핵자든 소립자 동물원의 더 색다른 구성원이든 상관없이, 흰색이어야 한다. 이것은 강한 핵력이 핵자 외부에서 그렇게 작은 범위만 작용하는 이유를 마침내 설명한다. 강한 핵 상호작용은 오로지 핵자 내부에 한정된다.

전자기학에서와 같이, '색전하'를 가진 입자는 '색장 color field'의 잔물결인 '색양자'를 교환함으로써 상호작용한다. 여기서 물리학자들의 상상력이 또다시 발휘된다. 그들이 강한 핵 상호작용의 양자, 즉 광자와 같은 질량이 없는 실재의 접착제 입자를 뭐라고 부르는지 아는가? '글루온 gluon'(풀을 뜻하는 영어 'glue'에서 왔다)이라고 부른다. 몇 년 전 이탈리아에서는 이탈리아어로 '콜로니 colloni'라고도 했지만, 다행히 더는 이 용어를 사용하지 않는다. 물리학 학회에서 좋은 인상을 주고 싶다면 그것은 역사 속에 접어서 묻어 두는 것이 좋다!

• 　파인먼은 이러한 유추에 색을 사용하는 물리학 동료들을 "바보"라고 불렀다. 그리스어에서 파생된 새로운 용어를 만들어 낼 수 없었기 때문에 일상생활에서 힌트를 얻었다고 비난했다. 그러나 당신이 크레용을 구하러 달려간 것을 보면 오히려 그들에게 고마워해야 할지도 모르겠다!

색 상호작용의 기능을 설명하기 위해 실제로 세 가지 다른 방향을 가리키는 화살표 색을 나타내는 대체 표현을 사용할 수 있으며, 쿼크와 반쿼크는 화살촉 방향으로 구별된다. 조건은 언제나 같다. 입자의 모든 쿼크 화살표의 합은 0이어야 한다. 따라서 쿼크로 구성된 입자, 즉 '강입자hadron'(그리스어 'ἁδρός', 'hadrós', 즉 '강한'에서 왔다)라고 불리는 입자는 세 가지 종류로 나뉜다.

첫 번째는 완전한 색상 세트의, 3개의 쿼크를 가진 '중입자baryon'(그리스어 'βαρύς', 'barýs', 즉 '무거운'에서 유래)이다. 여기에는 핵자, 즉 양성자와 중

쿼크로 구성된 입자

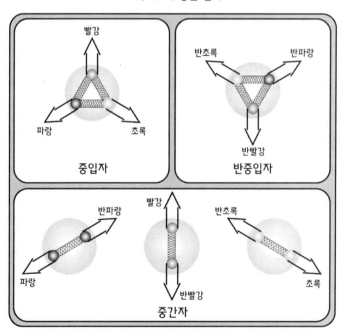

성자가 속한다. 두 번째는 3개의 반쿼크와 각각에 대응되는 반색전하 집합으로 구성된 '반중입자antibaryon'(반양성자 및 반중성자 등)이다. 그리고 마지막으로 세 번째 종류는 '중간자meson'(그리스어 'μέσος', 'mésos', 즉 '중간'에서 유래. 전자보다 무겁지만 양성자보다는 가볍기 때문이다.)로, 쿼크와 반쿼크로 이루어지며, 그들의 색은 보색이므로 서로 '상쇄'한다. 반은 물질이고 반은 반물질로 이루어진 기이한 입자로, 매우 불안정하다. 그러나 곧 알게 되겠지만 중요한 역할을 한다.

그러나 이 모든 것에서, 매개체가 중성(광자는 전하를 띠지 않는다)인 전자기 상호작용과는 큰 차이가 있다. 글루온은 색을 가지고 있다. 글루온은 항상 색과 반색을 동시에 가지고 있다. 따라서 글루온을 교환하는 쿼크도 색을 변경할 수 있다. 전자기의 경우는 입자들이 전하를 교환할 수 없다. 그러나 이것은 글루온이 색 상호작용에 차례로 참여할 수 있음을 의미하며, 계산을 터무니없이 복잡하게 만들고 이 분야의 이론 물리학을 악몽으로 만든다.

축하한다. 당신은 이제 양자 색역학에 대한 (거의) 모든 것을 알게되었다! 이 장의 첫 부분에 있는 단테의 3행 연구(聯句)는 이제 완전히 다른 향flavor을 가진다. 비록 이 피렌체 사람이 이론 물리학 박사학위를 가지고 있지 않았음에도 불구하고 말이다.

그러나 강한 핵 상호작용이 실제로 색 상호작용이고 색채의 힘이 색을 가진 쿼크 사이에만 배타적으로 존재한다면, 왜 우리는 그것을 원자핵 안에서 (흰색이 될) 양성자와 중성자 사이에서 발견하는가?

격리 중인 쿼크

우리는 인류 원리와 강한 핵 상호작용에 관해 이야기할 준비가 거의 되었다. 이를 위해서는 퍼즐의 마지막 조각, 즉 색전하가 쿼크 너머에서 존재할 수 없는 이유를 이해할 필요가 있다. 이 성질을 '색 가둠 color confinement'이라고 부르는데, 강력의 매우 독특한 특성의 결과다.

쿼크 사이의 결합은 글루온의 지속적인 교환에 의해 생성되며, 사실 거리와 무관한 강도를 가지고 있다! 거리의 제곱에 따라 힘이 감소하는 전자기력과는 다르다. 그래서 우리의 보조자 피에르질도가 이 유명한 색전하를 보기 위해 양성자에서 쿼크 하나를 떼어내기로 했다고 상상해 보자.

글루온이 스프링으로 그려진 데는 이유가 있다. 글루온을 더 많이 당기려고 하면 할수록 더 많은 힘이 든다. 진짜 스프링은 어느 시점에서 끊어지지만, 글루온에서는 그런 일이 발생하지 않는다. 피에르질도는 떼어내기로 한 쿼크를, 다른 두 쿼크와의 결합력이 약 1만 뉴턴의 최댓값에 도달할 때까지, 약 1펨토미터(10^{-15}m에 해당)의 임계 거리에 도달할 때까지 점점 더 힘들게 끌어당긴다. 거기서부터는 더 이상 움직이지 않을 것이고, 그러려면 세상이 붕괴해야 한다. 이 시점에서 피에르질도는 1,000킬로그램의 무게에 해당하는 힘을 가하는 것이다. 실질적으로 소형차 피아트 판다 한 대 무게다! 왜 이것이 강한 힘인지 이해했는가? 천천히 그의 헤라클레스 같은 힘으로 쿼크를 그의 동지들로부터 점점 더 멀리 밀어내지만, 이 작업은 에너

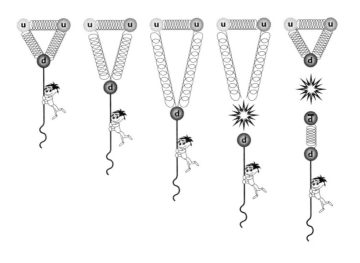

지를 필요로 한다. 그것은 바로 물리학에서의 에너지의 정의다. 즉 힘에 대항하여 일을 수행하는 것이다.

이 에너지는 쿼크를 친구들과 묶어 주는 결합에 전달된다. 어느 시점에서는 결합 내부에 축적된 에너지가 너무 커지게 되고, 그것이 물질로 전환되면(아인슈타인을 기억하는가?) 쿼크 2개와 같은 질량을 갖게 된다. 그러면 바로 다음과 같은 일이 발생한다. 뻥 하고 결합을 이루는 글루온 중 하나가 튀어나와 쿼크와 반쿼크로 구성된 쌍으로 변환된다. 새로운 쿼크는 조용했던 2개의 쿼크와 결합하므로, 양성자는 계속해서 3개의 쿼크를 가진 양성자로 남는다. 피에르질도가 떼어 내려고 했던 쿼크는 대신 반쿼크와 합류하면서 중간자를 생성한다.

전과 후 둘 다 입자는 '흰색'이며, 외부에 보이는 색은 없다. 피에르질도가 아무리 끈을 당겨도 고립된 쿼크를 얻을 수는 없다. 물리학은 그를 조롱하고, 결합을 끊는 대신 일부러 새로운 입자를 만들어, 쿼크를 항상 '흰색' 입자 안에 가둬 둔다. 쿼크를 분리하려는 시도의 유일한 결과는 중간자를 생성하는 것이다. 당신은 결코 자유 쿼크를 보지 못할 것이다!

이것은 입자 가속기에서 두 개의 양성자가 매우 빠른 속도로 충돌할 때 가장 기묘한 입자 구름이 생성되는 이유를 설명한다. 그것은 충돌 에너지가 서로 뜯어내려는 양성자의 최초 쿼크에 의해 생성된다. 유일한 결과는 새로운 쿼크가 만들어지는 것이고, 그것들은 '하드론화hadronization'라고 하는 계단식 과정에서 새로운 강입자로 조직된다.

그러나 이것은 우리의 질문에 대한 답이 아니다. 중성자와 양성자가 모두 흰색이고 쿼크를 분리할 수 없다면 어떻게 그것들을 끌어당겨 원자핵 내부에서 함께 머무르게 할 수 있을까? 대답은 터무니없는 것에 가깝지만, 이것이 바로 우리 우주가 소립자 세계의 작은 차원에서 작동하는 방식이다. 준비하시라.

양성자와 중성자 내부에는 3개의 쿼크가 아니라 수천 개의 쿼크가 있다. 수천 쌍의 쿼크와 반쿼크가 아무 데서나 자발적으로 나타나고 눈 깜짝할 사이에 소멸한다. 미쳐 날뛰는 인상적인 거품, 폭풍우 치는 쿼크의 바다. 그것은 우리 몸과 이 책과 우리 행성의 모든 핵자 안을 휘젓고 있다. 이 모든 쌍은 눈 깜짝할 동안 지속되며 서로 정확히 상쇄한다. 입자의 본질을 결정하는 3개의 쿼크(예: 양성자는 2개의 위쿼크와 1개의 아래쿼크를 가진다)만 변경되지 않은 상태로 남는다. 이들은 '가(價)쿼크valence quark'라고 불리며 리처드 파인먼 모형의 또 다른 위대한 예측을 나타낸다.

따라서 이러한 쿼크-반쿼크 쌍 중 하나가 핵자의 경계에서 바로 나타나서, 쿼크를 가쿼크 중 하나와 교환한 다음 핵자 밖으로 탈출하는 일이 발생할 수 있다. 그리하여 우리는 핵자로부터 멀어지는 쿼크-반쿼크 쌍, 즉 중간자를 갖게 된다. 다른 핵자를 만나면 반쿼크가 가쿼크 중 하나와 소멸하고 남은 쿼크가 그 자리를 차지한다. 그 결과 중간자를 교환하는 인접 핵자 사이에 인력이 형성된다. 이들이 바로 핵자 사이의 인력을 나르는 입자다!

핵자 사이의 이러한 인력의 강도는 이 장의 처음에 나온 유명한 '1'이다. 가장 좋은 점은 우리가 강한 핵력 작용의 짧은 범위를 설명했다는 것이다. 중간자는 매우 불안정한 입자로, 빠르게 붕괴한다. 이는 중간자가 아주 멀리 여행할 수 없다는 것을 의미하며, 따라서 가까이에 있는 핵자만(오렌지 봉투를 기억하는가?) 중간자가 붕괴하기 전에 그것을 교환해서 흡수할 수 있다.

우리는 마침내 마지막 조각을 맞췄다. 핵자가 함께 유지되는 것은 핵자들이 끊임없이 중간자를 교환하기 때문이지만, 인접한 핵자 사이에서만 작동하는 비효율적인 과정이다. 원자핵에서 조금만 멀어져도 그것은 존재하기를 멈춘다. 이러한 이유로 원자가 클수록 함께 모여 있기 위해 더 많은 애를 쓴다. 이것이 우리가 알고 있는, 생명을 허용하기 위해 완벽하게 설정된 다이얼이다. 하지만 이제 그것을 돌려 보고 싶어지지 않는가?

연쇄반응

핵융합은 아름다운 것이다. 수소 같은 단순한 원자로부터 혈액의 철이나 뼈의 칼슘 같은 복잡한 원자를 얻을 수 있게 해준다. 원리는 간단하다. 두 개의 원자핵을 정전기적 반발력을 극복할 수 있을 만큼 가까이 가져와 강한 핵력의 영역에 들어서게 되면, 핵력이 이어받아 두 핵을 붙여서 새로운 하나의 핵으로 만든다. 물리학에서는 결합이 만들어질 때마다 에너지가 생기고, 결합이 강할수록 결합이 형성될 때 방출되는 에너지가 커진다.

그게 바로 우리 태양이 지금 하는 일이다. 매초 6억 2,000만 톤의 수소 원자가 6억 1,600만 톤의 헬륨 원자로 변환된다. 그 차이인 400만 톤은 광자 형태의 순수한 에너지로 전환된다. 별에서 핵융합은 이런 식으로 진행되어, 점차 철까지 이르는 주기율표상의 원자를 만들어 낸다. 따라서 강한 핵 상호작용이 달랐다면, 분명 우리가 알고 있는 것과 매우 다른 우주가 생성되었을 것이다.

우리 우주에서는 태양과 같은 별 내부의 에너지 생성은 수소의 동위원소로 양성자와 중성자로 이루어진 중수소 ^2H의 존재 여부에 달려 있으며, 이것은 항성 핵합성이라고 하는 연쇄반응의 출발 물질 역할을 한다.

양성자 – 양성자 사슬

태양과 우주 대부분의 별에서 헬륨 생성은 '양성자 – 양성자'라고 불리는
일련의 핵반응에서 발생하며, 이를 몇 가지로 요약할 수 있다.

❶ 두 개의 양성자가 충돌하여 하나가 중성자로 변환되어 중수소 핵
(양성자와 중성자)을 형성한다. 이것은 약한 핵력(앞으로 보게 될 것이다)
에 의존하기 때문에 사슬에서 가장 느린 과정이다. 양성자는 융합
되기까지 수십억 년을 기다릴 수 있다. 우리는 하나의 별에 '수많
은' 양성자(0이 57개 있는 숫자만큼)가 있다는 사실을 알고 있다.

❷ 하나의 양성자가 중수소 핵과 추가로 결합하여 ^{3}He(헬륨 – 3) 핵(양
성자 2와 중성자 1개)을 생성한다. 이것은 강한 핵력에 의해 매개되
는 반응이며 매우 빠르다. 중수소 핵은 ^{3}He로 변환되기까지 평균
4초 동안 존재한다! 이 단계에서 전자기 에너지 섬광, 즉 광자도
방출된다.

❸ 두 개의 ^{3}He 핵이 충돌하여 ^{4}He(헬륨 – 4) 핵(2개의 양성자와 2개의 중
성자)을 생성하고 2개의 나머지 양성자는 방출한다. 이 과정 역시
강한 상호작용으로 매개되며, ^{3}He 핵은 융합되기까지 약 400년
을 기다린다. 이 반응 경과가 더 많은 에너지를 방출하고 태양
중심부를 '뜨겁게' 하는 것이다.

실제로 사슬에는 다른 유사한 경로와 분기가 있다. 주 가지보다 가능성
은 작지만 여전히 가능하며, 이는 별의 중심핵이 도달하는 온도에 달려
있다. 그러나 일반적으로 최종 결과는 같다. 4개의 양성자가 26.73MeV
(메가전자볼트)의 에너지를 방출하면서 헬륨 원자핵으로 짜 맞춰진다. 측정
단위 MeV는 핵물리학 영역에서만 유용한 매우 적은 양(날아다니는 모기는

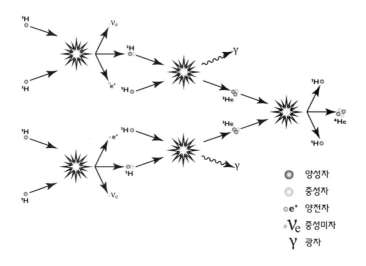

●	양성자
○	중성자
∘e⁺	양전자
ν_e	중성미자
γ	광자

17만 6,000배의 운동 에너지를 가진다)이지만, 여기에 엄청나게 큰 수를 곱해야 한다. 반응에는 매초 6.2억 톤의 양성자(10^{38}개의 입자에 해당한다!)가 포함되기 때문이다.

이 에너지는 입자의 질량을 이용하여 생성되었다. 헬륨 핵의 질량은 양성자 4개의 초기 질량보다 0.7% 작다! '사라진' 질량은 방정식에 따라 에너지로 변환되어 연쇄반응을 통해 방출된 것이다.

강한 핵 상호작용이 얼마나 정확하게 조정되어 있는지 보여 주기 위해, 그것을 약간이라도 수정하면 어떻게 되는지 살펴볼 수 있다.

먼저 다이얼을 더 작은 값으로 돌려 이 힘을 점차 약하게 해보자. 중수소는 점차 불안정해지며, 강한 핵력을 단 4%만 약하게 해도 결합력을 완전히 상실하게 하기에 충분하다. 그 결과 양성자 사슬의 첫 번째 단계가 거의 불가능해진다. 여전히 헬륨-3을 생산하는 것은 가능하지만 훨씬 더 어려워진다. 이제는 중수소가 붕괴하거나 떨어져 나가기 전에 세 번째 양성자가 도착해야 하기 때문이다.

계속해서 상호작용의 강도를 줄여 나가면, 이것이 발생할 수 있는 시간 창은 점점 더 줄어들어, 두 단계가 아니라 양성자 3개가 동시에 충돌하여 합쳐지는 단일 단계가 되어야 한다. 이 과정은 가능성이 매우 낮기 때문에 항성 핵합성의 양성자-양성자 사슬을 지속하는 데 필요한 헬륨-3 생산이 어려워질 것이다.

별은 핵을 더 조밀하고 더 뜨거워지게 함으로써 낮은 반응 확률을 보상할 수 있지만, 이것은 별의 질량을 증가시켜야만 가능한 작업이다. 최종 결과는, 헬륨으로부터의 핵합성은 우리가 알고 있는 것처럼 계속되겠지만, 강한 핵 상호작용이 약해지고 중수소가 더 불안정해짐에 따라 별을 점화하는 데 필요한 최소 질량은 점진적으로 커질 것이다. 강한 핵 상호작용 다이얼을 계속 돌리면, 마침내 매우 무겁고 매우 뜨겁고 수백만 년만 살 수 있는, 매우 무거운 별만 있는 우주가 될 것이다. 이것은 지적 생명체의 발전에 전혀 도움이 되지 않는 상황이다. 그것은 우리가 아는 한 수십억 년이 걸리는 과정이기 때문이다.

하지만 그게 다가 아니다. 일부 계산에 따르면, 중수소가 불안정하다면 헬륨-3 역시 거의 확실하게 불안정할 것이다! 그것은 또한 양성자-양성자 연쇄반응의 두 번째 단계를 불가능하게 만들고, 헬륨-4는 4개의 양성자의 동시 충돌로만 생성될 수 있게 된다. 그러나 이것은 3개의 양성자 과정보다 훨씬 더 가망이 없는 과정이므로, 재앙이 될 것이다. 핵융합은 드물게 일어나는 비효율적인 과정이 될 것이다.

그러나 소위 CNO 주기라고 하는, 또 다른 헬륨 생산 연쇄반응에서 도움을 받을 수 있다. CNO 사이클은 탄소(C), 질소(N), 산소(O)의 세 화학원소 기호에서 이름을 따왔다. 더 무거운 원소를 일종의 촉매 과정에서 매개물로 사용해, 4개의 양성자가 헬륨-4 핵으로 융합되는 것을 촉진하는 순환 반응이다.

이 메커니즘은 흥미로운데, 중수소 없이 헬륨을 생성할 수 있기 때문이다! 문제는 그것이 태양보다 훨씬 더 무거운(적어도 50%) 별에서만 의미 있는 양의 에너지를 만든다는 것이다. 그러나 그러한 별들

은, 별의 구성물질에 탄소, 질소 및 산소가 포함되어 있는 한, 중수소가 없는 우주에서도 가능하다. 아주 조금의 흔적, 단지 100억 개 중의 하나 정도로도 충분하다.

그러나 우주가 탄생할 때 탄소, 질소, 산소가 생성되지 않았다면? 그 흔적조차 없었다면? CNO 과정은 막힌 것처럼 보이지만, 실제로는 여전히 우리 우주와 비슷한 우주를 가질 수 있다. 가장 먼저 형성되는 별은 핵융합할 수 없는, 거대한 불활성 수소 구체가 될 것이다. 핵융합의 촉발에 방해받지 않고 자체 무게로 붕괴되면 핵은 '정상적인' 별보다 수천 배 높은 밀도와 온도에 도달할 것이다. 100억 도를 넘는 어떤 시점에서 중수소를 우회하는 양성자의 직접적인 핵융합이 가능해지고, 갑자기 별이 폭발할 수 있을 정도로 엄청난 양의 에너지를 방출한다.

따라서 이 우주의 1세대 별은 수소 외피로 구성되고, 수백만 년의 느린 붕괴 후 치명적인 폭발을 일으키면서 무거운 원소를 생성할 것이다. 그리고 이 무거운 원소들은 성간 수소에 추가되어, CNO 주기에 기반한 2세대의 정상적인 별을 가능하게 할 것이다. 그러나 부정적인 측면이 남아 있다. 매우 무거운 별은 오래 살지 못하며, 이 우주에 있는 행성의 생명체에게는 발달할 수 있는 시간이 훨씬 적게 주어진다.

이번에는 우리 우주에서 불가능한 원자핵, 즉 핵이 양성자 두 개로 구성된 중양성자diproton 또는 헬륨-2가 안정적으로 될 때까지 강한 상호작용의 강도를 증가시킨다고 상상해 보자. 이것은 강도를 약

6% 증가시키면 되는데, 그 결과는 흥미롭다. 이제 핵융합은 두 개의 양성자로부터 헬륨을 생산할 수 있기 때문에 이전보다 훨씬 더 효율적인 새로운 방식을 갖게 되었다. 그것은 강력에 의해 독점적으로 조절되는 과정이므로 중수소 생산보다 10억 배의 10억 배 빠르다! 생성된 헬륨-2는 전자를 흡수하여 중수소로 변환된다. 그다음에 양성자를 흡수하여 헬륨-3으로 변환된다. 그런 다음 헬륨-3은 별의 중심핵에 남아 있다가 이후의 진화 단계에서 헬륨-4로 변환된다. 그러므로 그 별들의 일생에는, 우리 우주에는 존재하지 않는 단계가 하나 있을 것이다.

가장 무거운 별은 우리 우주에 있는 별과 거의 같을 것이다. 왜냐하면 핵융합 반응은 온도에 크게 의존하고, 핵의 조건을 조금만 조정하면 수명이 크게 줄어들지 않고 별을 안정적으로 유지할 수 있기 때문이다. 반면에 작은 것들은 훨씬 더 밝아질 것이다. 태양은 100배, 적색왜성은 1,000배 더 밝아진다.

더 많은 에너지 생산은 별의 가장 바깥쪽 층의 팽창을 초래해 식게 만든다. 따라서 같은 질량이라면 표면 온도는 체계적으로 낮아져, 태양은 약 3,000℃까지 냉각되고, 가장 거대한 별조차도 4,000℃를 넘지 않을 것이다. 실제로 이 우주는 매우 부피가 크고 붉은 별(적색거성)이 지배하는 우주가 될 것이다. 수명 측면에서 같은 질량이라면 별의 수명은 훨씬 짧을 것이지만, 중양성자 융합의 효율성이 높아지면 우리보다 훨씬 작은 별이 가능해질 것이다. 우주에서 별이 되는 데 필요한 질량의 70분의 1에 불과한 목성도 이 '강화된' 강한 상호작용 우주에서는 빛을 발할 수 있다! 태양과 비슷한 질량을 가진 별의 과도한 밝기와 짧은 수명은 생명체에 문제가 될 수 있지만, 그보다 더 작은 별의 행성에서는 생명체가 어려움 없이 출현할 수 있을 것이다.

가장 큰 문제는 중양성자의 안정성이 원시 핵합성 동안 우주가 원소를 생성하는 방식을 바꾼다는 것이다. 모든 수소가 이 이상한 형태의 헬륨을 생성하는 데 사용될 위험이 있다. 물과 같은 분자를 형성하거나 CNO 순환에 참여하기에 충분한 양이 남지 않을 수 있다. 그것은 매우 이상한 우주가 될 것이며, 무엇보다도 생명에 확실히 적대적일 것이다.

수소 구름과 글루온 수프

수소와 헬륨만이 강한 상호작용 다이얼을 가지고 노는 유희의 유일한 희생자는 아니다. 모든 종류의 원자가 영향을 받을 것이다. 직관적으로, 그리고 중수소의 경우에서 볼 수 있듯이, 강한 상호작용을 강하게 하는 것은 원자핵을 더 안정적이고 더 강하게 결합하는 것을 의미하며, 약하게 하는 것은 전자기력 우위의 마진이 줄어드는 것을 의미한다. 즉 양성자 사이의 정전기적 반발력이 강한 핵력과의 싸움에서 더 쉽게 이기고 핵은 더 불안정해질 것이다.

이전에 말했듯이 결합이 형성되면 에너지가 생성되며, 결합이 강할수록 이 에너지는 더 강하다. 결합을 끊고 싶다면 결합의 형성으로 인해 생성되었던 에너지를 돌려줘야 한다. 이러한 이유로 물리학자들은 이것을 '결합 에너지'라고 부른다. 핵자가 원자에 추가되면 결합 에너지가 계속 증가한다. 핵융합 반응이 이 방향으로 진행되는 것은 우연이 아니다. 더 작은 원자에서 시작하여 더 큰 원자로 모이면서 결합 에너지를 방출한다.

그러나 우리 우주에서는 얼마나 많은 원자핵이 묶일 수 있는가에 한계가 있다. 강한 핵 상호작용의 단거리 작용으로 인해 핵자를 추가하면 더 안정적이고 더 조밀한 핵이 생성된다. 그러나 그것은 전체 수가 낮은 상태로 유지되는 한에서만 그렇다. 핵자가 너무 많으면 더 추가하는 것이 문제가 된다. 왜냐하면 양성자 사이의 정전기적 반발이 점점 더 증가하고 강한 핵력이 이에 대항하기 위해 애써야 하기 때문이다. 실제로 전자기적 반발은 결합 에너지를 감소시키므로 핵이 다른 핵자를 받아들이게 하려면 에너지를 공급해 줘야 한다.

이것은 사탕을 한 움큼 가져가는 것과 비슷하다. 10개는 5개보다 낫지만 두 손으로 잡을 수 있는 양에는 한계가 있고, 특정 단계가 되면 사탕을 새로이 추가하는 것은 불가능해진다. 그것은 확실히 그들의 무게 탓이 아니다. 그저 잡을 수 없을 뿐이며, 그것들이 사방으로 삐져나온다. 핵분열은 정확히 이 원리를 이용한다. 아주 큰 원자는 더 작은 원자보다 더 느슨하게 결합되어 있으므로 더 큰 안정성을 가진 상황으로 옮겨 가기를 원할 것이다. 따라서 이들 중 일부는, 즉 우라늄-235와 같은 가장 큰 원자는 두 개의 더 작은 원자로 자발적으로 분열해 과잉 핵자를 제거하고 핵자를 생성하기 위해 공급되었던 에너지를 반환한다. 우리 우주에서 결합 에너지의 포화, 즉 가능한 최대는 26개의 양성자와 30개의 중성자로 구성된 핵인 철-56 부근에서 발생하며, 이는 항성 핵합성의 최종 생성물로서 우주에서 가장 풍부한 원소 중 하나다.

원자핵의 안정성

원자핵 질량(양성자와 중성자의 합)의 함수로서 각 핵자 결합 에너지의 경향은 철-56에서 정점을 이루는 단순한 볼록 선이 아니라 몇 가지 흥미로운 특성을 보여 준다.

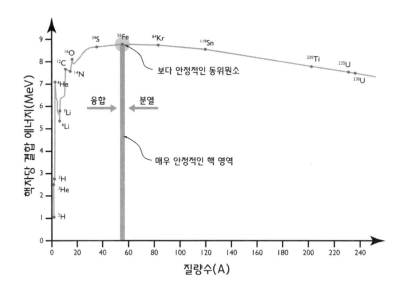

예를 들어, 그래프를 관찰하면 헬륨-4 핵이 바로 다음에 오는 원소와 비교하여 결합 에너지가 상당히 크다는 사실을 알 수 있다. 그것은 실제로 우리 우주에서 매우 드물고 융합과 관계되지 않는 변칙적인 과정으로 생성된다.

이 헬륨-4의 높은 결합 에너지는 핵자가 내부에 채워지는 극도의 효율성을 반영하므로, 그것이 후속 원소를 조립하는 '벽돌'이라고 생각해도 거의 무방하다. 그리고 실제로 그래프에서 알 수 있듯이 다음 안정적인 에너지 피크는 탄소-12, 그다음은 산소-16 등이다. 니켈-56까지 모든 헬륨-4 핵의 배수로 된 원소는 별에 의해 생성되고, 철-56은 별의 붕괴로 인한 산물이다.

따라서 강한 핵 상호작용의 강도를 줄이면 일반적으로 원자핵의 안정성과 결합 에너지를 감소시키는 효과가 있다. 결합 에너지 피크는 더 일찍 발생하고 우주에서 가장 안정적인 요소는 철이 아니라 더 가벼운 어떤 것이 된다. 별의 핵합성이 헬륨 이후에 어찌어찌 진행되더라도 훨씬 적은 수의 무거운 원소, 즉 생명체가 진화할 수 있는 행성의 암석과 핵을 구성하는 원소가 훨씬 더 적게 생성될 것이다. 요컨대, 행성 형성을 위한 '소재'가 충분하지 않을 것이며, 그 결과로서 지적인 생명체의 진화에 대해서는 쉽게 상상할 수 있을 것이다.

또한 안정적이거나 수명이 긴 동위원소가 훨씬 적을 것이다. 그 결과가 어떠할 수 있는지에 대한 예를 들자면, 지구에서 생명이 살 수 있게 만드는 조건 중 하나는 지구의 지질학적인 활동성이라는 사실을 생각하라. 화산 활동은 대기의 존재 자체 외에도 모든 종류의 생물학적 과정을 허용하고, 판 구조는 탄소의 지질학적 순환을 가능하게 한다. 탄소의 지질학적 순환이 없었다면 우리 세계는 숨 막히는 이산화탄소 담요 아래 묻혀, 표면 온도 400℃가 넘는 금성처럼 보일 것이다. 지구에서는 판 구조가 가능한데, 지구 내부가 뜨겁고 가소성과 전성이 있기 때문이다. 내부 열의 일부만이 지구 형성 시 발생한 열의 나머지이다. 내부 열의 상당 부분, 아마 대부분은 바로 행성을 구성하는 암석에 녹아 있는 우라늄-238 및 토륨-232와 같은 방사성 원소의 붕괴 때문에 생성된다. 만약 강한 상호작용이 더 약하다면, 이 무거운 원자들은 훨씬 더 불안정할 것이고, 붕괴 시간은 더 짧아질 것이며, 우라늄과 토륨이 수십억 년에 걸쳐 점진적으로 에너지를 공급할 수는 없을 것이다. 그들은 곧바로 모든 에너지를 방출했을 것이고, 우리 행성은 생명의 진화에 필요한 시간 동안 내부 열원을 가지지 못했을 것이다. 따라서 그 결과 오랫동안 행성과, 그리고 무엇보다 생명체를 따뜻하게 유지하기 위해 생명체가 사용할 수 있는 원소가 거의 남아 있지 않았을 것이다.

반대로, 강한 상호작용을 강화한다는 것은 핵 안의 양성자 사이의 정전기적 반발력을 더 효과적으로 상쇄한다는 것을 의미한다. 결합 에너지의 포화 피크는 철-56보다 무거운 원자 쪽으로 이동할 것이다. 그러한 우주에서 우라늄은 다른 것과 다를 바 없는 금속일 것이고(비록 독성은 있을 테지만), 우리 것보다 훨씬 무겁고 안정적인 원소들이 존재할 것이다. 그러나 겉보기에 안심되는 이 사실은 큰 문제를 숨기고 있다. 무거운 원소를 더 안정적으로 만들면 붕괴가 더뎌져 더 가벼운 원소가 덜 만들어진다는 것을 의미한다. 예컨대 생명에 필요한 원소들이다. 우리는 철로 된 별과 비스무트로 된 행성의 우주를 갖게 되겠지만, 산소와 탄소는 없을 것이다.•

핵자가 4개 이상인 핵에 대한 계산은 오늘날의 기술로 수행하는 것이 불가능하다. 따라서 강한 핵 상호작용의 다이얼을 돌렸을 때 원소 X 또는 Y에 어떤 일이 발생하는지 세부적으로 알 수는 없다. 하지만 방금 읽은 것과 같은 대략적인 추론을 할 수는 있다.

상황을 극단적으로 가져가 보자. 강한 핵력이 우리 우주에서보다 50% 더 약할 경우다. 화학원소는 즉시 존재하지 않게 될 것이다. 전자 하나가 단순히 양성자 주위를 도는 수소를 제외하고는 어떤 원자도 안정되지 않을 것이다. 끝이다. 우주는 아마도, 그것이 형성될 때의 붕괴 때문에 생성된 열의 방출로 내부가 빛나는 따뜻한 가스 공이 있는 거대한 수소 구름이 되겠지만, 핵융합은 없을 것이다. 별도, 초신성도, 화학물질도, 생명도 없을 것이다.

반대로 강력을 50% 증가시키면, 다소 문제의 소지가 있는 특성과 예측할 수 없는 거동을 가진 극도로 무거운 원소가 형성된다. 이 값 이상으로 다이얼을 돌리면 모든 크기의 원자핵이 가능해져서 더

• 그러나 백금과 금은 매우 풍부할 것이고 인플레이션은 하늘로 치솟을 것이다!

는 핵붕괴가 일어나지 않으며, 우주의 모든 물체는 작은 중성자별, 즉 내부에 수십억 개의 핵자를 포함하는 천문학적 질량의 원자핵으로 나타난다. 실제적인 가능성은 '색 가둠'이 끝나리라는 것이다. 왜냐하면 중간자가 더 오래 살고 핵자가 훨씬 더 강하게 상호작용하여, 모든 것이 쿼크와 글루온이 구별되지 않는 수프에 합쳐질 정도가 되면 전자기 플라스마와 그리 다르지 않게 되기 때문이다. 원자의 종말이다.

이 독특한 물질 상태는 관찰된 적도 없고 그 속성이 무엇인지도 모르기 때문에 숫자는 확실히 알 수 없다. 그러나 우리는 우주의 초기 순간에 온도가 너무 높아서 쿼크가 모여 핵자를 형성할 수 없었기 때문에 이 쿼크-글루온 플라스마가 실제로 존재했다는 것을 알고 있다! 물리학자들은 그것을 연구하기 위해 거대 입자 가속기에서 적은 양을 재현해 보려고 노력하고 있다.

양성자 교향곡

지금까지 우리가 살펴본 것들은 강한 핵 상호작용이 매우 딱 들어맞는 방식으로 맞춰져 있다는 사실을 말해 준다. 우주를 사람이 살 수 없도록 만들지 않으면서 그 세기가 변할 수 있는 범위는 6%보다 크지 않고 4%보다 더 작지 않은 구간이다. 세기를 50% 이상 다르게 하면, 실재는 의미나 구조조차 가지지 않게 된다. 우주에 큰 변화를 일으키지 않고도 전체 크기 정도만큼 변할 수 있는 중력에 비하면 아주 조금이다!

그러나 훨씬 더 인류적인 메커니즘이 있는데, 그것은 우리가 여기 존재하면서 스스로에게 왜 강한 핵력이 정확히 그 값을 갖는지 묻게 하려고 특별히 조정된 것처럼 보일 정도다. 그것은 바로 탄소-12의 공명이다.

헬륨을 생성하는 양성자-양성자 사슬은 사실 우리 우주의 별에서 일어나는 주기율표의 원소들(이 중에는 행성의 형성과 생명의 발달을 위한 기본 성분이 분명 포함된다)을 만들어 내는 일련의 긴 핵반응의 첫 번째 단계일 뿐이다. 사실, 별이 수소를 헬륨으로 변환하는 작업을 마치면 별의 중심 온도와 밀도가 증가하고, 별의 질량이 충분하다면 헬륨은 거기서 더 무거운 원소로 융합된다. 이것이 항성 핵합성의 두 번째 단계다.

핵 물리학에서 헬륨-4 핵은 '알파입자'라고도 불리는데, 초기의 방사능 연구에서 물려받은 명칭이다. 당시 우라늄과 라듐 같은 원자의 붕괴에서 다량으로 생성되는 입자를 알파입자라고 불렀고, 나중에야 그것들이 사실은 헬륨-4 핵이라는 것이 밝혀졌다. 그 이유는 헬륨-4가 핵자를 눌러 담는 매우 매우 효율적인 방법이기 때문이다.*

---

* 바닷가 휴가를 위한 가족용 여행가방과 비슷하다. 내부에 넣을 수 있는 양이 어마어마하다!

따라서 수소가 헬륨-4로 융합되고 난 다음 단계는 두 개의 헬륨-4 핵이 하나의 베릴륨-8로 융합되는 것이다. 애석하게도, 베릴륨-8은 그것이 존재한다는 사실조차 알고 싶지 않을 정도다. 붕괴 시간이 정말이지 우주적인 찰나인 10^{-16}초다! 불행한 것은, 두 개의 헬륨-4 핵이 충돌하여 베릴륨-8 핵을 형성할 때마다 거의 즉시 원래의 헬륨-4 핵 두 개로 붕괴하면서 원래 왔던 상태로 되돌아간다는 점이다.

물리학자들은 여전히 베릴륨-8의 극적인 불안정성을 설명할 수 없다. 그것은 아마도 강한 핵력이 핵자를 서로 묶는 방식에 뿌리를 두고 있을 것이다. 우리는 이 정도의 복잡성 수준에서 강한 상호작용을 시뮬레이션할 컴퓨터가 없다. 우리는 핵자 8개는 고사하고 4개도 다루지 못한다! 우리가 아는 것은 그것이 함께 붙어 있고 싶어 하지 않는 극도로 정상을 벗어난 핵이라는 것뿐이다.

그러나 이것은 이미 본 시나리오다! 양성자-양성자 사슬에 대해 말하면서, 중수소가 불안정하면 헬륨까지 진행하기 어렵다는 사실을 말한 바 있다. 그 문제를 극복하려면 중수소가 붕괴하기 전에 세 번째 양성자가 나타나서 헬륨-3 핵을 형성하는 등의 3-입자 과정이 필요하다. 베릴륨-8은 1초 이상 존재할 수 없으므로 사슬을 계속할 수 있는 유일한 방법은 다른 헬륨-4 핵, 즉 알파입자가 나타나서 그것과 결합해 안정적인 탄소-12 원자를 만드는 것이다. 이것이 우리가 헬륨-4 핵 3개가 거의 동시에 결합하는 '3-알파 과정'에 대해 말하는 이유다.

그러나…… 거기에는, '그러나'가 있다. 3체 과정은 실제로 발생할 가능성이 적으므로 탄소-12의 생산은 매우 느릴 것이다. 그렇다면 원소 생산 사슬을 계속하려면 어떻게 조정되어야 할까? 다행스럽게도 기본 상호작용에는 특유의 트릭이 있는데, 바로 '핵 공명'이다. 그리고 거기에는, 우리가 알고 있듯 생명을 위한 기본 원소이자 주기율표를 통틀어 가장 다재다능하고 복잡한 탄소-12의 형성을 위해 특별히 만들어진 것처럼 보이는 것이 있다. 핵 공명은 미묘한 현상이고, 조건이 아주 조금만 달라졌더라도 탄소-12의 생산은 불가능했을 것이다. 그랬다면 당신은 여기서 이런 우스꽝스러운 질문을 하지 않았을 것이고, 우리는 이렇게 대답을 할 수 없었을 것이다.

전자기학을 다룬 장에서, 전자들이 원자핵 주위에 위치하면서 각각 특정한 결합 에너지를 가진 정확한 '껍질'에 놓인다는 것을 알았다. 이것은 원자핵 내부의 핵자에도 적용된다. 거기에는 강한 상호작용과 정전기적 반발에 의해 지배되는 실제 핵 오비탈이 있으며, 이러한 오비탈은 매우 특정한 에너지 준위를 가진다. 전자가 에너지 준위가 떨어질 때 광자를 방출하는 것처럼, 핵자도 고에너지 광자를 쏘면서 초과 에너지를 '방출'할 수 있다. 핵자가 정상보다 높은 에너지를 가진 오비탈에 있으면, 핵은 들뜬 상태에 있다고 한다.

핵 공명의 트릭은 다음과 같다. 베릴륨-8 핵과 헬륨-4 하나(즉, 2+1 알파입자)를 융합하면 결합 에너지(정확하게는 7.3667MeV)가 방출된다. 왜냐하면 탄소-12는 더 꽉 찬 핵을 가지고 있기 때문이다. 결합하면 탄소-12 핵은 7.656MeV의 에너지를 가지는 들뜬 준위를 가지는데, 이것은 3개의 알파입자 융합으로 방출되는 에너지(7.3667 MeV) 바로 위다. 그것이 의미하는 것은, 반응 핵의 열적 교란으로 제공되는 추가 에너지 한 방울이면 충분하고, 3개의 알파입자의 융합 생성물이 조합되면 안정된 원자의 들뜬 상태에 매우 가깝다는 것이다. 따라서 두 음이 함께 연주되는 것처럼 반응물의 에너지와 생성물의 에너지 사이에는 공명이 존재한다.

대부분의 경우 이 3개의 알파입자 덩어리는 함께 붙어 있지 못하고 원래대로 되돌아오지만, 2,400번 중 한 번은 3개의 알파입자가 들뜬 탄소-12 핵으로 결합한다. 그런 다음 초과 에너지는 방출되고, 매우 정상적인 탄소-12 핵이 형성된다. 따라서 3-알파 과정은 공명에 의해 선호되며(그렇지 않았다면 극도로 비효율적이고 가능성이 희박했을 것이다), 실제로 탄소-12가 풍부하게 생성된다.

이 논점을 정확히 이해하기는 쉽지 않으므로, 우리가 말하는 것을 더 잘 이해할 수 있도록 원자핵의 에너지 준위가 빌딩의 층과 같다고 상상해 볼 수 있다. 높을수록 더 많은 에너지를 가지고, 위로 올라가려면 힘을 들여야 한다. 바닥에 있는 핵은 여기되지 않은 바닥 상태이다.

핵융합은 반응하는 핵에서 결합 에너지를 추출하여 작동하므로, 생성된 핵은 마치 산꼭대기에 있는 것과 같다. 탄소-12 원자의 1층의 관점에서 보면, 베릴륨-8과 헬륨-4는 매우 높은 곳에 있다. 왜냐하면 그들의 핵은 덜 효율적인 방식으로 연결되어 있기 때문이다. 과잉 에너지가 존재한다는 말이다.

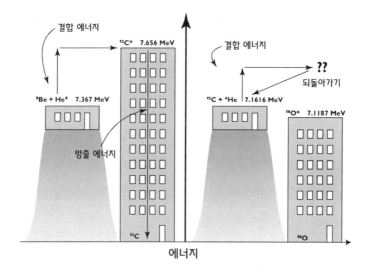

베릴륨-8과 헬륨-4가 합쳐지면 충돌 에너지로 인해 마치 산꼭대기에서 뛰어내린 것과 같다. 그러나 우연히도 탄소-12 에너지 건물은 반응하는 핵의 점프가 도달하는 정확히 같은 높이의 층을 가지고 있다. 그러면 그들은, 떨어져 출발점이었던 별개의 핵으로 돌아갈지, 아니면 전망 좋은 레스토랑을 갖추고 그들을 기다리고 있는 탄소-12 건물의 꼭대기에 편안하게 도달할지 결정할 수 있다. 일단 거기에 가면 탄소-12의 1층을 향해 계단을 내려가면서(광자 방출) 과잉 에너지를 방출할 수 있다.

이 반응은 핵에서 수소를 소진하고 태양 핵보다 6배 높은 온도를 가진 나이 든 별에서 발생한다. 50억 년 후에는 우리 태양도 이런 방식으로 에너지를 생산할 테지만, 주위에 그것을 감상할 호모사피엔스는 많지 않을 것이다. 그러므로 우리가 필요로 했던 우주의 모든 탄소에 대해, 우리는 우리가 탄생하기 아주아주 오래전에 죽은 별들에게 감사해야 한다.

일단 탄소-12가 생성되면 사슬의 연속성을 방해하는 장애물이 더 이상 없고, 베릴륨-8과 같이 쉽게 붕괴되는 핵도 없다. 가장 무거운 별에서는 알파입자를 점진적으로 추가하거나, 두 개의 산소 원자를 황(S)으로 융합하거나, 규소를 니켈로 융합하는 것과 같은 과정을 통해 다양한 원소들이 짜 맞춰진다.

그러나 여기 두 번째 트릭이 있다. 다른 원자핵에도 들뜬 수준이 있다. 특히 사슬에서 탄소 바로 다음에 오는 생성물인 산소-16은 탄소-12와 헬륨-4 핵을 융합할 때 방출되는 에너지(7.162MeV) 바로 아래의 에너지(7.119MeV) 값에서 들뜬 준위를 갖는다. 건물의 비유로 돌아가서, 탄소-12와 헬륨-4 입자가 핵융합하면서 맨 꼭대기에서 뛰어내릴 때, 그들은 같은 고도에서 그들을 기다리고 있는 펜트하우스를 산소-16 건물에서 찾지 못한다. 따라서 넘어져서 다리가 부러지지 않으려면 출발점으로 돌아갈 수밖에 없다.

이것은 공명이 없기 때문에 그러한 반응이 거의 일어나지 않는다는 것을 의미한다. 탄소-12와 헬륨-4의 융합 산물은 산소 에너지 건물의 어떤 층에도 해당하지 않는 에너지를 가지며 가장 가까운 층은 너무 낮다. 탄소의 공명을 돕는 동역학적 기여(충돌 에너지)가 여기서는 그것을 방해한다.

당신은 "그래서?"라며 궁금해할 수 있다. 그래서, 이것도 놀라운 우연의 일치다! 우리 우주에서 탄소-12의 공명과 산소-16의 공명의 부재 사이의 이러한 조합은 탄소와 산소 사이의 관계가 생명체를 허용하는 올바른 방식으로 정확하게 균형을 이루도록 보장하기 때문이다. 강한 핵 상호작용(또는 전자기 상호작용)의 다이얼을 아주 조금만 돌려도 산소나 탄소가 완전히 사라질 수 있다!

강한 핵력이 더 약하면 핵이 약간 덜 결합되고, 따라서 들뜬 준위가 더 높을 것이다(그림에서 탄소 및 산소 건물은 더 높을 것이다). 이것은 반응물이 시작되는 것보다 이미 높은 탄소-12의 준위가 더 올라가면서 공명에서 멀어진다는 것을 의미한다(입자는 더 높이 '점프'해야 하므로 결합하기 위해서는 더 큰 노력을 기울여야 한다). 반면에 산소-16의 들뜬 준위를 높여서 반응물의 시작 준위에 더 가깝게 가져오면 공명하게 만든다. 그 결과 강력을 0.4%만 약하게 해도 탄소가 완전히 소모되어 산소로 변환되고, 유기물과 생명체를 만들 수 있는 것이 하나도 남지 않게 된다.

역으로 강한 상호작용이 0.4% 더 강해지면, 그 결과 결합된 핵은 더 많아지고 들뜬 에너지 준위가 더 낮아져 탄소-12는 훨씬 더 공명하게 되고, 따라서 더 풍부해지게 된다. 한편 산소-16의 생산은 훨씬 더 어려워져서, 우주에서 이 원소의 흔적조차 거의 찾아볼 수 없을 정도가 될 것이다.

전자기력도 마찬가지지만 부호가 반대다. 전자기력은 반발 효과가 있어 원자핵을 불안정하게 하기 때문이다. 전자기력을 2% 높이면 탄소에 작별을 고하게 되고, 2% 줄이면 산소가 없을 것이다.

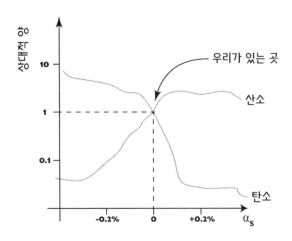

이 범위를 넘어 공명을 변화시키면 훨씬 더 예측할 수 없는 효과가 발생한다. 강한 핵 상호작용을 더욱 강화하여 에너지 준위가 너무 많이 떨어지면 어느 시점에서 베릴륨-8이 안정되어 탄소를 생성하기 위한 3-알파 프로세스의 필요성이 완전히 사라진다. 반대로, 그것들을 너무 많이 높이면 산소의 공명을 잃고 네온, 그다음 마그네슘, 마지막으로 규소의 공명을 잃어 우주에서 생명체에 필요한 단순한 원소를 잃게 된다.

따라서 강한 핵력은 그 안에서 생명체가 출현하고 진화하고 사고할 수 있는 우주를 가능하게 하는 데 정확하게 필요한 값을 가지고 있다. 물론 약간의 창의성을 발휘하면 수소나 산소 또는 탄소가 훨씬 더 희귀한 우주에서도 생명이 발달할 수 있겠지만, 훨씬 더 복잡할 것이다.

보물 지도

따라서 이제 우리는 전자기 상호작용과 강한 핵 상호작용에 대해 배운 모든 것을 통합하고 이 두 힘을 동시에 수정하면 어떤 일이 발생하는지 보여 주는 지도를 그릴 수 있다. 그리고 우리가 발견한 것은, 우리 우주가 존재할 수 있을 뿐만 아니라 복잡한 원소의 존재와 지적 생명체의 탄생과 진화를 뒷받침할 수 있는 공간이 정말 작다는 것이다. 즉 X로 표시된 공간이다!

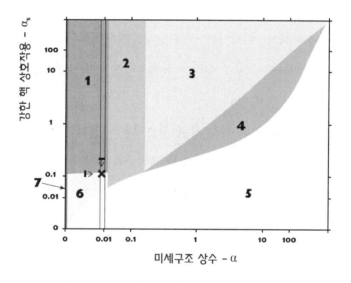

지도는 몇 가지 매우 구체적인 구역으로 나뉜다.

❶ **중양성자:** 지도의 이 영역에서 두 개의 양성자를 가진 헬륨

−2 핵은 안정적이다. 이것은 적색거성이 지배하는 우주가 될 것이다. 강력이 너무 강하지 않다면 아마도 생명이 살 수 있을 것이다. 그러나 어느 시점에서 모든 것이 쿼크와 글루온의 플라스마로 흐릿해질 것이다.

❷ **불안정한 양성자:** 이 영역에서는 전자기력이 너무 강해서 양성자가 불안정해지고 중성자로 붕괴될 수 있다. 현재로서는 매우 선구적이고 검증되지 않은 일부 이론들만 이러한 거동을 예측한다. 하지만 한 가지 확실한 것은 수소가 존재할 수 없다는 것이다.

❸ **짝의 생성:** 여기서는 전자기 상호작용이 너무 커서 원자핵 주위를 돌고 있는 전자가 물질−반물질 입자 짝을 생성하기 시작하여 원자를 불안정하게 만든다.

❹ **파괴적인 화학:** 만약 강한 상호작용과 전자기적 상호작용이 더 강렬하다면, 화학반응은 핵반응과 비슷한 에너지를 가질 것이다. 이것은 분자의 형성 과정에서 원자가 합쳐지면서 원자의 정체성을 잃을 수 있다는 것을 의미한다.

❺ **탄소 불안정성:** 이 영역은 전자기와 강력이 공조하여 생명의 기본 요소인 탄소를 불안정하게 만드는 영역이다.

❻ **중수소 불안정성:** 여기서는 양성자−양성자 사슬의 첫 번째 과정이 불가능해진다. 매우 뜨겁고 수명이 짧은 별이 있는 우주가 있게 된다.

❼ **미지의 영역:** 이 지도의 왼쪽은 전자기력이 중력보다 약해지는 곳으로 복잡한 구조가 불가능한 우주다.

영역 1과 영역 6 사이의 가는 흰색 선은 탄소 공명이 이 원소의 생성을 허용하는 위치를 나타낸다. 한편 검은색 두 수직선은 2번 항목에서 언급된 아직 검증되지 않은 이론에 따르면 양성자가 붕괴할 수 없는 영역이다.

나타난 그림은 다소 혼란스럽다. 전자기와 강한 핵 상호작용이 가정할 수 있는 모든 값, 모든 무한한 조합 중에서, 우리 우주는 화학 원소의 형성뿐만 아니라 올바른 원소의 형성을 보장하는 데 필요한 값을 정확히 그리고 적절한 비율로 가지고 있다. 여기서 별들은 생명이 발달할 수 있을 만큼 충분히 오래 살고, 원자들은 서로 파괴하거나 실재를 쓸어 버리는 일 없이 무한히 멋진 형태로 서로 결합할 수 있다.

말이 필요 없다. 지도 위의 X는 정말로 보물을 가리키고 있다!

5장

|

변화의 힘

약한 핵 상호작용

모든 것을 그대로 유지하려면 모든 것이 바뀌어야 한다.

_주세페 토마시 디 람페두사, 《표범》

$$\alpha_W \approx 3 \times 10^{-7}$$

판타 레이(Panta Rei)

당신이 이 책을 읽기 시작한 지 몇 시간이 흘렀다. 차분하게 페이지를 즐기는 독자라면 며칠 또는 그 이상이 지났을 수도 있다. 그 시간 동안 당신 주변의 많은 것들이 변했다. 아침에 창문을 통해 들어오는 빛도, 냉장고의 내용물도 더 이상 같지 않다. 당신이 어디에 있든, 바닷소리는 이전과 같지 않고, 도시의 교통 소음도 마찬가지다. 그리고 나무 사이를 지나는 바람도 다르게 분다.

책을 읽는 당신도 더 이상 같은 사람이 아니다. 피에르질도와 아달베르타와 마찬가지로. 이것은 사물들이 변하기 때문이다. 그리고 사물이 변화하는 능력은 시간의 흐름을 느낄 수 있게 한다.

"*Panta rei*(만물은 유전(流轉)한다)"는 약 25세기 전에 헤라클레이토스Heracleitos가 쓴 말이다. 모든 것이 흐르고, 모든 것이 변하며, 사람은 같은 강에서 두 번 목욕할 수 없다. 사물이 변화하지 않는다면 시간은 그저 무의미하다.

우주에서 변화는, 왜 우주가 지금과 같은지 그리고 왜 우리가 보는 방식으로 변하고 진화하는지 이해하기 위해 우리가 한 번에 하나씩 체계적으로 규명해 나가고 있는, 바로 그 기본 상호작용으로 조절된다. 사과가 땅으로 떨어지는 것은 중력에 의해 지배된다. 중력은 시공간의 기하학을 변화시켜 물체가 그것을 따르도록 한다. 화학반응은 원자 사이에서 전자를 교환하는 전자기 상호작용에 의해 조절되는 변화다. 별에서 새로운 원소를 생성할 수 있는 것은 강한 핵 상호작용 덕분이다. 이 상호작용은 핵자를 훨씬 더 큰 원자로 조립한다.

그러나 이 힘들은 그것들이 가진 것을 가지고 작동할 수밖에 없다. 마음에 드는 색 벽돌 상자를 열 때와 비슷하다. 만들 수 있는 구조의 수는 사용 가능한 조각의 모양, 크기, 그리고 색상에 따라 제한된다. 버킹엄 궁전을 110 : 1 비율로 재현하는 작업을 끝내기 직전에, 그 모양과 색상의 벽돌 한 개가 모자랐던 적이 몇 번이나 되는가? 남은 조각을 당신이 필요한 것으로 바꿀 수만 있다면!

음, 우주에는 이러한 문제가 없다. 바로 네 번째 기본 상호작용 때문이다. 우리는 이전 장에서 그것을 잠깐 소개했다. 그것은 미시세계에서만 존재할 수 있는 두 번째 핵 상호작용이다. 이제 그에 대해 더 잘 이해할 때가 왔다. 모든 것 중 가장 기괴하고 이해하기 힘든 힘인 약한 핵 상호작용을 만날 준비를 하시라.

맛이 바뀌다

강한 핵 상호작용이 실재의 조각들을 서로 맞물리는 벽돌처럼 하나로 묶어 준다면, 약한 핵 상호작용은 그 모양과 크기를 결정짓는 역할을 한다. 사실 그 힘은 이런저런 물질의 집합체 구성으로 나타나는 것이 아니라, 실재의 가장 미시적인 수준에서 기본 입자가 상호 변환되는 놀라운 형태 변화 작용으로 나타난다.

이전 장에서 원자의 양성자와 중성자가 실제로는 더 작은 두 입자인 위쿼크와 아래쿼크의 조합으로 구성된다는 것을 배웠다. 그러나 물리학자들은 계속해서 물질을 구성요소로 분해하다가 다른 유형의 쿼크, 정확히는 네 가지의 훨씬 드문 다른 쿼크가 있다는 것을 발견했다.

연구자들의 상상력이 다시 한번 발동했다. 그들은 하드론(99페이지의 쿼크로 만든 입자) 내부의 쿼크 거동을 묘사하는 데 사용한 색조와 색상을 내려놓고, 부엌으로 가서 요리책을 펼쳐 보기로 했다. 여기에서 기본 입자는 '맛깔flavor'을 얻는다.

기묘strange, 맵시charm, 바닥bottom, 꼭대기top 쿼크가 위와 아래 쿼크에 추가되었다.* 우리 우주에서 쿼크는 더도 말고 덜도 말고 세 가지 색과 여섯 가지 맛깔로 나타난다.

이 입자들의 맛깔은 한 번에 조금씩, 그리고 점점 더 어렵게 발견되었다. 그 이유는 이 쿼크들의 질량이 점점 더 커지고 입자가 무거워질수록 그것들을 만들어 내고 연구하는 데 더 많은 에너지가 필요하기 때문이다. 질량이 더 큰 입자는 수명도 짧고 눈 깜짝할 사이에 붕괴한다. 그 결과 우리 우주에는 양성자와 중성자 내부에 결합된 위, 아래 쿼크만 실질적으로 존재하는 반면, 나머지 4개는 매우 불안정하여 자연(즉 가속기 외부)에서는 기본적으로 존재하지 않는다.

이 6개의 쿼크를 더 자세히 살펴보면 그중 3개는 $+\frac{2}{3}$(위쿼크 포함)의 전하를 띠고 나머지 3개는 $-\frac{1}{3}$(아래쿼크와 같이)의 전하를 가진다는 것을 알 수 있다. 이것은 다음 표에서와 같이 이 6개의 쿼크를 '세대'라고 하는 세 쌍으로 구성할 수 있음을 의미한다.

이러한 입자의 질량 측정 단위(eV)는 약간 이상하지만 이미 접한 적이 있을 것이다. '전자볼트'(앞에 붙은 'M' 또는 '메가'는 메가바이트에서와 같이 100만을 의미함)라고 하며, 아주 작은 에너지다. 그러나 소립자의 질량은 너무 작아서 그것이 소멸할 때 생성되는 에너지로 측정하는

---

* '위', '아래'는 '진실'과 '아름다움'이라고 불렸어야 했다. 다행스럽게도 물리학자들이 스스로를 더 바보로 만들기 전에 누군가 그들을 막았음이 틀림없다. 그러나 그들이 '맛깔'에 대해 이야기하고 쿼크를 그런 방식으로 부른다는 사실은 그들의 요리 실력에 대해 많은 것을 말해 준다.

쿼크 (강입자('ἁδρός', 'hadrós' = 무거운)를 형성)		
1세대	2세대	3세대
위쿼크 – u 전하: $+\frac{2}{3}$ 질량: $2.2\text{MeV}/c^2$	**맵시쿼크 – c** 전하: $+\frac{2}{3}$ 질량: $1{,}280\text{MeV}/c^2$	**꼭대기쿼크 – t** 전하: $+\frac{2}{3}$ 질량: $173{,}100\text{MeV}/c^2$
아래쿼크 – d 전하: $-\frac{1}{3}$ 질량: $4.7\text{MeV}/c^2$	**기묘쿼크 – s** 전하: $-\frac{1}{3}$ 질량: $96\text{MeV}/c^2$	**바닥쿼크 – b** 전하: $-\frac{1}{3}$ 질량: $4{,}180\text{MeV}/c^2$

것이 편리하다(그래서 그것을 c^2, 광속의 제곱으로 나누는 것이다. $E = mc^2$을 기억하는가?). 양성자의 질량은 $1.67 \times 10^{-27}\text{kg}$이다. 또는 $938\text{MeV}/c^2$인데, 확실히 이게 더 편하다.*

그러므로 당신은 꼭대기쿼크가 정말로 괴물이라는 것을 깨닫게 될 것이다. 그것은 197개의 핵자로 구성된 금 원자와 비슷한 질량, 즉 약 $197{,}000\text{MeV}/c^2$의 질량을 가지고 있다! 이러한 이례적인 성질은 극도의 불안정성이라는 대가를 치르며, 10^{-24}초 이내에 붕괴한다. 하지만 무엇으로 붕괴할까?

그리고 여기서 약한 핵력은 처음으로 반항적인 특성을 보여 준다. 이 상호작용은 쿼크의 맛깔을 바꿀 수 있다! 이것은 그것들이 가진 것으로만 작용할 수 있는 다른 세 상호작용에서는 절대 불가능한

• 궁금하다면, 전자볼트로 표현되는 피에르질도의 질량은 $3.93 \times 10^{37}\text{eV}/c^2$이다!

일이다.

맛깔의 변화는 제멋대로 일어나는 것이 아니라 특정한 규칙을 따른다. 우선, 각 쿼크는 항상 더 낮은 질량을 가진 쿼크로 변환한다. 게다가, 쿼크 테이블로 돌아가서 보면, 수평 변환은 불가능하고(기묘쿼크는 결코 아래쿼크로 변환되지 않는다), 수직 변환이 가장 빠르며(맵시쿼크는 거의 항상 기묘쿼크가 됨), 대각선 변환은 느리지만 가능하다. 어떤 식으로든 각 쿼크는 결국에는 위쿼크나 아래쿼크로 변환된다.

그러나 더 흥미로운 것은 약한 상호작용이 실제로 쿼크를 서로 변환하는 방식이다. 사실, 우리는 구성성분이 모자란다. 왜냐하면 기본 상호작용은 장, 양자수, 매개 입자라는 세 요소와 연관되어 있기 때문이다. 여기에서 약한 핵력은 이 패러다임에도 반하는데, 이 상호작용은 구속 상태를 생성할 수 없기 때문이다. 즉, 전자를 (광자로) 핵에 구속하는 전자기와 핵자 내의 쿼크를 (글루온으로) 묶는 강한 핵력처럼 할 수 없다. 그 이유는 바로 이 힘의 매개 입자(또는 매개 입자들이라고 말해야 할 수도)에서 찾을 수 있다! 다른 두 양자 상호작용과 달리 실제로 약한 핵 상호작용에는 세 종류의 배달부가 있다.

그들은 각각 W^+, W^-, Z^0 보손이라고 불린다. W는 영어 'weak'에서 파생되었고, Z는 중성 전하로 인해 'zero'에서 파생되었다. 광자나 글루온과는 달리 W 및 Z 보손은 질량(심지어 꽤 큰)을 가지며, 불행한 결과는 그것들이 안정적이지 않다는 것이다.

약한 핵 상호작용을 매개하는 보손은 사실 그들이 존재한다는 사실을 알리고 싶어 하지 않는다. 세 개 모두 붕괴 시간이 매우 짧아서 약 10^{-25}초다. 즉, 10억 분의 10억 분의 1,000만 분의 1초다. 이것은 약한 상호작용이 매우 작은 작용범위를 갖는다는 것을 의미한다. 빛의 속도로 이동하더라도 이 입자들은 사라지기 전에 최대 10^{-16}미터를 이동할 수 있다.

10^{-15}미터 또는 펨토미터를 기억하는가? 그것은 양성자나 중성자의 전형적인 크기다. 이 말은 약한 핵력의 범위가 핵자 크기의 10분의 1에서 100분의 1 정도로, 엄청나게 작다는 것을 의미한다! 이것은 이 장의 첫머리에서 찾을 수 있는 고유 강도에 반영된다. 강한 핵 상호작용보다는 1,000만 배, 전자기 상호작용보다는 10만 배 작다.

W 보손은 우리에게 가장 흥미로운 것으로, 한 단위의 기본 전하를 가지는데, 양(W^+, +1 전하) 또는 음(W^-, −1 전하)이 될 수 있다. 쿼크의 맛깔을 바꾸는 일을 맡고 있는 것이다! 맛깔을 바꾸기 위해 쿼크는 W 보손을 방출하는데, 이는 한 단위의 전하를 변화시키는 것을 의미한다. 이것이 쿼크가 테이블에서 수평으로 변환할 수 없는 이유를 설명한다. 쿼크가 변환할 때는 한 단위만큼 전하가 바뀌어야 한다.

그러나 맛과 색상에 대한 우리의 그림에서 몇 개의 조각이 여전히 빠져 있다. 사실, 이 유령 같은 W와 Z 보손이 불안정하다면, 그것들은 무엇으로 변환되는가? 때로는 같은 세대에 속하는 쿼크와 반쿼크로 구성된 쌍으로(예를 들어, W^+ 보손은 전하를 보존하기 위해 위쿼크와 반아래쿼크로 붕괴될 수 있다), 다른 경우에는 우리가 아직 자세히 살펴보지 않은 한 쌍의 입자로 변환되는데 그것이 경입자(렙톤lepton)*다. 이 중 여러분이 이미 잘 알고 있는 것은 전자다.

경입자 ('λεπτός', '*leptòs* = 가벼운)		
1세대	2세대	3세대
전자 −e 전하: −1 질량: 0.511MeV/c²	**뮤온 −μ** 전하: −1 질량: 105MeV/c²	**타우 −τ** 전하: −1 질량: 1,777MeV/c²
전자 중성미자 −Ve 전하: 0 질량: 〈 1eV/c²	**뮤온 중성미자 −Vμ** 전하: 0 질량: 〈 1eV/c²	**타우 중성미자 −Vτ** 전하: 0 질량: 〈 1eV/c²

여기에서 물리학자들은 쿼크에 여섯 가지 맛깔이 있는 것처럼 경입자(렙톤)에도 여섯 가지 맛깔이 있고, 또한 3세대로 구성되어 있다는 사실을 발견했다!

타우와 뮤온은 전자와 구별할 수 없지만, 훨씬 더 크고 불안정하다. 반면에 중성미자는 전기적으로 중성이며 수십 년 동안 질량이 없는 것으로 여겨졌을 정도로 매우 가볍다. 오늘날 우리는 그들이 질량을 가지고 있다는 것을 안다. 그러나 그것은 매우 작아서, 전자보다 적어도 50만 배 더 작다. 그리고 우리는 지금까지는 그것을 측정할 수 없었다.

중성미자는 믿을 수 없을 정도로 잘 도망가는 입자로, 다른 물질과 거의 상호작용하지 않는다. 핵융합 반응으로 생성된 중성미자가

• 파인먼에게는 기쁘게도, 이번에는 물리학자들이 그리스어에 대한 지식을 다듬어 이름을 지었다. 비록 그것이 정확히 그가 의미한 것인지 확실하지 않지만……

태양으로부터 날아와 당신의 피부 $1cm^2$당 매초 약 700억 개가 지나가고 있다.

확신컨대, 당신은 분명 그것을 알아차리지 못했을 것이다! 그리고 이것이 조금 오싹한 일이라고 생각한다면, 곧 알게 되겠지만, 이 우주 각다귀가 정말로 중요하다는 것을 알고 위안을 삼기 바란다.

경입자의 맛깔 변화에 대한 규칙은 수직 이동만 가능하므로, 쿼크의 맛깔 변화 규칙보다 더 엄격하다. 뮤온은 뮤온-중성미자로 변하고, 타우는 타우-중성미자로 변하며, 두 과정 모두 전하 보존 법칙에 따라 W^- 보손의 방출이 발생한다. 그런 다음 W 보손은, 그것들이 같은 세대에 속하는 한에서 렙톤-반렙톤 쌍 또는 쿼크-반쿼크 쌍을 생성하면서 붕괴할 수 있다. 반면에 전자는 안정적이다. 적어도 그것은 다행이다!

중성미자도 안정적인 입자이지만 최근에는 '중성미자 진동'이라고 불리는 과정에서 계속해서 다른 세대의 중성미자로 바뀌는 경향이 있다는 것이 밝혀졌다(그 결과 노벨상이 쏟아졌다!).

예를 들어, 태양에 의해 생성된 중성미자는 모두 전자 중성미자이지만, 오는 도중에 변화하며, 지구에 도달하면 3분의 1은 뮤온 중성미자, 3분의 1은 타우 중성미자가 된다. 수십 년 동안 전자 중성미자만 볼 수 있었던 물리학자들은 사라져 버린 태양 중성미자의 신비에 대해 의아해했다(그림 5.1)!

따라서 6개의 쿼크(및 6개의 반쿼크), 6개의 렙톤(및 6개의 반렙톤), 4개의 상호작용 매개 보손, 그리고 모든 입자의 질량을 담당하는 매우

유명한 힉스 입자를 취하여, 마침내 우리가 2장에서 여러분에게 소개했던 그림을 완성했다. 입자 물리학의 표준 모형, 아원자 물리학의 주기율표, 우주가 모든 것을 구축할 수 있는 벽돌 세트다.

실제로 우리 우주의 모든 소립자 동물원에서 살아남는 것은 (원자핵을 형성하는) 위·아래 쿼크, 우리 주위에서 윙윙거리는 전자, 그리고 세 가지 중성미자다. 스톱. 나머지 입자들은 이 6개 입자로 빠르게 붕괴한다.

쿼크는 네 가지 기본 힘 모두와 상호작용하는 유일한 것이다. 쿼크는 질량이 있고(중력), 전하가 있으며(전자기), 색전하 덕분에 서로 달라붙고(강한 상호작용), 맛깔이 변할 수 있다(약한 상호작용). 반면, 전자와 두 개의 무거운 사촌인 뮤온과 타우는 색전하가 없으므로 강한 상호작용은 건너뛴다.

중성미자는 우주의 비사교적인 존재다. 중성미자는 또한 중성이므로 전자기력은 건너뛰고, 약한 상호작용을 통해서만 다른 입자와 의미 있는 방식으로 상호작용한다(무한히 작은 질량을 고려하면 중력은 중요하지 않다). 이것은 그들이 그토록 알기 어려운 이유를 설명해 준다!•

베타붕괴와 약

당신 주변의 물질은 오로지 위쿼크, 아래쿼크, 그리고 전자로 구성되어 있다. 그러나 강입자 표에서 아래쿼크가 위쿼크보다 더 무겁고, 각 쿼크가 항상 더 낮은 질량의 쿼크로 변환하기 때문에 약력이 그 방향으로 작용하는 경향이 있음을 알 수 있다! 이 사실은 중성자를 불안정하게 만드는 결과를 가져온다.

실제로 중성자는 2개의 아래쿼크와 1개의 위쿼크로 이루어진다. 약한 상호작용은 아래쿼크 중 하나에 작용하여 그것을 위쿼크로 변환한다. 중성자는 양성자가 되고(2개의 위쿼크와 1개의 아래쿼크) W⁻ 보손이 방출되는데, W⁻ 보손은 거의 즉시 전자와 반전자 중성미자로 붕괴한다.

반면에 양성자의 아래쿼크는 변환되지 않는다. 왜냐하면 3개의 위쿼크(uuu)를 가진 중입자(바리온)는 모두 같은 방향으로 자전(물리학자들이 스핀이라고 부르는 속성)할 때만 존재할 수 있기 때문이다. 3개의 아래쿼크(ddd)를 가

• 　그러나 내향적인 중성미자조차 우주가 초신성이란 광란의 파티를 조직할 때는 자제력을 잃는다!

진 중입자도 마찬가지다. 이 상황은 에너지적으로 매우 부자연스럽다. 반면 양성자(uud) 또는 중성자(udd)는 쿼크의 스핀을 교대할 수 있고, 자연은 그것을 훨씬 좋아한다. 세 쿼크의 스핀이 같은 방향인(즉 정렬된) 입자를 Δ (델타)라고 하며 양성자와 중성자의 무거운 사촌이다. 강한 핵 상호작용을 사용해 원치 않는 쿼크를 주변으로 쏴 보내는 과정을 통해 가능한 한 빨리 양성자와 중성자로 변환한다.

아래에서 볼 수 있는 것은 중성자 붕괴에 대한 소위 파인먼 다이어그램으로, 입자 간의 상호작용을 나타내는 매우 효과적인 도식이다.

반중성미자의 화살표는 반대 방향으로 가는 것처럼 보인다. 설명을 단순화하기 위해 이 도표에서 반입자는 시간을 거꾸로 이동하는 단순한 입자로 나타낼 수 있다. 이것은 곧 보게 될 속성인데, '시간 대칭'이라고 부른다.

약한 핵력에 의해 조절되는 과정이기 때문에 아래쿼크의 붕괴는 다소 느리고, 실제로 자유 중성자의 평균 수명은 약 15분이다. 반면에 핵 내부의 중성자는 안정적으로 유지되는데, 양성자와의 결합 에너지(강한 핵 상호작용을 통해)가 양성자로 '전환될 때 얻는 에너지보다 높기 때문이다.

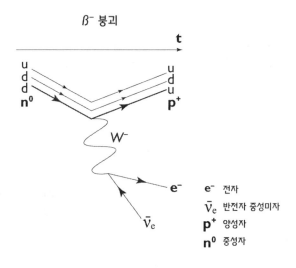

β^- 붕괴

그러나 항상 그런 것은 아니며, 중성자가 매우 많은 핵의 경우 중성자 하나가 양성자로 변환하고 그 과정에서 전자를 내놓는 것이 실제로 유리할 수 있다. 이것은 소위 'β⁻ 붕괴(음의 베타붕괴)'다. 그러나 통상은 불가능한, 반대 과정이 유리할 수도 있다. 사실, 양성자가 매우 풍부한 핵에서 그들 사이의 반발력은 하나를 중성자로 변환하는 것을 유리하게 만들고 결합 에너지를 끌어와 위쿼크를 더 무거운 아래쿼크로 변환할 수 있다. 이 과정에서 양전자가 배출되는데 이를 'β⁺ 붕괴(양의 베타붕괴)'라고 한다.

방출된 양전자는 반물질이기 때문에, 거의 즉시 같이 만나 소멸해 순수한 에너지가 될 전자를 찾는다. 이 프로세스는 '양전자 방출 단층촬영PET, positron emission tomography'으로 알려진 의료 진단 기술에 이용된다. 환자가 섭취하기 위해 만들어진 탄소-11 또는 불소-18과 같은 약한 방사성 원소에 의해 생성되는 양전자의 소멸 방사선은 이러한 원소를 환자의 체내에서 식별하고 축적된 위치를 찾아 대사 과정과 내부 장기 활동을 모니터링할 수 있게 한다.

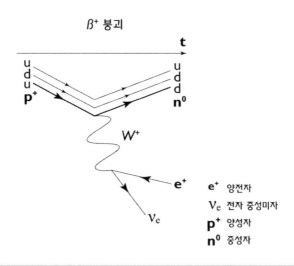

β⁺ 붕괴

e⁺ 양전자
v_e 전자 중성미자
p⁺ 양성자
n⁰ 중성자

퀴크와 렙톤의 맛깔을 변환하는 능력은 언급한 바와 같이 약한 핵 상호작용을 위해 독점적으로 마련되어 있다. 그러나 약력은 단지 맛깔을 변환시키는 것이 아니다. 이 상호작용은 실제로 거울을 산산조각 내고 대칭을 깰 수 있다.

무법자 상호작용

우주를 기술하려는 느린 방법론적 시도에서 우리는 어떤 강력하고 변하지 않는 법칙의 존재를 발견했다. 아무리 애를 써도 그것을 깨뜨리는 것은 불가능하다. 그리고 그중에서도 가장 중요한 것은 보존 법칙이다. 변화 이전에 가졌던 많은 것들을 변화 이후에도 그대로 갖게 될 것이다. 끝.

보존 법칙을 최초로 쓴 사람은 18세기 프랑스의 화학자 앙투안 라부아지에Antoine Lavoisier였다. 화학반응에서 반응물의 질량은 생성물의 질량과 같다는 사실을 깨닫고 나서였다.

오늘날 우리는 질량이 사실은 변할 수 있다는 것을 알고 있고, 반물질에 관해 이야기하면서 이미 그 이유를 보았다. $E = mc^2$, 물질과 에너지는 기본적으로 같은 것이다. 따라서 질량이 에너지로 변환되거나 역으로 에너지가 질량으로 변환됨으로써 질량은 보존되지 않을 수 있다. 그러나 여전히 보존 법칙이 있다. 그것은 더 포괄적일 뿐이다. 질량과 에너지의 '합'은 변하지 않는다. 그리고 그것이 바로 수소 원자의 질량 일부를 별빛을 내는 에너지로 변환시키는 것이다.

상대성 이론으로 체중 감량

기대하지 않았을 수도 있지만, 당신 역시 살기 위해 물질과 에너지의 등가성을 이용한다. 신진대사를 통해 섭취한 음식에서 영양분을 얻을 때, 사실 화학결합의 형태로 저장된 에너지를 방출하는 것이다. 에너지를 포함하고 있는 이런 결합들은 생성 분자의 질량에 비해 반응 분자의 질량을 증가시키는 효과가 있다! 작은 값이지만 그것이 생명을 가능하게 한다.

예를 들어 보자. 신진대사의 연료는 설탕인 포도당이다. 소화는 먹은 모든 것⁎을 세포가 사용할 수 있는 포도당으로 바꾸는 과정이다. 이 분자는 6개의 탄소 원자와 12개의 수소, 6개의 산소를 포함한다. 복잡하지만 지나치지는 않다. 우리가 숨을 쉴 때 우리는 신체에 산소를 받아들이는데, 이것은 우리 세포에서 에너지를 생성하는 단순 연소 화학반응을 수행하는 데 사용된다. 이것이 일어나기 위해, 각 포도당 분자는 6개의 산소 분자(하나가 2개의 원자로 구성되어 총 12개 원자로 구성)가 완전히 반응하여 6개의 이산화탄소 분자와 6개의 물 분자로 변환될 수 있어야 한다. 그런 다음 이산화탄소는 내쉬는 숨과 함께 배출되고, 물은 체액 일부가 된다. 당신에게 남는 것은, 세포가 모든 종류의 경이를 위해 사용하는 에너지다! 반응식은 다음과 같다.

$$C_6H_{12}O_6 + 6O_2 \rightarrow 6H_2O + 6CO_2 + 에너지$$

• 그중엔 염소젖 치즈가 들어간 1997년산 페페로나타도 있다.

수학은 매우 쉽다. 위에서 본 공식은 화살표의 양쪽에 같은 수의 수소, 산소 및 탄소 원자를 가지고 있다. 왼쪽은 반응물, 오른쪽은 생성물이다. 그리고 생성물 중에서 우리는 에너지를 발견한다! 그러나 이것은 무에서 생성될 수 없다. 그것은 분명 왼쪽에 이미 존재했지만 우리는 그것을 볼 수 없었다. 그것은 실제로 원자 사이의 화학결합에 포함되어 있으며, 결합은 화학반응에 의해 깨어지고 더 효율적으로 재배열된다. 아인슈타인의 방정식을 사용하면 반응물이 에너지를 방출하는 반응을 통해 '무게를 줄이는' 정도를 계산할 수 있다.

포도당 1그램을 태우면 16킬로줄의 에너지가 생성된다. $E = mc^2$의 관계를 역으로 하면 이 작은 에너지가 1그램의 1억 7,800만 분의 1에 해당하는 질량이라는 것을 알 수 있다! 불쌍한 라부아지에는 이 작은 차이를 알아차릴 기술이 없었다. 과학자들은 아인슈타인이 그의 유명한 방정식을 공식화하고 27년이 지난 1932년에야 이를 측정할 수 있었다.

이 보편적인 보존 법칙은 어떤 실체를 아는 누군가에 의해 부과된 전제적인 규범이 아니라, 우리 실재 구조의 표현식이다. 질량-에너지 보존은, 근본적인 상호작용에 의한 변화는 그것이 일어나는 시점에 영향을 받지 않는다는 사실을 반영한다. 그것이 오늘이든, 내일이든, 2천 년 전이든, 지금으로부터 한 세기 후든, 나무에서 뉴턴의 사과가 떨어지는 것은 항상 같은 물리 법칙을 따르고 항상 같은 방식으로 일어날 것이다. 물리학자들이 말하는 '시간 이동 불변성'이다.

여러분이 확실히 알고 있는 또 다른 보존 법칙은 '각운동량 보존 법칙'으로, 각운동량은 물체의 회전 속력과 회전 반지름 사이의 곱이다. 각운동량 보존 때문에 당신은 피루엣(발레에서 발끝으로 돌기 - 옮긴이)을 할 때 팔을 몸 가까이 빠르게 가져옴으로써 회전 속도를 크게 높일 수 있고, 반대로 팔을 벌리면 회전 속도를 줄일 수 있는 것이다.[•] 이 보존 법칙은 또한 회전에 관한 실재의 불변성을 반영한다. 예를 들어 자는 어떻게 회전시켜도 같은 길이를 유지하며, 마찬가지로 다른 각도에서 보아도 물리적 현상은 항상 같은 방식으로 발생한다. 한편 '공간에서의 병진운동에 대한 불변성'(즉 물리적 현상이 어디에서 발생하는지는 중요하지 않음)은 선운동량 보존을 결정짓는다. 그것은 슈퍼마켓에서 누군가 당신의 카트를 치면 방향이 바뀐다거나, 앞으로 돌을 던질 때 당신은 뒤로 당겨지는 힘과 같은 것이다.

지금까지 물리학자들은 여덟 가지 보존 법칙을 발견했다. 현재 이들은 절대적이고 어길 수 없는 것으로 간주된다. 각 법칙은 우리 실재의 어떤 불변성 또는 대칭성에 정확하게 해당한다. 이것은 20세기의 가장 위대한 수학자 에미 뇌터 Emmy Noether가 1915년에 발견한 것으로, 현대 물리학과 수학에서 가장 중요한 발견 중 하나다.

우리가 이미 만난 또 다른 보존 법칙은 전하 보존 법칙이다. 전하는 파괴할 수 없는 양자수이며 전자기 상호작용이 작용한다. 즉, 교환할 수 있지만 잃거나 얻을 수는 없다. 강한 핵 상호작용에는 색전하와 관련된 보존 법칙도 있다. 쿼크는 색을 변경하고 글루온을 교환

[•] 회전의자에 앉아서 이 놀이를 몇 번 했다는 걸 부인한다면, 우리는 당신을 믿지 않을 것이다!

할 수 있지만, 전체 합은 항상 같아야 하며 모든 강입자는 항상 흰색이다.

이 여덟 가지 법칙에 매우 중요하고 또 매우 직관적인 세 가지 대칭이 추가된다. 물리적 프로세스는 마치 거울을 보는 것처럼 모든 위치가 뒤집혀도(소위 '패리티parity 대칭'으로, 문자 P로 표시됨) 동일하게 유지된다. 또한 모든 입자가 반입자로 교환되거나('전하 대칭', C) 시간 방향이 반대로 될 때('시간 대칭', T)도 동일하게 유지된다.

여기, 이제 상황이 흥미로워지기 시작한다……. 왜냐하면 약한 핵 상호작용이 이러한 대칭 중 일부를 위반하기 때문이다!

우선, 1957년에 그것이 패리티 법칙을 깨는 것을 발견했다. 그게 무엇을 뜻하는 걸까? 시계를 예로 들어 보자. '실제 세계'에서 시계를 보든, 거울에 비친 시계를 보든, 시계의 바늘은 항상 12에서 3으로

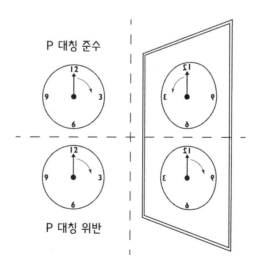

움직인다. '우리 세계'에서는 시계 방향으로 움직이고 '거울의 세계'에서는 반시계 방향으로 움직인다. 그러나 약한 핵 상호작용은 이 대칭성을 위반할 수 있다. 마치 거울 속의 시계가, 그러려면 시곗바늘이 12에서 9로 가야 하는데도, 시계 방향으로 계속 움직이는 것과 같다.

분명 이런 일은 실제 시계에서는 발생하지 않는다. 그것은 단지 유추이며 약한 상호작용을 따르지도 않는다. 그러나 방사성 붕괴와 같이 훨씬 더 깊고 근본적인 과정에서 이런 일이 실제로 일어난다.

우젠슝의 실험

1957년, 중국의 물리학자 양전닝(楊振寧)과 리정다오(李政道)가 그때까지 수행된 실험과 일부 입자의 붕괴에서 관찰된 이상현상을 분석하여, 약한 핵력이 패리티 대칭을 위반할 수 있다고 제안했다. 이를 증명하기 위해 분광학 및 베타붕괴 전문가 우젠슝(吳健雄)에게 연락해서 실험을 부탁했다.

우젠슝은 코발트-60 원자의 β^- 붕괴를 관찰해, 원자의 스핀이 모두 위쪽(반시계 방향) 또는 아래쪽(시계 방향)으로 정렬되었을 때 전자가 방출되는 방향을 확인하기로 했다. 이는 원자의 행동을 '거울에 반사'하는 것과 동등한 작용이다.

붕괴가 패리티 대칭을 지킨다면 방출된 전자는 코발트-60 원자의 스핀 방향과 관계없이 두 경우 모두 같은 방향으로 움직여야 한다. 그러나 관찰된 것은, 만약 원자의 스핀이 역전되면 전자가 선호하는 방출 방향이 역전된다는 것이었다. 실제로 약력은 입자의 스핀 방향에 '민감'하고, 그래서 패리티 대칭을 위반한다는 것이 발견되었다.

이 발견으로 양전닝과 리정다오는 1957년 노벨 물리학상을 받았다. 반면 우젠슝은 제외되어 양전닝과 리정다오뿐 아니라 친구 볼프강 파울리(또 다른 노벨상 수상자)의 분노를 일으켰다. 1988년에 잭 스타인버거Jack Steinberger(역시 노벨상 수상자)는 이것을 노벨상 위원회 역사상 가장 큰 실수라고 명명했다. 우젠슝은 1978년에야 울프 물리학상을 받았다.

물리학자들은 C와 P 대칭을 결합함으로써(즉, 모든 전하의 부호를 반전시키고 모든 위치를 반전시킴으로써) 유효한 대칭이 다시 얻어지기를 기대했지만……. 그러나, 아니었다. 1964년에 약한 핵력은 CP 대칭 또한 위반한다는 것이 발견되었다.

현재까지 이 상호작용이 지키는 유일한 대칭은 CPT 대칭, 즉 모든 위치, 모든 전하를 교환하고 시간 방향을 반대로 하여 얻은 대칭으로 보이지만, 반드시 그렇지 않을 수도 있다.

따라서 우리의 약한 핵 상호작용은 우주의 질서와 대칭을 전복시키는 무정부주의자이며 폭도다. 이 논점이 당신에게 너무 이론적인 것처럼 보일 수 있지만, 우리를 믿기 바란다. 이제 당신은 이 변칙적 상호작용이 생명체를 수용할 수 있는 우주를 생성하는 데 왜 그렇게 중요한지 이해할 수 있는 도구를 가진 것이다.

병 속의 우주

이처럼 약한 핵력은 네 가지 기본 상호작용 중 가장 기이하다. 스코틀랜드인처럼 반항적이고 신기루처럼 덧없다. 그러나 기본 입자의 맛깔을 변화시키는 능력 덕에 약한 핵력이 방사성 붕괴를 조절한다는 사실은 우리 우주에서 약한 핵력을 결정적인 것으로 만든다. 그것 없이는 많은 과정이 일어나지 않을 것이기 때문이다. 변화는 시간의 경과에 의미를 주는데, 약력이 없다면 변화는 훨씬 적을 것이다.

우리 우주의 변화는 우주가 태어나는 순간부터 시작되었고 매우 빠르게 팽창하기 시작했다. 이 급격한 팽창은 '빅뱅'이라고 불릴 만큼 매우 빨랐다. 폭발에 대한 비유는 다소 부적절하다. 왜냐하면, 9장에서 더 잘 설명하겠지만, 폭발한 것은 아무것도 없었고 단순히 우주의 크기가 갑자기 믿을 수 없을 정도로 커지기 시작했기 때문이다. 작고 무섭도록 밀도가 높으며 뜨거운 에너지와 물질 덩어리였던 팽창 초기의 우주는 엄청난 비율로 팽창했다. 그 과정에서 온도와 밀도가 감소하기 시작했고, 이로 인해 많은 것들이 가능해졌다.

물리학자들은 태초에 하나의 근본적인 상호작용, 즉 오늘날 우리가 알고 있는 네 가지 상호작용의 '공통 조상'이 있었다고 생각한다. 그런 다음 우주가 팽창하고 냉각되면서 이 상호작용이 갈라졌다. 먼저 떨어져 나간 것은 중력이고, 그다음은 강한 핵력, 마지막으로 약한 핵력과 전자기력이 분리되었다. 이것은 단 10^{-32}초의 시간 틀 안에서 발생했을 것이다. 9장에서 더 자세히 논의할 소위 '우주 급팽창'

동안 일어난 일이다.

팽창 후 우주의 온도는 계속해서 급격히 떨어졌고, 빅뱅 10^{-12}초 후에 물질과 에너지를 구분할 수 없는 수프에서, 최초의 쿼크와 글루온이 형성되었다. 그러나 쿼크와 글루온이 서로 결합하기에는 여전히 너무 뜨겁고 밀도가 높았다. 강입자(양성자와 중성자와 같은)의 형성은 훨씬 뒤인 빅뱅 10^{-5}초 후에 발생했다. 일단 강입자가 형성되자, 경입자(전자와 중성미자)의 차례가 되었고, 경입자의 형성은 시간이 시작된 지 1초 후에 종료되었다.

중입자 비대칭

부모님에게 가장 좋아하는 자녀가 누구인지 묻지 마시라! 그러나 우주가 물질과 반물질 사이에서 자신이 더 좋아하는 쪽을 매우 분명하게 표현했다는 사실은 부인할 수 없다.

책의 이 시점에서 우리는 전하 및 질량/에너지 보존법칙이 당신 마음에 아로새겨졌을 거라고 확신한다! 우주가 몹시 뜨거운 물질과 에너지의 수프였을 때, 입자와 반입자는 고에너지 광자의 자발적인 변환 때문에 계속해서 생성되었다. 이 커플은 직후에 소멸하여 에너지로 돌아왔다. 그 과정은 평형 상태에 있었고, 광자가 질량으로 변환하는 것을 멈출 때까지 우주는 식어 갔고 점차 덜 열광적이게 되었다.

이론적으로는 이 시점에서 우주에 에너지만 남았어야 한다. 결국 전하와 질량/에너지는 보존되므로, 생성된 모든 커플은 소멸해야 한다. 문제는 우리가 관찰하는 우주가 이 같지 않다는 것이다. 왜냐하면 우리는 물질로 이루어져 있고, 물질에 둘러싸여 있기 때문이다.

그러므로 이 법칙을 어기는 어떤 일이 일어났던 것이다. 비록 100억분의 1에 불과한 아주 적은 양일지라도, 반물질을 희생하면서 물질을 두둔한 어떤 일이 일어났다. 즉 10,000,000,000개의 반입자에 대해 10,000,000,001개의 입자가 생성되었음을 의미한다. 이 명백한 비대칭이 당신에게는 중요하지 않게 보일 수도 있지만, 그 일이 일어나지 않았다면 우리는 지금 여기서 그에 대해 이야기하고 있지 않을 것이다.

따라서 큰 퍼즐은 이 이상현상을 설명하는 메커니즘을 찾는 것이다. 1967년, 물리학자 안드레이 사하로프Andrei Sakharov는 세 가지 요구사항을 확립했다.

❶ 이 메커니즘은 중입자(바리온) 수 보존을 위반해야 한다. 즉, 반(反)중입자보다 더 많은 중입자가 생성돼야 한다. 쿼크(각각 바리온 수 +⅓)가 반쿼크(각각 바리온 수 −⅓)보다 우세함을 설명하는 데 이것이 필요하다.

❷ 전하와 패리티(C와 P) 대칭을 위반해야 한다. 이것은 물질과 반물질(입자의 전하와 스핀 모두에서 서로를 반전함)에 대해 과정이 다르게 일어나야 하기 때문이다.

❸ 이것은 우주의 팽창보다 더 느려야 한다. 왜냐하면 그럼으로써 소멸 사건은 덜 빈번하고(입자들이 상호작용하기 전에 멀어진다) 입자와 반입자 사이의 균형을 바꾸도록 허용하기 때문이다.

그러나 현재로서는 그것이 무엇인지 알 수 없다. 이 역할에 가장 적합한 후보는 약한 핵 상호작용이다. 그러나 우리가 아는 한, 이 상호작용은 조건 2만 충족하고(CP 대칭을 위반함) 다른 사하로프 조건은 충족하지 않는다. 여전히 우리가 놓치고 있는 것이 있다.

따라서 이 이야기는 인류 메커니즘의 또 다른 사례다. 물질과 반물질 사이의 비대칭이 덜 뚜렷했다면 별과 은하를 형성하기에 충분한 입자가 없었을 것이다. 반면에, 그것이 더 뚜렷하고 입자가 너무 많았다면 우주의 구조는 훨씬 더 거대하고 조밀했을 것이다. 그리고 우리가 알다시피 과밀한 은하계는 복잡한 생명체가 발달하기에 이상적인 장소가 아니다.

이제 우주는 다음 단계인 핵합성에 필요한 요소를 갖게 되었다. 그러나 양성자 생성과 중성자 생성은 대칭적인 방식으로 발생하지 않았다. 하나의 중성자에 대해 7개의 양성자가 생성되었다. 이 비율을 적어 두라. 필요할 것이다.

빅뱅 1분 후, 양성자와 중성자가 더 무거운 원소의 핵으로 융합될 수 있을 만큼 충분히 온도가 떨어졌다. 그 과정은 매우 빨랐다. 20분 만에 우주의 모든 중성자를 소모하여 막대한 양의 헬륨을 생성했다. 그러나 과정은 더 이상 나아갈 수 없었다. 헬륨을 탄소로 융합하기 위해서는 수소를 헬륨으로 녹이는 데 필요한 온도와 밀도보다 훨씬 더 높은 온도와 밀도가 필요한데, 이제 우주는 식어 버렸기 때문이다. 핵합성은 시작이 그랬던 것처럼 느닷없이 중지되었다.

그 결과 물질의 75%는 자유 양성자의 형태로 남았고 25%는 헬륨-4가 되었다(헬륨 핵에는 양성자 2개와 중성자 2개가 있다). 양성자와 핵이 전자를 포획해 궤도에 묶어 둘 수 있을 만큼 온도가 내려가서 수소와 헬륨이 최초의 중성 원자가 되기까지는 37만 년이 더 걸렸다. 그 시점에서야 비로소 우주의 역사, 즉 당신, 이 책, 당신의 고양이, 피에르질도, 그리고 마림바의 발명으로 이어진 물질의 영원한 진화가 시작되었다.

원시 핵합성으로는 복잡한 생명체에게 유용한 화학원소가 생성되지 않는다. 사실 헬륨과 무시할 만한 양의 리튬-7 먼지를 넘어갈 수 없다. 따라서 그것은 거주 가능한 우주를 생성하기 위한 인류적 필요조건이 아니다.

그러나 그것은 한계를 설정한다. 특히 생명의 발달에 이상적인 쿼크-글루온 플라스마의 카오스에서 출현한 중성자와 양성자 비율을 1:7로 정한다. 사실, 예를 들어 양성자와 중성자가 1:1 비율로 생성되었다면 핵합성 동안에 헬륨 생성에 양성자가 모두 소모되었을 것이며, 수소를 생성할 수 있는 나머지 양성자가 하나도 남지 않았을 것이다. 수소는 물(H_2O), 암모니아(NH_3) 또는 유기용매(탄화수소)를 기반으로 하는 모든 자존적인 복잡한 생명 형태의 기본 재료다. 따라서

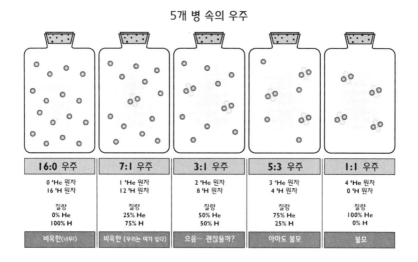

5개 병 속의 우주

16:0 우주	7:1 우주	3:1 우주	5:3 우주	1:1 우주
0 ⁴He 원자 16 ¹H 원자	1 ⁴He 원자 12 ¹H 원자	2 ⁴He 원자 8 ¹H 원자	3 ⁴He 원자 4 ¹H 원자	4 ⁴He 원자 0 ¹H 원자
질량 0% He 100% H	질량 25% He 75% H	질량 50% He 50% H	질량 75% He 25% H	질량 100% He 0% H
비옥한(너무!)	비옥한 (우리는 여기 있다)	으음… 괜찮을까?	아마도 불모	불모

상황은 전혀 다르게 진행될 수도 있었다. 헬륨 생성에 모든 양성자를 다 써 버린 우주를 '불임 우주'라고 부르는 것은 우연이 아니다.

양성자와 중성자 사이의 최초 비율은 많은 방법으로 달라질 수 있다. 그중 하나는 위쿼크와 아래쿼크 사이의 질량 차 다이얼을 돌리는 것이다. 그 차이가 더 작으면, 쿼크로 양성자를 구성하는 것이 중성자를 구성하는 데 비해 에너지 이점이 줄어들게 되고, 따라서 중성자가 점차 더 많아질 것이다. 두 질량이 같으면 선호되는 것이 더 이상 없으며, 양성자와 중성자 비율은 1 : 1에 가까워진다.

초기 우주의 뒤섞임을 변화시키는 또 다른 방법은 약한 핵 상호작용의 강도를 변경하는 것이며, 이것이 우리가 최초의 진정한 인류적 효과를 발견하는 곳이다. 우주가 여전히 포대기 안에 있을 때 중성자와 양성자 사이의 관계는 약한 상호작용에 의해 조절되는 과정을 통해 주로 온도에 의해 결정된다. 고온에서 이 비율은 약 1 : 1이며, 우주가 냉각됨에 따라, 양성자는 무게가 덜 나가고 에너지적으로 선호되기 때문에 중성자보다 더 많아지기 시작한다. 그러나 우주가 식어 가면서 약한 상호작용 또한 늦추게 되고, 이 힘은 더 이상 우주의 팽창을 쫓아갈 수 없게 된다. 핵자를 온도와 평형을 유지하는 과정이 중단되고, 양성자와 중성자 사이의 비율은 이 일이 발생하는 순간의 값에서 멈추게 된다. 물리학에서는 '동결'이라고 한다.

우리 우주에서 이것은 중성자 하나당 양성자 6개가 있고 온도가 '겨우' 84억 도였을 때 일어난 일이다. 이는 우주 탄생 후 불과 1초가 지났을 때였다. 약력은 그다음 20분 동안 일부 중성자의 붕괴를 일으켰고, 7 : 1의 비율과 우리가 알고 있는 우주(75% 수소, 25% 헬륨)가 형성되었다.

약한 상호작용이 더 약했다면 우주 팽창을 쫓아가기 더 어려웠을 것이다. 결과적으로 양성자와 중성자 사이의 비율은 더 빨리 동결되면서 더 많은 중성자가 생산되고, 따라서 헬륨 생성이 유리하게 되었을 것이다. 크기의 정도를 아주 조금만 약하게 만들어도 이 비율을 극적으로 바꾸기에 충분하다. 게다가 중성자는 더 안정적일 것이고, 따라서 덜 붕괴할 것이다. 그 우주에서는 수소가 동나 버릴 것이다.

거꾸로 약한 상호작용을 강화하면 원시 핵합성으로부터 출현한 그 우주에는, 비록 그 이후의 진화가 매우 유사하다 할지라도, 우리 우주보다 훨씬 더 수소가 풍부할 것이다.

하지만 그게 다가 아니다. 원시 핵합성은 미묘한 주제다. 강한 핵 상호작용을 바꾸는 것도 문제를 일으킨다! 중앙성자 또는 헬륨-2의 재앙에 관해 이야기한 것을 기억하는가? 강한 상호작용이 더 강했다면 모든 양성자가 소모되어 헬륨-2 핵을 형성했을 것이다. 이 핵이 불안정했다면 중수소(수소의 한 형태)로 붕괴했을 것이고, 따라서 물은 가능했을 것이다. 하지만 그것이 안정되었다면, 우리는 또 다른 불모의 우주를 발견했을 것이다.

우주가 탄생할 때 확립된 매개변수 중 하나인 물질과 광자 사이의 비율조차도 원시 핵합성의 결과를 바꿀 수 있다! 따라서 우주가 지금과 같은 것은, 약력뿐만이 아니라 우주 일생 첫 1분 동안 동시에 발생해야 했던 일련의 기여 원인들 전부의 덕분이다.

당신은 폭발이다!

무언가 먼저 죽지 않고는 우주에 생명이 있을 수 없다. 화학원소를 주위로 퍼뜨리는 것은 별의 죽음이다. 그 때문에 행성, 진드기, 참나무, 사람, 그리고 카르보나라 요리까지 모두 가능해진 것이다. 그러나 거기엔 죽는 방식이 있다. 어떤 별은, 우리 태양도 그렇게 될 테지만, 얌전하게 죽는다. 또 어떤 별들은 훨씬 더 보란 듯한 방식으로 죽는다.

10만 개당 1개의 별(질량이 태양보다 8배 이상 큰 별)이 천문학자들이 'II형 초신성'이라고 부르는 거대한 폭발로 죽는다. 이것은 매우 에너지 넘치는 사건이다. 이 중 어떤 폭발은 태양이 100억 년의 전체 수명 동안 생성하는 것보다 100배 더 많은 에너지를 단 10초 만에 방출할 수 있다!

우리가 초신성*이라고 부르는 불꽃놀이는, 강력에 관한 장에서 배웠듯이, 원자 내부 핵자에 대한 최대 결합 에너지 때문에 가능한 것이다. 별의 핵융합은 알파입자를 점점 더 효율적으로 채우고, 더 큰 별에서는 28개의 양성자와 28개의 중성자로 구성된 니켈-56에 도달할 때까지 계속된다. 이것은 안정된 봉우리의 원소 중 하나다. 이것은 당신이 더는 갈 수 없다는 것을 뜻한다. 왜냐하면 다음 단계

---

* 초신성supernova의 복수형은 'supernovae'이다! 물리학자들이 그리스어를 좋아한다면 천문학자들은 라틴어를 좋아한다.

인 아연-60을 생성하는 단계는 더 낮은 결합 에너지를 가진 원소를 생성하므로 에너지를 만드는 대신 필요로 하기 때문이다. 따라서 항성 핵합성은 중단될 수밖에 없다.

이것은 문제가 되는데, 왜냐하면 자체 무게로 별을 무너뜨리려는 중력과 바깥쪽으로 밀면서 핵에서 탈출하려는 전자기 복사라는 두 가지 힘 사이의 미묘한 균형이 유지되어야 별이 존재할 수 있기 때문이다. 별이 니켈-56을 생산하기 시작하면 그것은 중심부에 쌓이면서 점점 더 큰 공을 형성한다. 그러나 니켈은 불활성이므로 추가 에너지를 생성하는 데 사용할 수 없다. 핵융합을 계속할 수 없게 되면 핵 내부의 복사압은 사라진다.

얼마 동안은 별의 무게가 니켈 핵에 용해된 전자 사이의 상호 반발력에 의해 지탱되지만, 이것이 일정 질량(태양의 1.44배, '찬드라세카르 한계'라고 함)에 도달하면 반발력은 더는 중력에 맞설 수 없다. 별의 핵이 갑자기 붕괴하면서 양성자, 중성자, 그리고 전자는 증기롤러 아래의 사과처럼 짜부라진다.

여기서 형태를 바꾸는 작업을 하는 약한 상호작용은 모든 힘을 발휘한다. 전자와 양성자가 일종의 전도된 β 붕괴 과정을 통해 합쳐지면서 중성자를 형성한다. 그러나 약력이 일부 보존법칙을 위반할 수 있다고 해도 우주에 존재하는 경입자 수가 바뀌게 할 수는 없다. 그러면 사라진 전자는 전자 중성미자로 대체되고, 이 중성미자는 빠른 속도로 배출된다.

이 '물질의 중성화' 반응은 죽어 가는 별의 핵, 즉 행성 크기의

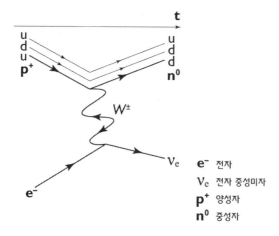

e⁻ 전자
v_e 전자 중성미자
p⁺ 양성자
n⁰ 중성자

니켈 구체를, 반지름이 10킬로미터밖에 안 되지만 질량은 우리 태양의 두 배인 중성자 공으로 변형시킨다. 도시 하나 크기를 한, 실질적으로는 하나의 원자핵인 중성자별이 탄생한 것이다! 그 밀도는 물보다 10^{15}배 크고, 미쳐 버린 팽이처럼 1초에 수백 번 자전한다.•

이 과정은 매우 빨라서 몇 분의 1초밖에 안 걸린다. 별의 나머지 부분은 단순히 이 붕괴에 동참하지 못한다. 그리고 이번에는 별의 바깥층이 급작스럽게 새로 태어난 중성자별을 향해 붕괴하기 시작한다.

자유낙하하는 물질이 중성자별의 표면에 부딪히면 거대한 반동이 발생하고, 충격파가 죽어 가는 별의 층까지 올라오기 시작한다. 그러나 그 과정에서 빠르게 에너지를 잃으면서, 별이 평생 더 단순한

• 　각운동량 보존이다! 중성자별은 우주 최고의 피루엣을 보여 준다.

원자를 재형성해서 만든 원자핵을 깨는 데 사용된다.* 충격파는 속도가 느려지면서 힘을 잃기 시작하고, 폭발이 단순 붕괴로 변하면서 실패할 위험에 빠진다.

그러나 여기에 약한 핵 상호작용이 또 다른 마법의 속임수로 다시 개입한다. 사실 핵 물질이 중성화될 때 믿기 어려울 정도로 많은 수의 중성미자가 생성되는데, 그 수에는 0이 57개나 붙는다. 상호작용하려는 경향이 거의 없음에도 불구하고, 이러한 중성미자가 너무 많아서 붕괴한 핵을 향해 떨어지는 별의 물질에 상당한 양의 에너지를 전달할 수 있다. 정말로 조금, 즉 전체의 1%만으로도 충분하다. 이것이 충격파에 다시 활기를 불어넣어, 충격파가 실속(失速)을 극복하고 표면에서 탈출할 때까지 별의 전체 부피를 거슬러 올라가게 한다.

이러한 방식으로 나타난 폭발에서는, 그러지 않았다면 불가능했을 원소들, 생성에 에너지가 필요한 원소들의 형성을 가능하게 하는 온도와 밀도에 도달한다. 그런 다음 초신성은 별이 폭발하기 전과 폭발하는 동안 생성된 원소를 우주로 분산시켜 우주를 '비옥하게' 만든다. 이들 중 많은 것들이 생명의 발달에 필수적이다. 현존하는 거의 모든 산소, 불소, 나트륨, 인, 황, 염소뿐만 아니라 주기율표의 네 번째 줄에 있는 원소들(철을 포함해) 대부분이 이런 폭발에서 비롯된다.

---

* 너무 큰 노력이 낭비되었다! 비록 우리에게는 이 방법이 더 낫지만. 그것들은 철이 아닌, 우리를 구성하는 원소다.

가장 놀라운 사실은 II형 초신성에서 방출된 엄청난 에너지의 99%는 실제 폭발에 참여하지도 않은 중성미자에 의해 흩어진다는 것이다. 당신은 제대로 읽은 것이 맞다. 망원경으로 초신성을 관찰할 때 우리가 보는 엄청난 격렬함은 생산된 모든 에너지의 1%에 지나지 않는다. 나머지는 중성자별과 붕괴의 혼돈과 충격파를 마치 투명한 것처럼 통과하는 중성미자에 의해 흩어진다(그림 5.2).

그러나 설명한 메커니즘은 매우 미묘한 경계에 서 있다. 실제로 약한 핵 상호작용은 II형 초신성 폭발을 가능하게 하는 정확한 값을 갖는다. 약력이 아주 조금이라도 덜 강하다면, 중성미자는 속력을 잃은 충격파에 에너지를 내주지 않고 죽어 가는 별에서 훨씬 더 쉽게 탈출할 수 있다. 그 결과로 별의 전체 질량이 중성자별로 붕괴하고, 중성자별의 질량은 급격하게 증가할 것이다.

그러나 중성자별도 별을 더 붕괴시키려는 중력과 그것에 맞서 별을 안정되게 유지하는 반발력이 균형을 이루기 때문에 존재한다. 이 힘을 '중성자 축퇴압(縮退壓)'이라고 한다. 이것은 중성자가 상자 안의 오렌지처럼 배열되어 있어서 잼*이 되지 않고는 더 이상 가까워질 수 없다는 뜻을 복잡하게 말한 것이다.

중성자별의 질량이 태양 질량의 두세 배보다 커지면 중성자조차도 더 이상 별의 무게를 견딜 수 없으며, 한없이 붕괴하여 빛조차

● 물보다 1,000조 배의 밀도를 가진 소화가 잘 안 되는 잼이다!

탈출할 수 없는 무시무시한 중력을 가진 물체를 생성한다. 한마디로 모든 것이 검은 구멍 안으로 사라진다. 폭발도, 화학원소 생성도, 빛도 없다. 별의 전체 질량이 영원히 갇힌다.

덧붙여 말하면, 블랙홀은 우리 우주의 초신성 폭발에서도 생성된다. 이것은 붕괴 중에 새로 태어난 중성자별이 중성자 저항 한계를 초과할 정도로 질량이 증가할 때 발생한다(태양보다 질량이 최소 20배인 별에서 일어난다). 블랙홀은 별 전체를 집어 삼킬 수는 없는데, 그 이유는 그전에 충격파가 가장 바깥쪽 층을 날려 버리기 때문이다.

한편 약한 핵력이 더 강하면, 중성미자는 물질과 더 쉽게 상호작용할 것이다. 이것은 중성미자가 많은 에너지를 잃지 않고서는 중성자별을 빠져나오기가 더 어려워지므로 문제가 된다. 그러면 중성미자가 죽어 가는 별에 더 균일하게 축적되면서 붕괴는 지연될 것이다.

결론적으로, 약한 핵력은 우리를 여기 있게 할 목적으로 만들어진 것 같다. 약간만 더 약했거나 약간만 더 강했다면 II형 초신성은 불가능했을 것이다. 행성과 살아 있는 유기체를 형성하는 데 필요한 원소를 생산하는 다른 방법들이 있는 것이 사실이지만, 이 과정들은 훨씬 더 무거운 원소의 형성을 선호하는 경향이 있다는 점을 고려할 때, 우주에 생명의 존재를 보장하기에 충분한 원소들이 있을지는 확실하지 않다.

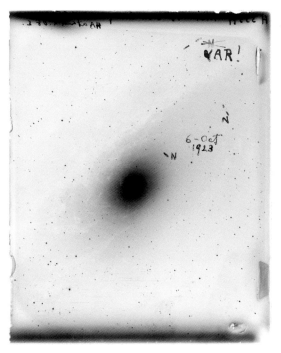

그림 1.1

에드윈 허블이 안드로메다 성운이 그 자체로
은하이며 우리 은하 안에 있는 게 아니라는
사실을 발견할 수 있게 해준 사진건판 중 하나.
(p. 23)

그림 2.1

불과 38만 살이 되었을 때의 우주의 모습. 이것은 소위 우주배경복사(9장에서 이야기함)로, 우주의 모든
방향에서 오는 극초단파 대역의 전자기 복사다. 이 이미지는 유럽 플랑크 위성으로부터 얻었다. 색상은 복사
온도의 아주 작은 차이를 나타낸다. 이는 약 −270.4℃의 평균값 근방에서 수천만 분의 1도의 온도 차이이며,
이는 초기 우주의 전형적인 밀도 차이에 해당한다. (p. 47)

그림 2.2

머리털자리 은하단은 우리로부터 3억 5,000만 광년 떨어진 거대한 은하단이다. 은하단은 중력으로 인해 원시 우주에서 밀도의 미세한 섭동이 진화한 결과다. (p. 47)

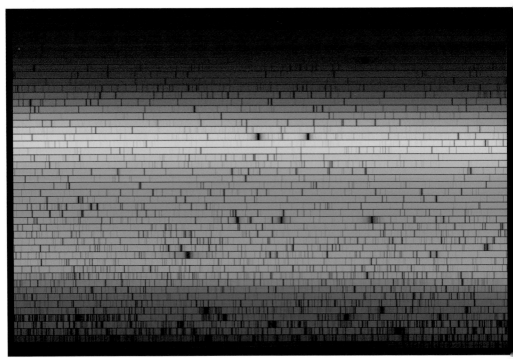

그림 2.3

우리는 항상 지구 대기를 통해 태양을 보아 왔다. 지구 대기는 색을 변화시켜 노란색으로 보이게 한다. 그러나 우주에서 태양은 모든 색을 동시에 방출하기 때문에 흰색으로 보인다. 태양의 가시광선을 분해하면 이 같은 이미지가 얻어진다. 방출 피크는 녹색 파장에 있다. 중력이 더 강했다면 피크는 자외선으로 이동해 빛이 생물에 해로웠을 것이다. 중력이 더 약했다면 피크가 적외선으로 이동하고 방출되는 에너지는 광합성에 충분치 않았을 것이다. (p. 58, 73)

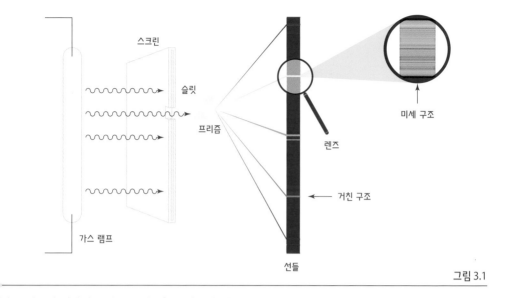

그림 3.1

가스 램프의 전자기 복사는 프리즘을 통과하며 다양한 구성 파장으로 분해된다. 그런 다음 광자 검출기에 표시된다. 단일 빔의 파장에 따라 다른 위치에 선으로 나타난다. (p. 73)

그림 3.2

하와이 마우이섬에서 이노우에 망원경으로 촬영한 태양 표면의 가장 상세한 이미지 중 하나다. 대략 프랑스 정도 크기의 이 '쌀알무늬'는 태양의 가장 바깥층에서 작용하는 대류 운동으로 인해 태양 깊은 곳에서 솟아오른 후 표면에 나타나는 플라스마의 '거품'에 지나지 않는다. (p. 77)

그림 4.1

대형 강입자 충돌기Large Hadron Collider는 제네바 CERN에 있는 입자 가속기로, 인류가 만든 가장 복잡한 기계다. 내부에서 양성자들은 믿을 수 없을 정도로 광속에 가까운 속도로 움직인다. 그러다가 사진에서 볼 수 있는 ATLAS와 같은 거대한 입자 검출기 내부에서 충돌한다. 이 기기는 충돌에서 생성된 모든 입자의 궤적과 에너지를 추적해, 파악하기 어려운 아원자 세계의 속성과 구조를 연구할 수 있게 한다. (p. 92)

그림 5.1

슈퍼카미오칸데Super-Kamiokande는 지금까지 만들어진 가장 큰 입자 탐지기 중 하나다. 40m의 높이와 너비를 가진 원통형 강철 탱크로, 벽은 1만 1,000개 이상의 광전자증배관photomultiplier으로 덮여 있으며, 달에 켜진 휴대용 전등을 감지할 수 있을 만큼 민감하다. 전체는 50,000m³의 순수한 물로 채워져 있다. 이 장비의 목적은 엄청난 양의 물과 중성미자가 매우 드물게 상호작용하여 생성되는 희미한 빛의 흔적을 밝히는 것이다. 슈퍼카미오칸데 덕분에 사라진 태양 중성미자의 수수께끼를 풀 수 있었다! (p. 138)

그림 5.2

지구에서 맨눈으로 볼 수 있었던 마지막 초신성 폭발은 1987년 2월 23일 남쪽 하늘에서 나타났다. 그것은 16만 8,000 광년 떨어진 대마젤란운에 있는 청색 초거성에서 나왔다. 'SN 1987A'라고 불리는 이 II형 초신성은 빛 외에 중성미자 방출도 감지할 수 있었던 최초의 초신성이었다. (p. 161)

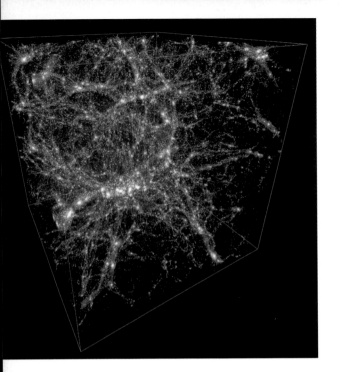

그림 7.1

슈퍼컴퓨터로 만든 우주의 대규모 시뮬레이션. 정육면체의 부피는 전체 우주를 대표하는 우주의 한 부분을 포함할 만큼 충분히 크다. 파란색은 암흑 물질을 나타내고 분홍색과 노란색은 보통 물질을 나타낸다. 암흑 물질이 어떻게 일반 물질을 확실히 압도하는지 보라! (p. 196)

그림 7.2

처녀자리 은하단은 우리에게 가장 가까운 은하단이다. 그것은 우리 은하수가 속한 국부군을 포함하는 처녀자리 초은하단의 일부다. 1,000개 이상의 은하를 포함하고 있다. (p. 196)

그림 7.3

Abell 370 은하단은 중력렌즈의 훌륭한 예이다. (p. 199)

그림 7.4

NGC 4526 은하에서 폭발한 초신성 1994D는 초신성 Ia('one−a'라고 읽는다)의 가장 유명한 사례 중 하나다. 이 멋진 이미지에서 그것을 감상할 수 있다. 왼쪽 아래의 빛나는 구체다. 그 밝기는 그것이 속한 은하의 중심부 전체의 밝기와 비슷하다! 초신성의 고유 밝기가 극도로 균질하다는 사실은 이들을 매우 신뢰할 수 있는 거리 표시기로 사용할 수 있게 해준다. (p. 205)

그림 11.1

오스트리아 물리학자 루트비히 볼츠만Ludwig Boltzmann은 처음으로 통계적 용어로 엔트로피를 생각했으며, 열역학 제2법칙을 설명하는 정의를 제공했다. 이러한 이유로 비엔나 중앙 공동묘지에 있는 그의 무덤 비문은 그가 발견한 공식을 재현하고 있다. 물리계의 엔트로피 S는 거시적으로 구별할 수 없는 미시 상태의 수 W의 로그 값에 볼츠만 상수(k)라고 불리는 수를 곱한 것과 같다. (p. 291)

마법사의 제자

지금쯤 당신은 약한 핵 상호작용이 아무리 덧없는 것이라 해도, 우리 우주에서 근본적이라는 것을 이해했을 것이다. 그게 조금만 바뀌어도, 불가능하지는 않더라도, 생명을 만드는 것이 매우 어렵게 될 정도로 상황이 바뀐다. 완전히 없애면 재앙이 일어날 수도 있다. 하지만 약력은 다른 두 양자 상호작용과 비교해 너무도 약하기 때문에, 한번 시도해 보고픈 유혹을 참을 수 없다……. 이것은 이른바 '약력 없는 우주weakless universe' 문제다. 약한 상호작용을 완전히 없앤다면 어떤 일이 벌어질까?

종종 그렇듯이, 답은 상황에 따라 다르다. 특히 우주의 다른 다이얼로 무엇을 하기로 했는가에 따라 다르다. 그러나 피에르질도는 실험을 해보고 싶다. 〈판타지아〉(디즈니 애니메이션-옮긴이)에서 마법사 옌시드가 낮잠을 자는 동안 그의 모자를 쓴 풋내기 생쥐처럼. 그는 빗자루에 마법을 거는 대신 먼저 "만지지 마시오"라고 쓰인 버튼을 누르고 나서 약한 상호작용을 꺼 버린다.●

첫째, 쿼크는 더는 맛깔을 바꿀 수 없다. 이것은 중성자가 이제 안정적임을 의미한다! 원자의 베타붕괴는 더 이상 가능하지 않으며, 이는 중성자나 양성자가 풍부한 다른 동위원소를 존재할 수 있게 하

● 어떻게 그를 비난하겠는가? 당신이라면 창조주 역할을 해보는 유혹을 뿌리칠 수 있겠는가?

는데, 그것들은 쿼크의 맛깔을 바꿀 수 있는 상호작용이 있는 우주에서는 불가능하다.

이상한 점은 기묘쿼크가 이제 가능한 한 빨리 위쿼크로 변환하려고 하지 않는다는 것이다. 따라서 우주의 물질은 이제 '기묘'한 성분을 갖게 된다. 전체 핵자 질량의 약 15% 정도로 많지 않은 양이지만, 우리 우주에서는 불안정했을 많은 입자를 가능하게 만들기에는 충분하다. 그리고 그것들은 양성자와 중성자의 결합에 추가된다. 다른 3개 쿼크도 더는 붕괴하지 않지만, 큰 질량으로 인해 생성되기가 매우 어렵고, 따라서 주위에 많지 않다. 생각해 보라. 만약 양성자가 위쿼크 대신 꼭대기쿼크를 포함한다면 그 결과로 텅스텐 원자와 같은 질량을 갖게 될 것이다!

중성자 외에, 다양한 맛깔의 쿼크로 구성된 중간자도 안정적으로 되는데, 이는 우리 우주에서는 불가능한 것이다. 전하를 띤 것들은, 심지어 우리에게 완전히 낯설고 상상할 수 없는, 약한 상호작용으로 다루어야 하는 화학을 가진 매우 특수한 미니 원자를 구성할 수도 있다.

경입자(렙톤)들조차 더 이상 맛깔을 바꿀 수 없으며, 전자 외에 뮤온과 타우도 안정되게 된다. 원자의 핵은 이제 세 가지 렙톤 맛깔이 혼합된 궤도를 가질 가능성이 있다.

그러나 이것은 화학에 심각한 결과를 초래한다. 동일한 전하를 띠고 있음에도 불구하고 뮤온과 특히 타우는 너무 커서 전자보다 핵에 훨씬 더 가깝게 궤도를 돌며 결과적으로 화학반응에 덜 참여한다.

두 개의 전자가 궤도를 도는 헬륨 원자는 화학적으로 불활성이지만, 뮤온과 전자가 궤도를 도는 헬륨 원자는 마치 전자가 하나뿐인 수소 원자처럼 행동한다.

가장 극단적으로 기이한 것은 양성자와 타우로 구성된 수소 원자는 뒤집힌다는 것이다. 타우 질량이 양성자 질량의 거의 두 배이기 때문에 양성자가 타우 주위를 돌게 되며, 그 반대는 되지 않는다. 어떤 경우에는 원자핵을 도는 경입자를 대체할 수 있는 중간자는 말할 것도 없다.

그러한 화학은 반복적이고 신뢰할 수 있는 규칙이 없는, 실질적으로 순수한 혼돈일 것이다. 생명이 출현해 자신에 관한 책을 쓰기 시작할 정도로 복잡해질 때까지 자기 조직을 가능하게 해주는 바로 그 규칙 말이다.

이제 피에르질도는 걱정이 되기 시작한다. 거주할 수 있고 분별 있는 화학을 가진 우주를 얻기 위해 뮤온과 타우를 제거해 보고, 너무 많은 중간자나 가장 질량이 큰 세 쿼크의 형성을 막는 어떤 과정을 상상해 본다. 그러나 이 추론은 너무 편한 생각이다.* 그것은 다소 불가능한 상황의 일치일 것이며, 그런 상황은 또한 다른 상호작용의 거동을 크게 변화시킨다.

이런 식으로 우리 우주와 같은 화학을 가진 우주가 가능할 수도

---

* 마치 도끼를 들고 미친 빗자루를 해체하기 시작하는 쥐처럼.

있지만, 현실의 근본적인 대칭을 파괴하지 않고 입자 세대 전부를 없애는 일은 어려운 것이 사실이다!

화학 문제를 (어느 정도……) 해결한 피에르질도의 관심은 이제 이 새 우주의 별에 집중된다. 사실, 양성자-양성자 사슬의 첫 단계는 불가능해졌다. 별은 더는 중수소 핵에서 두 개의 양성자를 결합해 하나를 중성자로 변형시킬 수 없다. 따라서 더 진행해서 헬륨을 생성할 수 없고, 다른 원소들은 말할 것도 없다. 실제로 중수소는 여전히 가능하다. 그러나 기존에 존재하는 양성자와 중성자(이 우주에서는 붕괴하지 않고 자유롭게 돌아다닐 수 있다) 간의 무작위 충돌을 통해서만 생성될 수 있다. 문제는 그것들이 하나도 없다는 것이다.

원시 핵합성을 기억하는가? 약력을 약하게 하면 더 많은 중성자가 생성되고, 따라서 더 많은 헬륨이 생성된다. 그것을 완전히 사라지게 하면 양성자와 중성자가 정확한 비율로 생성되고 그 결과로 나온 우주는 100 % 헬륨으로 구성된다. 자유롭게 돌아다니는 중성자나 양성자도, 물도, 양성자-양성자 사슬도 없다. 생명도 없다.

이 우주에 있는 별은 한 번에 하나씩 조립할 수 있는 알파입자만을 마음대로 사용할 수 있다. 따라서 4의 배수인 핵자와 2의 배수인 양성자와 중성자를 가진 원소만 생성할 수 있다. 여분의 양성자를 중성자로 변환해 추가 반응에 사용할 수 있게 해주는 약력이 없다면, 질소나 인과 같이 양성자 수가 홀수인 원소를 더는 생성할 수 없다. 그리고 생명도 안녕이다!

피에르질도는 점점 더 걱정되어, 물질과 복사 사이의 근본적인 관계를 정하는 또 다른 다이얼을 돌려 보기로 한다. 이 값을 100배 낮추면 우주에서 물질이 훨씬 더 희박해지고 핵합성이 불가능해질 정도로 온도가 떨어지기 전에 양성자와 중성자가 모두 헬륨-4(양성자 2개, 중성자 2개)로 융합되지 못한다. 따라서 그들 대부분은 자유 상태로 남아 있거나 중수소 원자(양성자 1개, 중성자 1개)의 형태로 남는다. 이 중수소는 별에서 뒤이어 오는 원소들, 심지어 홀수 개 핵자를 가진 원소를 생성하는 시작 성분이 될 것이다.

그러나 중성자가 양성자만큼 있다는 사실은 단순히 물질이 희박해지는 걸로는 바꿀 수 없다. 따라서 초과 중성자를 가지는 원자를 갖는 것은 극히 어려운 일이다. 초과 중성자는 우리가 이전 장에서 봤듯이 칼슘-40보다 무거운 핵을 안정화하기 위한 기본 요구 조건이다.

물론 베타붕괴가 없으면 양성자가 풍부한 핵의 붕괴를 방지하지만, 38번 원소(스트론튬-76) 이후에는 양성자 사이의 반발이 일어나 핵이 다른 양성자-중성자 쌍을 받아들이기보다는 핵분열 또는 알파 입자 방출이 일어난다.* 불행한 결과는, 생명과 행성을 만들기 위한 원소가 가능하더라도, 방사성 붕괴로 내부를 오랫동안 따뜻하게 유지하는 원소가 모자란다는 것이다. 그것이 판 구조와 자기장이 없는 불모의 변치 않는 행성을 생성한다는 것은 우리가 이미 본 시나리오

---

* 원자핵을 화난 고양이들로 가득 찬 방으로 기술하는 것은 놀랍게도 계속 유효하다.

다. 복잡한 생명체의 진화에 그다지 유리한 조건은 아니다.

하지만 어렵더라도 생명은 여전히 가능하지 않을까?

그러나 의기양양해지려는 순간, 피에르질도는 또 다른 문제가 두려워진다. 약한 핵 상호작용이 없으면 II형 초신성은 더는 불가능하다. 초신성이 붕괴하는 동안 양성자는 중성자로 변환될 수 없고, 중성미자가 형성되지 않으므로, 충격파는 별에서 나올 수 없다. 중성자 대신에 '핵자 별'이 형성되지만, 얼마 지나지 않아 그것은 별의 전체 붕괴 질량과 부딪쳐, 블랙홀로 붕괴한다. 따라서 별이 생성한 어떤 원소도 우주로 흩어지지 않고, 모든 것이 사라진다.

II형 초신성의 부재는 대재난인데, 그것이 우리 우주에서 산소 대부분을 생산하기 때문이다. 이 목적에 쓰일 수 있는 다른 과정들은 그만큼 효율적이지 않다. 따라서 피에르질도의 우주에는 산소가 거의 없다. 산소는 화학적으로 매우 다재다능한 원자(물은 말할 것도 없고!)일 뿐만 아니라 에너지의 원천이며, 또한 행성 형성의 기본 원소이기도 하다. 그것이 생성하는 암석 같은 산화물이 없으면, 행성은 생명체가 살 수 없는 순수한 금속으로 만들어진다. 게다가 우리 우주에서와 같은 정도로 생성된 탄소는 산소보다 훨씬 풍부하여 거의 모든 산소를 '포획'해 일산화탄소를 형성하므로, 물을 만들 산소가 남아 있지 않게 된다.

피에르질도는 더 이상 어떤 다이얼을 손대야 할지 알 수 없다. 더욱 겁에 질린 그는 별이 많이 달라졌다는 사실을 깨닫는다. 약력이 없으면 발생기의 원시성protostar들은 주로 중수소로 구성되며, 이는 일반 수소보다 훨씬 쉽게 융합된다. 결과는 훈련을 마치기도 전에 에너지를 생산하기 시작한다는 것이다! 행성 탄생에 대한 영향은 명확하지 않지만, 비슷한 맥락에서 그다지 유리하지 않을 가능성이 크다.

더욱이, 중수소 융합은 수소 융합보다 더 효율적이기 때문에 우리 태양과 같은 별은 훨씬 더 크고 더 밝지만, 그 수명은 우리 우주에서보다 10분의 1로 줄어든다. 이 재난은 별을 점화하는 최소 질량이 태양 질량의 약 2%로, 현재의 8%에 비해 약간 낮아졌다는 사실로 상쇄될 수 있다. 태양 질량의 5.6%만 있으면 약 100억 년을 살 수 있고 거의 같은 양의 에너지를 생산할 수 있는 별을 생성할 수 있다. 그것은 물과 산소가 없는 우주가 될 것이지만, 최소한 별은 가능하고 최소한 우리 우주와 비슷하다.

안도의 한숨을 쉴 틈도 없이 피에르질도는 모든 것이 무너지고 있음을 깨닫는다. 수용 가능한 원시 핵합성을 허용하기 위해 우주의 물질을 100분의 1로 줄이려는 그의 선택은 실로 바람직하지 않은 어마어마한 결과를 낳는다. 별이 형성되는 데 걸리는 시간은 100배 이상 길어지고, 은하계의 형성도 그만큼 길어진다. 그리고 나중에 논의할 암흑 에너지에 의해 생성된 가속 팽창으로 인한 중요한 우주 구조의 형성을 방해할 정도로 극도로 위험하기까지 시간이 연장된다. 물질은 그저 복잡한 구조로 스스로를 조직할 시간이 없다. 그의 우주에는 더 이상 은하가 없고 외로운 별만이 존재하며, 이 별들은 죽어서 어둠 속으로 그들의 생성물을 흩어지게 하지만, 거리 때문에 복잡한 원소가 풍부한, 따라서 행성계를 갖춘 그다음 세대 별들의 탄생에 기여하는 것은 불가능하다.

공황 상태에 빠진 피에르질도는 자신이 만들어 낸 우주의 진화를 멈추고 처음부터 다시 시작한다.[*] 그리하여 수많은 문제들을 해결할 방법을 이해하길 희망했지만, 이 지점에서 마침내 자기가 저지른 실수의 깊이를 깨닫는다. 우리가 보았듯이, 실제로 그것을 설명하는 방법을 아직 모른다고 하더라도, CP 대칭을 위반함으로써 물질이 반물질보다 우세하도록 허용하는 메커니즘을 제공하는 것은 바로 약한 핵 상호작용일 것이다. 그것이 없으면 각 입자는 반물질과 함께 소멸하고 모든 것이 다시 복사로 바뀐다. 약한 상호작용이 없는 우주는 아무것도 할 수 없는 저에너지 광자로 가득 찬, 미지근한 복사선 욕조가 될 가능성이 매우 크다.

피에르질도는 파국을 마주하고 놀란다. 그는 활기차고 생기 넘치는 우주를 하찮은 복사선 수프로 바꾸어 버렸다. 이것은 그가 세 양자 상호작용 중 가장 약한 상호작용을 없애려고 했기 때문이다.

다른 우주 매개변수를 변경하여 상황을 구원하려는 시도도 아무 소용이 없었다. 마술사 옌시드가 돌아와 모자를 되찾아 가고, 불쌍한 피에르질도에게 빗자루로 일격을 가한 후, 처음부터 다시 우주를 시작한다. 그러나 이번에는, 모든 조각이 제자리에 있다.

이제 약한 핵 상호작용을 과소평가해서는 안 된다는 것을 알았는

---

[*] 당신도 일부 프로그램이 충돌하면 컴퓨터를 껐다가 다시 켤 것이다!

가? 그 이름에도 불구하고, 그리고 위대한 넷 중에 가장 덜 주목을 받지만, 그것은 다른 것들과 마찬가지로 우리의 존재에 없어서는 안 되는 것이다. 요컨대, 약한 핵력은 기본적인 상호작용의 조지 해리슨이라 할 수 있다. 가장 눈에 띄지 않지만, 결코 가장 덜 똑똑한 것은 아니다!

6장

|

소립자 동물원

우주의 입자들

우주는 각각의 입자로 표현된다.

_랠프 월도 에머슨, 《수상록》

$$m_n / m_p \approx 1.0014$$
$$m_e / m_p \approx 1/1836$$
$$q_e / q_p = -1$$

세계의 벽돌

지금은 여름이고, 당신은 페데즈Fedez의 현악사중주를 들으면서 훌륭한 코테키노(이탈리아식 소시지-옮긴이)를 음미하고 있다. 또는 지금은 겨울이고, 벽난로 앞에서 과즙이 풍부한 수박 한 조각을 조금씩 베어 먹으며 휴식을 취하고 있다.* 완전한 휴식 속에서 소시지 맛을 음미하고 수박의 붉은색을 즐기며, 피부에 느껴지는 불의 온기에 기뻐하고 첼로의 장엄한 대위법에 감동하라.

이 모든 것에서 진짜는 무엇일까? 코테키노의 맛은 진짜일까? 그리고 붉은색은? 불 옆에서 느끼는 따뜻함은 얼마나 진짜일까? 그리고 당신이 듣는 음, 그것들이 정말로 존재할까?

이것은 수천 년에 걸친 철학적 토론 후에도 여전히 답을 찾지 못한 매우 거대한 질문이다. 그러니 우리한테서 답을 얻으리라는 기대는 하지 마시길!

그러나 순전히 과학적인 방법으로 추론하면, '코테키노의 맛'이라고 부르는 것은 그 안에 들어 있는 분자와 혀 미뢰(맛봉오리-옮긴이) 분자 사이의 상호작용의 결과라고 할 수 있다. '정말로' 진짜는 맛이 아니라 분자다. 당신이 듣는 음악 소리는 분자가 진동해 압력파를 만들고, 그것이 귀의 고막에 도달해 상호작용함으로써 만들어지는 것이다. 또 말하지만, 진짜는 분자다. 탁탁 소리 내며 불타고 있는 벽난로 주변의 온도에 대해서도 같은 말을 할 수 있다. 그것은 공기 분자가 얼마나 빨리 진동하는가에 따라 결정된다. 당신이 '빨간색'이라고 부르는 것은 특정 분자가 특정 파장의 빛을 반사하거나 방출하는 데 대한 반응으로 뇌가 생성하는 감각이다. 이처럼 지각된 실재 뒤에는 실질적으로 분자, 원자, 입자가 있다.

과학적 추론은 모든 것을 물질로, 또는 여하간에 수학적으로 설명되고 실험적으로 측정할 수 있는 실체로 되돌리는 경향이 있다. 당

● 이건 말하지 않을 수 없다. 제철 아닌 음식에 대한 당신의 열정은 정말 당혹스럽다!

연한 생각처럼 보일 수 있지만, 전혀 그렇지 않다. 수천 년 동안 사람들은 사물들이 일을 발생시키는 어떤 목적이나 지도 원리에 따라 움직이는 것으로 믿어 왔다. 절대적으로 직관적인 이 아이디어는 아리스토텔레스가 지지해 준 덕에 현대까지 견뎌 왔다. 아리스토텔레스는 우주가 네 가지 원소(흙, 물, 공기, 불)로 구성되어 있으며, 각각 자기에 맞는 영역에 도달하려는 '열망'에 의해 움직인다고 믿었다.

그러나 우리가 이미 말했듯이, 고대 그리스인들은 많은 것을 알고 있었다. 모든 사람이 아리스토텔레스에게 동의하지는 않았다. 오늘날 봐도 깜짝 놀랄 만한 비범한 현대성을 가진, 우주에 대한 다른 통찰력도 발전했다. 이른바 원자론을 말하는 것이다. 원자론에 따르면 물체는 자신만의 목적이 없으며 단순히 자연 세계의 사건을 결정하는 규칙을 따를 뿐이다.

가장 유명한 원자론자인 데모크리토스Democritos는 "우주에 존재하는 모든 것은 우연과 필연의 결과"라고, 가능한 한 가장 명확하고 파괴적인 방식으로 말했다. 거의 2,500년 전에 쓰인 이 문장은 현대 과학자가 말한 것처럼 들릴 수 있다. 이 그리스 철학자는 오늘날 우리가 유물론적 입장이라고 정의할 수 있는 것을 완전히 받아들였다. 우리에게 내려온 그의 저술 중 하나에서 데모크리토스는 감각의 실재성, 더 적절하게는 감각의 비(非)실재성에 대해, "관습적 통념에 따르면 달콤한 것은 달콤하고, 쓱쓸한 것은 쓱쓸하고, 차가운 것은 차갑고, 다채로운 것은 다채롭다. 하지만 원자와 진공만이 진실하다."라고 했다.

'원자atom'라는 단어는 문자 그대로 '나눌 수 없는' 것을 의미한다. 원자에 대한 개념은 기원전 7세기에 그리스 이오니아에서 처음 제안되었지만, 2세기 후 데모크리토스의 스승인 레우키포스Leucippos에 의해서야 완전한 결실을 보았다. 분명 당시에는 오늘날처럼 원자를 관찰하고 연구하는 것이 불가능했지만, 나눌 수 없는 입자의 존재를 논리적으로 가정할 수는 있었다. 물질을 훨씬 더 작은 부분으로 나누는 가능성에는 필연적으로 한계가 있어야 한다. 자연은 무한대를 좋아하지 않으며, 우리는 더 좋아하지 않으므로 조만간 더는 나눌 수 없는 입자, 즉 원자에 도달해야만 한다.

루크레티우스와 원자

원자론 철학의 주된 도전은 원자처럼 단순한 구성 요소로부터 세계의 복잡성을 설명하는 것이었다. 오늘날에는 원자가 존재한다는 것이 확실하게 입증되었고 심지어 원자의 사진을 찍기까지 했다! 하지만 생각해 보면, 고대 학자들이 추정될 뿐 눈에 보이지 않는 이 '물질의 공'이 어떻게 존재하는 모든 물질과 사물, 심지어 생명체까지 구성하는지 상상하는 것은 전혀 간단하지 않았을 것이다. 이렇게 단순한 존재가 어떻게 우리 주변에서 관찰되는 모든 복잡성을 만들어 낼 수 있었을까?

　해결책은 기원전 4세기와 3세기 사이 철학자 에피쿠로스Epicouros가 제안했다. 직선으로 이동하려는 경향을 가진 원자의 운동은 때때로 무작위 편향을 겪는다. 그러면 여기에서 원자들이 만나고, 묶이고 함께 결합하여, 개미에서 별에 이르기까지 완전히 다른 종류의 사물들을 생성한다.

에피쿠로스의 추종자였던 고대 로마의 시인 루크레티우스Lucretius(기원전 1세기)는 이 무작위 편향을 '클리나멘clinamen'이라고 불렀다. 《사물의 본성에 관하여De rerum natura》(모든 사람이 일생에 한 번은 읽어야 할 작품)에서 그는 심지어 세계의 기원에 대한 원자론적 설명을 내놓으려고 시도했다.

> 자연의 수많은 원기(原基)는 무한한 시간 동안 충격과 자체 무게에 의해 여러 방식으로 떠밀렸기 때문에, 일반적으로 빠르게 움직이고 모든 방법으로 합쳐지고 상호 응집으로 발생할 수 있는 모든 조합을 생성한다. 이것으로부터, 끝없는 시간에 걸쳐 흩어져, 모든 종류의 결합과 운동을 경험하고, 마침내 갑자기 연결되어 때로는 거대한 물질, 지구, 바다, 하늘, 그리고 생명을 가진 피조물의 원리가 되는 사실을 끌어낸다.

루크레티우스의 야심 찬 시도, 즉 작은 원자(번역에서 '원기'로)로부터 자연의 복잡성 창발을 설명하려는 시도는 오늘날에도 여전히 믿을 수 없을 정도로 적절해 보인다.

그러나 과학에서는, 화학이 어떻게 작동하는지 설명할 필요가 등장한 19세기에 와서야 원자를 진지하게 받아들였다.

언제나 그랬던 것처럼 훌륭한 속물이던 물리학자들은 그다음 세기 초에야 비로소 그 아이디어에 전념했다. 25세의 알베르트 아인슈타인은 1905년 상대성 이론의 공식화와 그에게 노벨상을 안겨 준 논문 집필 사이의 남는 시간에 이러한 물질 벽돌의 존재를 최종적으로 증명했다.*

그 순간부터 그것은 모든 과학에서 가장 중요한 개념 중 하나가 되었다. 또 다른 노벨상 수상자인 위대한 물리학자 리처드 파인먼은 한 강의에서, "대격변으로 인해 모든 과학적 지식이 파괴되고 단 한 문장만 다음 세대에 전달될 수 있다면, 어떤 진술이 최소 단어 수에 최대 정보량을 포함할까? 나는 그것이 원자 가설(또는 원자 팩트, 또는 우리가 뭐라고 부르든 간에)일 것이라고 믿는다. 그에 따르면 모든 것은 원자로 구성되어 있으며, 작은 입자는 영속적인 운동으로 움직이고, 멀리 떨어져 있지 않을 때는 서로를 끌어당기고, 그러나 서로 부딪히면 서로 밀어낸다."라고 썼다.

2장에서 보았듯이, 20세기 초에 물리학자들은 그리스인들이 생각했던 것처럼 원자가 결코 쪼개질 수 없는 것이 아니라는 것을 발견했다. 오늘날 우리는 원자가 전자, 양성자, 중성자로 구성되어 있다는 것을 안다. 이전 장에서 당신은 또한 네 가지 기본적인 상호작용이 이들 입자 사이에 안정적이고 지속적인 관계를 만들기 위해 최선을 다하고 있으며, 이는 우주에서 생명체가 출현하기 위한 필수 조건이라는 것을 배웠다(고 우리는 희망한다!). 그러나 이들 입자의 고유한 속성은 무엇인가?

질량과 전하는 입자의 두 가지 주요한 고유 속성이고, 이 두 숫자는 각 입자에 선험적으로 할당된 것으로 보이며 어떤 식으로든 수정

• 이해했는가? 한가한 시간에 TV 시리즈를 보는 당신…….

할 수 없다.

예를 들어 우리 우주에서 원자를 구성하는 입자는 다음과 같은
질량과 전하 값을 가진다.

입자	질량	전하
양성자	1.6726×10^{-27} kg	$+1.6022 \times 10^{-19}$ C
중성자	1.6749×10^{-27} kg	0
전자	9.1094×10^{-31} kg	-1.6022×10^{-19} C

우리는 이 입자들이 왜 다른 값이 아닌 정확히 이런 값으로 특성
이 부여되는지 설명하는 원리를 알지 못한다. 그것들은 우리가 측정
한 것과 매우 다른 질량과 전하를 가졌을 수도 있다. 그러나 앞으로
보게 되겠지만 별, 행성, 염소, 자작나무, 그리고 당신의 친구 피에르
질도를 형성하는 데 필요한 물질의 벽돌은 생명체의 발달에 딱 맞는
것으로 되어 있다. 어떻게 그런지 알아보자.

양성자를 구출하라

임신 기간 동안 여성은 새로운 인간을 형성하기 위해 평균 3.4킬로그
램의 물질을 완전히 혼자서 짜 맞추고 조직할 수 있다. 정말 놀라운
일이다! 평균적인 성인의 체중은 62킬로그램으로, 신생아의 평균 체

중보다 약 18배 더 크다. 보통의 성인과 연료탱크가 가득 찬 소형차 사이의 질량 비율도 거의 동일하다. 맞다, 당신은 신생아와 판다 자동차의 중간이다!

이제 1.5리터 물병이 실려 있는 같은 판다를 상상해 보라. 지금 자동차의 질량이 백분율 측면에서 거의 변하지 않았다는 데 동의할 것이다. 비례적으로 그것은 양성자의 질량과 중성자의 질량 사이의 차이와 같다. 중성자의 질량은 양성자보다 0.14%크다. 이 비율은 이 장의 시작 부분에 있는 첫 번째 숫자로 표시된다(m_n과 m_p는 각각 중성자의 질량과 양성자의 질량이다).

그것은 작은 차이지만 두 입자의 안정성에 큰 영향을 미친다. 사실, 양성자는 매우 안정적이어서 사실상 영원하다. 양성자를 더 가벼운 입자로 붕괴하게 만드는 알려진 메커니즘은 완전히 가설적인 것 말고는 없다. 그러나 중성자의 경우는 다르다. 자연 상태 그대로 놔두면, 즉 원자핵 내의 다른 양성자나 중성자와 결합해 있지 않은 경우, 이 입자는 약 15분 이내에 자발적으로 붕괴해 양성자가 그 자리에 남는다. 입자의 붕괴는 다른 입자로의 변환에 불과하다. 기본 입자가 아닌 입자는 더 가벼운 입자로 붕괴하는 경향이 있다. 붕괴 생성물은 대체로 원래 입자와 같은 특성을 갖지만, 더 낮은 에너지를 가진다. 사실, 자연의 모든 것은 가능한 한 가장 낮은 에너지 상태에 도달하려는 경향이 있다.

두 입자의 질량 사이의 작은 차이를 고려할 때, 상황이 다르게 진행되게 하는 데는 많은 것이 필요하지 않다……. 맞다, 이제 다이얼을 돌릴 시간이다!

양성자의 질량을 조절하는 다이얼부터 시작하자. 양성자가 중성자보다 더 무거워지는 것을 막는 건 아무것도 없다. 양성자 질량이 중성자 질량보다 0.06%만 더 무거워도, 우리 우주에 대해서 그 상황은 역전될 것이다. 중성자는 안정적일 것이고, 양성자는 만약 다른 핵자와 결합해 있지 않다면 자발적으로 중성자로 붕괴할 것이다. 따라서 '외톨이' 양성자는 수명이 매우 짧을 것이다.

그러나 불안정한 양성자는 단일 수소 원자조차 불가능하다는 것을 뜻한다. 사실, 수소는 전자가 둘러싼 양성자에 불과하다. 양성자가 붕괴하면 원자의 핵은 중성자가 되어 전자와의 정전기적 인력을 잃게 된다. 그들의 결합은 중지되고, 원자는 단순히 더는 존재하지 않게 될 것이다.

수소가 없는 우주를 상상할 수 있는가? 그것은 분명 생명과 양립할 수 없는 장소일 것이다. 수소는 단연코 우주에서 가장 풍부한 화학원소이며, 4장에서 보았듯이 별의 용광로에서 가장 무거운 원자들을 만들어 내는 원재료다. 그러나 무엇보다도, 그것은 생명에 필수적인 어떤 분자들의 일부다. 두 개의 수소 원자를 포함하는 물을 생각해 보라. 물이 없으면 생명도 없다. 그리고 수소 없이는 존재할 수 없는, 생명에 필수적인 수많은 유기 분자를 잊지 말자. 유기 화학은 더는 연구 대상이 되지 않을 것이다. 연구할 수 있는 생명체가 없을 테니까.

그러나 까다로운 문제는 거기에서 그치지 않고 오히려 훨씬 위로 거슬러 올라간다. 수소가 없어서 심하게 불구가 된 화학으로도 발달할 수 있는 살아 있는 유기체를 상상해 보려 해도, 그것이 생존하려면 예를 들어 별과 같은 에너지원이 여전히 필요하다. 그리고 여기서 당나귀는 우물에 다시 빠진다. 왜냐하면, 당신은 별이 뭘로 만들어졌는지 알고 있지 않은가? 수소가 75%를 차지한다. 안정적인 양성자가 없다면 별은 거의 중성자로만 구성될 것이다. 그리고 가스구름이 원시성으로 붕괴하는 것을 방해하는 양성자 사이의 정전기적 반발이 없다면 우주는 중성자별과 블랙홀로만 채워질 것이다. 우주에는 무거운 화학원소(행성과 생명체를 형성하는 역할을 한다)를 만들어 낼 수 있을 뿐만 아니라 열핵 반응(복잡한 생물권을 유지하는 데 필수 불가결하다)을 통해 에너지를 생산할 수 있는 물체가 없을 것이다.

그러면 우리는 부모별에서 오는 에너지가 아니라 자신이 사는 행성의 지열 에너지를 기반으로 하는 생태계(우리 지구 대양저의 봉사성 분화구에서 일어나는 일과 비슷하게)를 상상할 수 있지만, 이런 유형의 우주에는 행성이 없고 중성자의 덩어리나 블랙홀만 있을 것이다. 다소 지루한 우주라는 생각이 들지 않는가?

우리가 더 끈기 있게 엄청난 상상력을 발휘해서 수소 없이도 항성 내부에서 핵반응을 일으킬 방법을 상상했다면, 어쨌거나 또 다른 거대한 문제에 봉착할 것이다. 양성자가 안정되고 중성자보다 무게가 적게 나가는 우리 우주에서, 별 내부는 기본적으로 둘 다 하전 입자인 양성자와 전자의 수프다. 열핵 반응은 광자를 생성하고, 광자는 하전 입자 사이에서 되튕기기를 좋아한다. 그들에게 별은 빠져나가기 매우 어려운 거대한 핀볼 기계다. 태양 핵에서 생성된 광자가 태양을 떠나는 데 10만 년 이상이 걸리는 것을 생각해 보라. 낮에 우리를 비추는 빛은 태양에서 우리에게 도달하는 데 8분 30초가 걸렸고, 태양을 탈출하는 데는 10만 년이 걸린 것이다! 다음번에 당신이 태양을 볼 때는, 당신을 때리는 광자가 네안데르탈인이 아직 지구를 걸어 다니고 있을 때 태어났다는 점을 생각하기 바란다.

그러나 양성자가 중성자보다 더 무거운 대체 우주에서는 별의 핵이 양성자와 전자의 수프가 아니라 중성자와 전자의 수프가 될 것이다. 결과적으로 대전된 입자는 반으로 줄어들 것이고, 따라서 광자가 '핀볼 기계'를 탈출하기가 훨씬 쉬워진다. 얼마나? 수억 배 더 쉽다. 광자는 매우 빠르게 별을 빠져나가고, 결과적으로 별은 매우 빠른 비율로 에너지를 잃게 된다.

이것은 꽤 분명한 결과로 이어진다. 별들은 우리 우주에서보다 훨씬 짧게 살 것이다. 우리 태양 같은 '전형적인' 별은 100년 이상 지속되지 않는다. 이 기대 수명은 자연선택으로 지적 생명체가 진화하는 데 필요한 수명과는 거리가 멀다.

더 나아가 '무거운 양성자' 우주에서의 생명체는 또 다른 이유로 불가능할 것이다. 우리 우주의 중성자와 마찬가지로 이곳의 양성자는 원자핵 안에 있는 경우에만 안정적이다. 그러나 빅뱅 직후에 생성된 많은 양성자는 핵을 이룰 시간이 없었을 것이다. 그들은 원시 핵합성 이전이나 도중에 중성자로 붕괴했을 것이다. 따라서 우주는 중성자와 전자로만 구성되며, 우리가 보았듯이 두 입자만으로는 원자를 형성할 수 없다. 그러므로 분자와 살아 있는 유기체를 생성하는 데 필요한 모든 화학적 복잡성과는 작별이다.

이제 이 모든 것을 알았으면 몇 페이지 앞의 표를 다시 보라. '양성자'라는 단어 옆의 숫자가 '중성자' 옆의 숫자보다 작은 우주에 사는 것이 얼마나 행운인지 생각해 보라.

원자의 지속 불가능한 희소성

당신이 인생에서 마주한 모든 것은 원자로 구성되어 있다. 당신의 차, 당신의 첫 망원경, 당신의 모든 반려동물, 대순환도로Grande Raccordo Anulare(로마를 둘러싼 순환 고속도로-옮긴이), 당신의 가족, 당신의 토스터, 초등학교 선생님, 고등학교 때 당신을 휴가지로 데려간 비행기, 당신의 달콤한 반쪽, 라르도 디 콜로나타Lardo di Colonnata(마사카라라 콜로나타 지역 특산의 절인 고기-옮긴이), 사시 디 마테라Sassi di Matera(이탈리아의 고대 동굴 주거지-옮긴이), 선물로 받았지만 당신은 절대 좋아하지 않았던 프랭크 자파의 레코드판,• 아시아고Asiago 고원(치즈로 유명한 이탈리아 북동부 지방의 고원-옮긴이), 그리고 당신이 실수로 커피에 넣는 바람에 (역시 원자로 만들어진) 당신 친구들에게 여전히 놀림 거리가 되는 그 소금까지도. 이 모든 것이 너무도 친숙하여 당신은 본능적으로 우주의 모든 것이 원자로 이루어져 있다고 생각할 수도 있다. 아니, 그것은 완전히 잘못된 생각이다!

일반 물질의 10%만이 원자로 구성되어 있다. 나머지는 플라스마(별을

•   유감이다!

구성하는 성분)이거나 (3장에서 설명한 대로 별이 생성하는 복사 때문에) 이온화된 형태로 존재한다. 그리고 다음 장에서 보게 되겠지만, 일반 물질은 우주 물질의 14%만 차지하고 나머지는 암흑 물질이다.

따라서 원자, 즉 겉보기에 분명하고 그 어떤 형태의 생명체에도 절대적으로 필요한 이러한 실체는 저 밖에 존재하는 전체 물질의 1.4%에 불과하다. 우리를 구성하고 우리에게 친숙한 모든 것을 구성하는 것은, 사실은 우주에서 매우 드문 것들이다!

중성자의 복수

이것이 양성자와 중성자가 역할을 바꾸면 일어날 일이다. 이제 중성자가 둘 중에서 더 큰 질량을 가지는, 하지만 그 차이가 매우 큰 우주를 상상해 보라. 현재의 0.14% 대신에, 예를 들어 10%라고 가정해 보자. 그것은 큰 차이처럼 보이지만 그러한 작은 숫자에서는 종종 무시될 수 있는데, 우리는 중성자의 질량이 0.0000000000000000000000000016kg 증가한다고 상상하고 있는 것이다! 그런데 이런 정도로도 그 우주는 생명체에 완전히 부적합하게 된다.

우리는 이미 수소의 핵이 양성자와 중성자로 구성된, 수소의 동위원소 중수소에 관해 이야기했다. 그리고 우리는 그것이 별이 에너지를 생성하는 핵반응에서 근본적인 역할을 한다고 말했었다. 중수소가 없다면 양성자-양성자 사슬은 무너질 것이다. 태양과 같은 별

(지금까지 거주 가능한 세계를 받아들일 가능성이 가장 크다)은 그 덕분에 그들의 행성에 에너지를 제공할 수 있다. 그런데 여기서, 양성자의 질량과 중성자의 질량 차이가 0.14%가 아닌 10%라면, 중수소는 정말 불안정할 것이고 매우 빠르게 붕괴할 것이다. 두 개의 중수소 핵이 융합하여 헬륨 핵을 형성하는 것은 극히 가능성이 적을 것이다. 양성자−양성자 사슬은 더는 존재하지 않을 것이고, 별들은 행성의 모든 생물권에 대한 에너지 공급원이 되기를 멈출 것이다.

그뿐만이 아니다. 별 내부에서 핵반응이 일어나지 않는다면 우주는 화학원소를 생성할 수 있는 유일한 메커니즘을 잃는다. 탄소도 없고, 산소도 없고, 질소도 없고, 규소도 없고, 철도 없고…… 한마디로 주기율표 자체가 없다. 행성과 대기와 생물학적 유기체를 형성하는 원자들이 없을 것이다. 또다시, 생명은 처음부터 전혀 허용되지 않을 것이다.

반대로 양성자의 질량과 중성자의 질량 사이의 간격을 좁혀도 결과는 똑같이 재난이 될 것이다. 현재의 0.14% 대신 0.06% 미만이라면, 중성자도 양성자만큼 안정적으로 된다. 원시 핵합성 동안 많은 중성자가 양성자로 붕괴했고, 그것이 양성자가 더 많아지도록 만들었다. 일부 양성자는 중성자와 반응하여 중수소 핵을 생성했지만, 대부분은 자유 상태로 남아 있다가 수소 원자를 형성하는 단계로 이어졌다.

중성자가 안정된 우주에서는 이런 일이 일어나지 않을 것이다. 양성자와 중성자는 반응하여 중수소 핵을 형성하고, 이는 차례로 헬륨 핵을 생성한다. 그것은 수소가 없는 우주가 될 것이다. 우리 태양과 같은 우주의 '전형적인' 별은 핵반응을 통해 에너지를 생산할 수 없고, 물도 유기 화학도 없을 것이다. 다시 한번, 생명은 불가능할 것이다.

결론적으로, 양성자와 중성자의 질량과 관련해 세 가지 조건이 충족되어야만 우주에서 생명이 살 수 있는 것으로 보인다.

❶ 중성자가 더 큰 질량을 가져야 한다.
❷ 두 질량의 차이는 0.06% 이상이어야 한다.
❸ 두 질량의 차이는 수 퍼센트 포인트를 초과해서는 안 된다.

이 두 입자의 질량이 가질 수 있는 모든 값 중에서 우주는 이 세 가지 조건을 모두 충족하는 작은 간격 안에 정확하게 값을 할당했다. 나쁘지 않다, 안 그런가?

전자, 세 번째 현혹

마지막으로, 원자의 가장 작은 구성요소는 전자다. 이것은 입자 트리오 중 가장 가벼운 입자이지만, 과소평가하지 말라. 당신은 눈치채지 못했을 수도 있지만, 이 장의 시작 부분에서 얘기한 코테키노를 포함하여 오감을 통해 경험하는 모든 것은 전자와 다른 전자가 상호작용한 결과다. 당신은 당신의 모든 감각 경험을 전자에게 빚지고 있다!

예를 들어 접촉을 생각해 보라. 사랑하는 사람을 안을 때, 당신은 실제로 그들을 만지는 것이 아니다. 당신이 그녀에게 키스할 때, 당신의 입술은 닿지 않는다. 사랑하는 동물을 안을 때, 당신은 그 동물을 만지는 것이 아니다. 당신은 정말이지 아무것도 만질 수 없다. 어떤 물체에 충분히 가까워지면, 당신 신체의 원자를 둘러싼 전자구름과 그 물체의 원자를 둘러싼 전자구름이, 엄격한 의미로서의 접촉 없이, 정전기적으로만 서로 반발한다. 당신이 '만지는' 것으로 인식하는 것은 실제로 전자구름 사이의 반발에 지나지 않는다. 당신이 무언가에 더 가까이 갈수록, 예를 들어 당신이 어떤 저항할 수 없는 매력을 느끼는 그 사람을 안을 때, 당신은 더 많이 밀쳐진다……. 그리고 그 사람이 당신을 노골적으로 퇴짜 놓을 때도 물론!

다른 감각들도 마찬가지다. 청각은 이웃 원자들의 전자구름이 서로 부딪혀 우리가 '소리'라고 부르는 압력파를 생성하기 때문에 존재한다. 시각은 빛을 기반으로 하며, 매일 눈에 들어오는 빛 대부분은 원자의 에너지 준위 사이를 도약하는 전자에 의해 생성된다. 미각과 후각? 그것들은 모든 화학반응과 마찬가지로, 본질적으로 원자들 간의 전자 교환이다.

당신이 살고 있는 순차적인 세계는 전자의 세계다. 그리고 이는 비록 전자가 원자에서 단연코 가장 가볍지만, 사실 바로 그 이유 때문이다.

전자의 질량은 양성자의 질량보다 약 1,836배 작다. 물리학자들은 이 비율을 'β'라고 부른다. 이 비율은 이 장의 시작 부분에서 찾을 수 있는 두 번째 숫자다. 우리 우주의 β 값을 조정하는 다이얼이 당신 앞에 있다면, 너무 많이 만지지 않는 것이 좋다. 사실 이 값도 역시 어마어마하게 있을 성싶지 않지만, 실제로는 생명에 완벽하다.

다이얼을 조금 더 큰 값으로 돌리면, 즉 전자의 질량을 늘리면(또는 양성자의 질량을 줄이면), 원자는 안정적으로 유지되지만 상황이 더 좋아지지는 않을 것이다. 전자는 그 핵에 더 강하게 묶이고, 결과적으로 화학결합을 형성하는 것은 더 어려워질 것이다. 분자는 드물 것이다. 이것은 확실히 생명에 유리하지 않은 조건이다.

특히, 많은 원자로 구성된 복잡한 분자는 불가능하다. 그 이유는 전자구름이 원자의 핵에 너무 가까워지면 매우 구속되었다고 느끼기 시작하고, 원자핵 같은 양자 입자quantum particle는 구속되는 것을 좋아하지 않기 때문이다. 하이젠베르크의 불확정성 원리에 따르면 매우 구속된 입자(즉, 위치가 아주 잘 알려진)는 매우 불확실한 속도를 갖는다. 이것은 평균 속도가 크다는 것을 의미한다. 따라서 전자가 더 무겁다면 분자를 구성하는 원자 내부 핵은 사방으로 튀어 나가 분자 구조를 깨뜨릴 것이다. 우리가 알고 있는 생명체에 없어서는 안 될 단백질이나 DNA와 같은 큰 분자의 존재는 전혀 상상할 수 없을 것이다.

β 값을 더 높이기 위해 다이얼을 조금 더 돌리면 거대 분자는 물론이고 단일 원자조차 가지지 못할 것이다. 전자는 원자핵에 너무 가깝게 공전하면서 매우 불안정한 궤도를 갖게 되고, 빠르게 튕겨 나가게 되어 원자 상태를 계속 유지할 수 없다. 원자가 없다면 화학도 없고, 분자도 없고, 생명도 없다.

이제 β 값을 낮추어 전자의 질량을 줄여 보자. 상황은 반대가 된다. 즉 원자의 전자는 핵에서 더 멀리 떨어지게 된다. 화학결합이 더 쉬워지는 것은 사실이지만, 또한 더 약할 것이다. 생물학적 기능이 있는 복잡한 분자는 카드로 만든 집처럼 약할 것이다. 분자가 형성될 수 있다 하더라도 눈 깜짝할 사이에 부서질 것이다. 우주는 단일 원자나 작은 분자들로만 채워질 것이다. 생명, 특히 지적인 생명은 완전히 상상의 존재가 될 것이다.

이런 조건에서 생명체가 발전할 수 있다고 가정하더라도, 태양으로부터 오는 좋은 소식은 없을 것이다. 전자가 핵에 너무 느슨하게 결합하여, 햇빛은 원자로부터 전자를 떼어내기에 충분한 에너지를 가질 것이다. 다시 말해 X선과 감마선이 우리에게 그런 것처럼, 가시광선이 '전리 방사선'이 될 것이다. 특히 대량의 전리 방사선은 생명체에 치명적이다.

전자가 조금 더 가벼웠다면 우주의 거의 모든 별은 연쇄 살인범이 되었을 것이다. 요컨대, 생명체가 살 수 있으려면 우주는 핵자보다 훨씬 가벼운 전자를 가져야 한다. 오직 이런 식으로만 원자, 복잡한 분자, 생명체, 그리고 무엇보다 만지고, 듣고, 보고, 맛보고, 냄새 맡고, 그럼으로써 세계에 대한 자신의 경험을 구축할 수 있는 존재가 있을 수 있다. 벽난로 앞에서 수박을 베어 물거나, 거듭해서 스페이드 2(카드게임에서 가장 낮은 패-옮긴이)를 받을 때 그것을 기억하라!

도망치는 원자

그러나 가장 좋은 것이 아직 남아 있다. 중성자, 양성자, 그리고 전자에 대해 이야기할 때 가장 놀라운 우연의 일치는 질량이 아니라 전하에 관한 것이다. 양성자와 전자가 정확히 반대 전하를 띤다는 사실이다.

양성자와 전자가 반대 전하를 띠는 경우에만 우주에 생명이 살수 있다는 것은 꽤 명백하다. 그렇지 않으면 두 입자는 원자 형성을 가능하게 하는 정전기적 인력을 느끼지 않을 것이다. 그러나 우주에 생명이 살 수 있으려면 그들의 전하가 반대인 것만으로는 충분치 않다. 그들의 값은 부호는 반대이면서 크기는 같아야 한다. 그것이 바로 이 장의 시작 부분에서 봤던 세 번째 숫자가 나타내는 것이다(q와 q_p는 각각 전자와 양성자의 전하다).

양성자 전하와 전자 전하의 완벽한 대칭은 전기적으로 중성인 원자를 가질 수 있는 유일한 방법이다. 실제로 각 원자는 가장 자연적인 상태에서 같은 수의 양성자와 전자를 가지며, 양성자의 양전하는 전자의 음전하로 완벽하게 상쇄되어 그 합은 0이 된다.

두 전하가 조금이라도 다르다면 원자는 더는 중성이 아닐 것이다. 모든 원자가 전하를 가지게 된다. 가벼운 원자는 더 작고 무거운 원자는 더 크겠지만, 모든 원자가 항상 '같은 부호'를 가질 것이다. 전자의 전하가 더 크다면 음전하를, 양성자의 전하가 더 크다면 양전하를 가지게 된다. 그게 무엇을 의미하는지 알겠는가? 맞다. 같은 전하는 서로를 밀어내므로 모든 원자가 다른 모든 원자를 밀어내고 가까워지는 것을 방해한다. 두 번 생각할 것 없이, 원자들은 가능한 한 서로 멀리 이동할 것이다. 어떤 유형의 분자도 형성될 수 없을 것이다. 유기 분자는 말할 것도 없고, 생명체는 생각조차 할 수 없다. 그 생명체가 살 수 있는 행성도, 생물권을 먹여 살릴 수 있는 별도 물론이다. 그것은 완전히 구조화되지 않은 우주가 될 것이다. 전체 우주는 겁먹은 원자들의 대규모 디아스포라로 보일 것이다. 불쌍한 피에르질도는 사랑하는 아달베르타를 결코 껴안을 수 없는, 사랑 없는 우주가 될 것이다!

원자 사이의 반발 강도는 양성자 전하와 전자 전하의 차이에 따라 달라진다. 이 차이가 미세하게 변하더라도 사람만 한 크기의 구조는 여전히 가능할 것이다. 그러나 우리는 정말 작은 변화에 대해 말하는 것이다. 두 전하 중 하나만 0.000000001% 바뀌어도 당신을 구성하는 원자들이 함께 모여 몸을 형성할 수 없게 되기 충분하다. 그것은 믿을 수 없을 정도로 작은 변화다. 비례적으로 말해 그것은 지구와 달 사이의 거리를 개미 한 마리의 길이만큼 바꾸거나, 또는 스테이션 왜건의 길이를 수소 원자 하나의 지름만큼 변화시키는 것과 같다.

그러나 생명체에 똑같이 필수적이지만 별과 같이 훨씬 더 큰 구조물을 갖추는 데 필요한 한계에는 비교할 수 없다. 전자나 양성자의 전하를 0.0000000000000001%, 즉 터무니없이 적은 양만 변화시켜도 별은 형성될 수 없다. 비교하자면, 그것은 지구와 알파 센타우리

(지구와 가장 가까운 항성계로 3개의 별로 이루어져 있으며 지구로부터 약 4.3광년 떨어져 있다.─옮긴이) 사이의 거리를 골프공의 지름만큼 바꾸는 것과 같다! 그러니 양성자 전하와 전자 전하가 아주 조금만 달랐어도 우주는 완전히 어둡고 차가워 어떤 형태의 생명체도 만들어질 수 없는 곳이 되기에 충분했을 것이다.

미소(微少)하지 않은 중성미자

하지만 우주가 자신의 쇼를 그리기 위해 마음대로 사용할 수 있는 다양한 입자 팔레트에는 전자, 양성자, 중성자만 있는 것은 아니다. 우리가 이 세 가지를 강조한 이유는 이 세 가지가 자의식을 가진 생명체를 포함하여 모든 생명체가 만들어지는 원자를 구성하는 것이기 때문이다. 어찌 되었건 자신의 기원을 질문하는 원자 덩어리가 아니라면 우리 호모사피엔스는 과연 무엇이겠는가?

그러나 거대한 우주 동물원에는 놀라운 인류적 우연의 일치를 보여 주는 다른 입자가 있다. 2장에서 설명했듯이, 실제로 양성자와 중성자는 두 가지 유형의 쿼크로 구성된다. 위쿼크와 아래쿼크다. 양성자와 중성자의 안정성이 이 두 쿼크의 질량에, 그리고 특히 이 둘의 질량의 '차이'에 크게 의존한다는 사실을 알게 되더라도 당신은 놀라지 않을 것이다.

이 차이를 몇 퍼센트만 바꿔도 우리 우주에 더는 생명이 살 수 없게 된다. 가상의 다이얼을 돌려서 10% 정도 낮추면 모든 양성자는 자발적으로 중성자로 붕괴한다. 우리는 이것이 의미하는 바를 이미 보았다. 원자도, 화학물질도, 생명도 없다. 만약 우리가 그것을 조금 증가시키면(이번에도 약 10%), 중수소는 불안정해지고 자발적으로 붕괴할 것이다. 이 역시 어떤 결과를 초래할지 당신은 이미 알고 있다. 수소보다 무거운 원자도 없고, 화학물질도 없고, 생명도 없다.

그리고 쿼크보다 훨씬 가볍고 사라지기 쉬운 중성미자가 있다. 이것은 우주가 발명한 가장 비사교적인 입자다. 그들의 질량은 너무 작아서 아직 확실하게 측정할 수는 없지만, 전자 질량보다 적어도 1,000만 배 작고 양성자 질량보다는 적어도 100억 배 작다! 그것만으로 충분하지 않은 듯, 중성미자는 전하가 없으며 강한 상호작용을 느끼지도 않는다. 요컨대, 그들은 주변을 둘러싸고 있는 것에 실질적으로 반응하지 않고, 다른 어떤 입자와도 믿을 수 없을 정도로 거의 상호작용하지 않는다.

이 시점에서 여러분은 거의 존재하지 않는 것이나 마찬가지인 이런 종류의 입자는 인류의 관점에서 볼 때 사실상 관련성이 없다고 생각할지도 모른다. 이 찾기 힘든 중성미자가 생명체의 발달에 어떤 기여를 할 수 있을까? 이런 생각을 하고 있다면 크게 착각하고 있는 것이다. 만약 당신이 존재한다면, 당신 역시 그들에게 빚을 지고 있다!

이전 장에서 봤을 것이다. II형 초신성에서 별에 포함된 화학원소를 붕괴시키는 대신 우주의 모든 곳으로 내던지는 폭발의 방아쇠를

당기는 것은 중성미자다. 그러므로 이 초신성들이 우주 전체에 생명체의 발달에 필요한 원자를 퍼뜨리는 것은 중성미자 덕분이다. 예를 하나 들자면, 우주에 존재하는 모든 산소는 II형 초신성에 의해 우주로 방출된 것이다.

만약 45억 년 전 태양과 지구를 만들었던 가스구름에 산소가 있었다면, 그것은 중성미자가 가진 상호작용을 거의 하지 않는(그러나 전혀 안 하는 것은 아닌) 성향과 극미의 질량 덕분이다. 당신이 지금 호흡하는 바로 그 산소. 당신이 마시는 물의 일부인 바로 그 산소. 당신이 살고 있는 행성의 30%를 구성하는 바로 그 산소 말이다. 그 산소는 중성미자 덕분에 폭발했던 II형 초신성에서 나왔다. 중성미자가 다른 모든 소립자와 그토록 구별되는 독특한 특성을 가지지 않았다면 당신은 존재할 수 없었을 것이다. 어떤 생명체도 존재할 수 없었을 것이다. 우주는 끝없이 고요하고 생명이 살지 않는 곳이었을 것이다.

심지어 우주에서 가장 작고, 가장 덧없고, 주변에서 일어나는 일에 가장 무관심한 입자라도 변화를 만들고, 불모의 우주를 생명이 사는 우주로 바꿀 수 있다. 다음번에 당신이 하찮게 느껴지는 순간이 오면, 그것을 기억하길!

7장

|

암흑의 존재

우주의 내용물

중요한 것은 눈에 보이지 않는 법이야.

_앙투안 드 생텍쥐페리, 《어린 왕자》

$$\rho_{DM} / \rho_b \approx 6$$
$$\Lambda \approx 2.8 \times 10^{-122}$$

있다, 하지만 볼 수 없다!

따뜻한 한여름의 저녁이고, 피에르질도는 아달베르타와 함께 바닷가에 앉아 날이 저물어 갈 무렵 태양의 말 없는 작별인사를 바라보고 있다. 그는 열정에 차서 사랑하는 사람의 어깨에 머리를 기대고 속삭인다. "자기야, 당신은 나의 태양이자 별이야." 그에 감동한 아달베르타가 묻는다. "내가 정말 당신에게 특별해?" 과학적 정확성에 민감한 피에르질도는 이렇게 답한다. "아니, 당신은 특별하지 않아. 당신은 평범해!" 그런 말을 하고 난 다음 불쌍한 피에르질도에게 무슨 일이 일어날지 아는 사람!

그러나 우리는 그가 좋은 사람이라는 것을 인정해야 한다. 왜냐하면 그것이 그가 줄 수 있었던 (그리고 아마도 그의 인생의 마지막 답이기도 한) 과학적으로 유일한 정답이기 때문이다.

우리는 분명 해변에서 보는 일몰의 낭만을 파괴하고 싶지 않다. 하지만 과학에 따르면, 창공에서 빛나는 모든 별뿐만 아니라 당신의 반쪽도 '평범한' 물질로 이루어져 있다. 사실 양성자, 중성자, 전자로 구성된 모든 물질(즉 표준 모형에서 제시하는 쿼크와 렙톤), 말하자면 치즈 토스트, 코뜨개 바늘, 캐나다, 무당벌레, 그리고 우주에서 볼 수 있는 모든 것은 '평범'하다고 정의할 수 있다.

그것은 많은 것같이 느껴지고 실제로 그렇다. 하지만 그것이 저 밖에 정말로 존재하는 것 중 극히 일부라고 말하면 어떻게 들릴까? 믿을 수 없다면, 당신에게 좋은 친구들이 있다는 사실을 기억하라. 천문학자들도 우주 물질의 86%가 우리가 알지 못하는 것으로 구성되어 있다는 사실을 발견했을 때 이런 반응을 보였다. 말 그대로, 우리는 그것이 무엇인지 전혀 모른다! 나머지 14%만이 일반 물질로 구성되어 있다(그림 7.1).

1933년에 무언가 잘못되었다는 것을 처음으로 알아차린 사람은 스위스 천문학자 프리츠 츠비키Fritz Zwicky였다. 그는 중력에 의해 서로 연결된 두 개의 거대한 은하, 머리털자리 성단과 처녀자리 성단을 연구하던 중이었다(그림 7.2).

은하단에서 보이는(즉 빛을 방출하는) 질량 대부분은 중심 영역에 있으므로, 우리는 거기서 중력에 의한 인력이 더 클 것으로 예상한다. 중력이 강한 지점에 물체가 많을수록 더 빨리 움직이기 때문에, 은하가 은하단 내에서 움직일 때 중심에서 멀어질수록 감소하는 속력으로 움직일 것이라 추론한다. 비슷한 일이 더 작은 규모로 우리 태양계에서도 일어난다. 태양(태양계 질량 대부분을 포함한다)에 가장 가까운 행성인 수성은 지구 시간으로 88일 만에 공전하고, 가장 먼 행성인 해왕성은 한 번 공전하는 데 165년이 걸린다.

이러한 추론에서 출발하여 츠비키는 머리털자리 성단과 처녀자리 성단에서 은하의 속도를 측정하고 이를 기반으로 두 은하의 질량을 계산했다. 그리고 놀라운 사실을 발견했다. 성단에 있는 개별 은하의 관찰된 속도를 설명하려면, 전체 질량이 빛을 내는 물질과 관련된 질량보다 400배 커야 한다! 츠비키의 추정은 과도했지만, 최근 관찰에 따르면 '잃어버린' 질량이 '빛을 내는' 질량보다 몇 배는 더 크다.

실제로 성단의 가장 바깥쪽 영역에 있는 은하의 속도는 눈에 보이는 물질만 존재했을 때 예상했던 것보다 훨씬 더 빨랐다. 따라서 성단의 중심부에 집중되어 있지 않고 훨씬 더 먼 거리로 퍼져 있는, 당시의 계측기로는 탐지되지 않는 많은 양의 물질이 있는 것으로 보였다. 훌륭한 천문학자 츠비키는 보이지 않는 이 불가사의한 물질을 암흑 물질이라 명명했다.

그러나 암흑 물질의 존재에 대한 가설은 천문학자 베라 루빈Vera Rubin이 개별 은하에 대해 유사한 분석을 수행했던 1970년대까지 과학적 논쟁의 장에 들어가기 위해 고군분투해야 했다. 루빈은 특히 안드로메다 은하와 다른 나선은하를 연구함으로써 암흑 물질의 존재에 대한 매우 강력한 증거를 추가로 얻었다. 은하단과 유사하게, 은하 안에서도 별들이 은하 중심에서 멀어질수록 더 느린 속도로 회전할 것으로 우리는 예상한다. 그러나 그가 관찰한 것은 매우 달랐다. 은하 중심에서 가장 멀리 떨어진 별의 속도는 감소하지 않고 가장 안쪽에 있는 별의 속도와 거의 같게 유지되었다. 그렇게 멀리 있으면서 그렇게 빠른 별들은, 보이는 물질에 의해서만 중력의 인력이 미쳤다면 은하계에서 튕겨 나갔을 것이다. 따라서 이런 일이 일어나지 않는 이유를 설명하기 위해서는 많은 양의 보이지 않는 물질이 중심에서 먼 거리까지 분포되어 있다는 가설을 세울 필요가 있었다.

이는 다음 그래프를 보면 분명하다. 위의 그래프는 은하 중심으로부터의 거리에 따른 별의 속도를 보여 준다. 점선 곡선은 빛을 내는 물질만을 기준으로 보았을 때 예상되는 별의 속도를 나타낸다. 실선은 우리가 실제 관찰하는 것으로, 중심에서 아주 멀리 떨어진 별에 대해서도 일정한 속도를 보여 주고 있다. 아래 그래프에서 점선은 보이는 물질만으로 추론한 은하의 질량을 나타내고, 실선은 관측된 항성 속도를 바탕으로 구한 질량을 나타낸다.

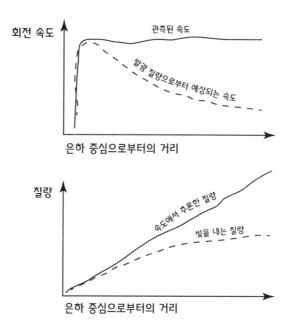

중력렌즈

이 불가사의한 투명 물질의 존재에 대한 또 다른 중요한 증거가 있다. 바로 '중력렌즈'다. 허블 우주망원경으로 촬영한 이미지에서 종종 은하단 주위에 길고 가는 호가 나타나며, 은하단은 가운데를 중심으로 동심원으로 배열된 것처럼 보인다(그림 7.3). 이 빛나는 호는 대체로 명확하며 때로는 변형되고 때로는 매우 규칙적이다. 이 호는 원근법의 순수한 우연의 일치로, 촬영하는 시점에 은하단 뒤에 있는, 더 멀리 떨어진 은하다. 그들의 이미지는 앞에 있는 성단의 거대한 중력에 의해 왜곡되고 증폭된다.

아인슈타인의 상대성 이론으로부터 우리는 질량이 시공간 구조를 구부러지게 한다는 것을 알고 있다. 마치 시트 위에 볼링공을 올려놓은 것과 같다. 볼링공이 만들어 낸 움푹 들어간 곳 근처에 있는 시트에 구슬을 굴리면 궤적이 휘어지는 것을 볼 수 있다. 마찬가지로, (은하단 같은) 큰 질량이 차지하는 공간 영역을 지나는 어떤 것이든 해당 질량에 의해 생성된 시공간의 곡률을 따라 움직인다. 우리가 '어떤 것이든'이라고 말할 때 그것은 심지어 빛을 포함한 모든 것을 의미한다. 그리고 이것이 바로 중력렌즈 현상을 발생시킨다.

이 경우 광자는 은하단에 중력적으로 끌리기 때문이 아니라(광자는 기본적으로 질량이 없다), 굽어진 공간을 가로질러야 하므로 굽은 궤적을 따라 진행한다. 우리와 먼 은하 사이에 은하단이 놓이면, 그 은하단의 엄청난 질량에 의해 먼 은하의 빛이 굴절되고 왜곡된다. 그뿐만 아니라 중력렌즈에 의해 밝기도 증폭된다. 이 현상은 그것이 없었다면 보이지 않았을 매우 멀리 떨어져 있는 은하를 관찰할 수 있게 해주므로 근본적인 중요성을 가진다.

중력렌즈에 의해 생성된 왜곡의 정도로부터 과학자들은 렌즈 역할을 하는 은하단의 질량을 정확하게 도출할 수 있다. 그리고 다시 한번, 이러한 계산의 결과는 은하단의 질량이 보이는 물질만으로 계산된 것보다 몇 배 더 크다는 것을 보여 준다.

좋다, 우리는 우주에 있는 물질의 86%가 보이지 않는다는 것을 이해했다. 그러나 그것 외에 우리는 무엇을 알고 있는가? 기본적으로는…… 아무것도 모른다. 우리는 그것을 보지 못한다. 왜냐하면 그것은 중력 효과를 제외하고는 나머지 물질과 상호작용하지 않기 때문이다. 특히 전자기적으로 상호작용하지 않는다. 다른 말로, 전자기 스펙트럼의 어떤 주파수의 빛도 흡수하거나 방출하지 않는다. 그래서

그것은 보이지 않는다. 우리가 그것이 거기 있다는 것을 아는 것은 오직 우리가 중력 효과를 관찰하기 때문이다.

이 시점에서 100만 유로짜리 질문이 자연스럽게 떠오른다. 암흑 물질은 무엇으로 만들어졌는가? 이것은 천체물리학의 풀리지 않은 큰 문제 중 하나다. 여기서도 역시 우리는 말 그대로 어둠 속을 더듬고 있다. 이것이 천문학자들이 그것을 '암흑'이라고 부르는 이유다.

최근까지 많은 천문학자는 평범한 물질에서 답을 찾고 있었다. 어쩌면 너무 차갑고 작아서 보이지 않는 별, 갈색왜성, 행성, 항성 블랙홀 등이 이런 보이지 않는 물질을 구성할 수도 있다. 그러나 오늘날 그러한 가설은 관찰에 의해 부인되었고, 이제 완전히 폐기되었다. 따라서 유일한 가능성은 암흑 물질은 통상적이지 않은 물질로 구성되어 있으며, 그 성질은 우리에게 전혀 알려지지 않았지만 분명히 질량은 가지는 입자로 이루어졌다는 것이다.

암흑 물질에 대해서는 많은 가설이 있다. 그것들은 어느 정도는 공상적이고 또 어느 정도는 믿을 만하지만, 지금까지는 어떤 실험도 우리에게 이 문제에 대한 정보를 줄 수 없었다.

6 대 1, 중앙에 놓인 구

별들이 모여 은하를 형성하고, 은하가 모여 은하단을 형성하며, 은하단은 훨씬 더 거대한 덩어리인 초은하단을 형성한다. 그림 7.1에서 볼 수 있듯이 은하단은 필라멘트 네트워크를 형성하도록 배열된 거대한 물질 구조에 의해 서로 연결된다. 따라서 거대 규모 우주는 바로 암흑 물질에 의해 결합된 거대한 우주 그물처럼 보인다.

이 거미집 구조는 발광 물질의 배열에서 정확하게 추론할 수 있다.

완전히 어두운 방에서 조명이 켜진 크리스마스트리 사진을 찍는 것을 상상해 보라. 우리는 나무(줄기, 가지, 잎, 그리고 그 질량을 거의 전적으로 나타내는 모든 것)를 볼 수 없지만, 우리가 보는 것, 즉 전구를 통해 그것의 구조(원뿔 모양)를 유추할 수 있다. 보이는 것을 통해, 즉 전구의 빛을 '단서'로 하여 보이지 않는 것의 구조를 추론할 수 있는 것이다.

암흑 물질이 없다면 우주에 존재하는 모든 것은 존재하지 않을 것이다. 은하는 평균 이상의 밀도를 가졌던 초기 우주 영역이 붕괴하면서 비롯되었다. 은하들이 형성되어 가면서, 그것들이 미치는 중력 때문에, 더 많은 물질을 계속해서 끌어당겼다. 그런데 이런 물질의 증가는, 일반 물질의 양보다 훨씬 더 많은 양의 암흑 물질이 '광륜 halo'이라고 불리는 거대한 구형 구조로 배열되어 있을 때만 가능했다. 사실 중력의 추력이 없었다면, 물질의 양을 증가시키고 그런 다음 그것을 붕괴시켜, 마침내 은하를 탄생시키지 못했을 것이다. 우주에는 이 웅장한 우주 바람개비가 없었을 것이다.

당신은 은하가 있는 그대로 아름답지만 생명체가 태어나는 데 꼭 필요한 것은 아니라고 주장할 수도 있다. 별과 행성만 있으면 되지, 안 그래? 그리고 여기서 당신은 다시 한번 크게 틀릴 것이다.•

은하가 없는 우주는 생명체를 수용할 수 없다. 암흑 물질이 일반 물질을 은하와 같은 우주적 규모로, 상대적으로 조밀하고 압축된 공간 영역으로 끌어들이지 않았다면, 최초의 별에서 생성되고 그 별이 죽은 후 방출되는 무거운 원소들(당신을 구성하는 탄소, 당신이 숨 쉬는 산소 등등)을 도중에 많이 만나지 못했을 것이다. 따라서 우리 태양 같은 다음 세대 별들이 형성될 가스구름도 없었을 것이다. 행성도, 책을 읽는 당신도, 글을 쓰는 우리도 없었을 것이다.

그게 다가 아니다. 우리 우주에 대한 컴퓨터 시뮬레이션을 통해, 우리가 우주에서 관찰하는 암흑 물질과 보통 물질의 양 사이의 약 6 : 1(이 장의 앞부분에 나오는 첫 번째 숫자)이라는 비율이, 생명에 필요한 무거운 원소를 만들어 우주에 쏘아 보내기에 최적의 크기를 가진 은하를 생성하기에 완벽하다는 것이 밝혀졌다. 그 비율은 100만 또는 10억 분의 1, 또는 수십억 분의 천 피에르질도가 될 수도 있었지만, 그것은 정확히 옳은 비율, 바로 '6 : 1'이다.

암흑 물질은 당신 주위에도 있다. 적지만 있다. 당신이 사는 동안, 이 신비한 물질 약 1밀리그램이 당신을 스쳐 지나간다. 당신은 알아채지 못하지만, 그것은 거기에 있다.

•   물론 종종 틀린다, 당신은!

미는 건 누구?

얼마나 기이한 창조물인가, 우주는. 당신이 우주를 관찰할 수 있게 하려고 수많은 묘기에 가까운 과정을 거치면서도, 우주 구성 물질의 84%는 못 보게 막고 있다. 그러나 우주는 우주의 물질의 양보다 훨씬, 훨씬 더 많은 것이다. 저 위에는 우리가 지금까지 말한 것보다 훨씬 더 복잡하고 불가사의한 것들이 있다.

약한 상호작용에 관해 이야기할 때 언급했듯이, 그리고 다음 장에서 더 자세히 살펴보겠지만, 탄생 당시 우주는 엄청나게 작고 밀도가 높으며 뜨거웠다. 빅뱅 후 아주 짧은 순간에 우주 급팽창이라고 불리는 엄청나게 빠른 팽창이 일어나면서 우주는 구슬과 축구공 중간쯤 되는 거시적 크기로 커졌다. 그 이후에도 팽창은 계속되었지만, 훨씬 더 느리게 팽창했다.

사실 중력은 그 인력 작용으로 인해 우주의 팽창을 늦추는 경향이 있다. 천문학자들은 이것을 전혀 의심하지 않았다. 물질이 포함된 우주에서 우주 팽창 속도의 감소는 일반 상대론 방정식에 쓰여 있다.

따라서 그들이 물었던 질문은 팽창이 느려지고 있는가가 아니라, 얼마나 느려지고 있는가였다. 두 가지 대안이 있었다. 우주가 완전히 멈추지 않고 점점 더 느려지면서 무한대로 팽창하거나, 아니면 특정 시점에서 멈추고 초기 특이점으로 되돌아올 때까지 점차 수축하기 시작하는 것이다. 후자의 경우, 우주는 아마도 새로운 빅뱅과 새로운 확장을 낳으면서 '바운스'할 수 있다.

정확한 시나리오가 무엇인지 확인하기 위해 가장 확실한 것은 우주의 팽창이 얼마나 느려지고 있는지 측정하는 것이었다. 1990년대에 솔 펄머터Saul Perlmutter가 이끄는 '초신성 우주 계획Supernova Cosmology Project'과 브라이언 슈밋Brian Schmidt이 이끄는 '고(高)-적색이동 초신성 수색팀High-Z Supernova Search team'의 두 연구팀이 이를 수행했다. 이를 위해 두 그룹은 'Ia('one-a'라고 읽음)형 초신성'(그림 7.4)이라는 매우 특별한 천체의 샘플을 분석했다.

Ia형 초신성

Ia형 초신성은 백색왜성(태양 크기 별의 최종 진화 단계)과 적색거성 또는 태양과 같은 별이 서로 공전하는 쌍성계에서 유래된다. 백색왜성은 매우 조밀하고 중력이 강하다. 반면 적색거성은 밀도가 조밀하지 않고 희박하다. 적색거성이 나이 들어 가면서 충분히 부풀어 오르면 근처에 도사리고 있던 백색왜성에게 가장 바깥쪽 층을 '도난'당하고, 백색왜성은 파트너를 희생시키면서 질량이 증가하기 시작한다. 이런 형태의 '별 흡혈stellar vampirism'은 백색왜성이 정확히 태양 질량의 1.44배에 도달할 때 끝난다. 그 문턱값 이후에 백색왜성은 더는 안정성을 유지할 수 없고, 파국적으로 폭발해 버린다. 그리하여 Ia형 초신성이 탄생하게 된다.

폭발은 항상 같은 질량에서 발생하므로, 이 유형의 초신성들은 터질 때 도달하는 최대 밝기도 모두 같다. 이 특징은 그들을 훌륭한 '우주 자'로 만들어 준다. 사실 이론적인 밝기를 알고 있으면, 거리를 추론하기 위해서는 그들의 빛이 우리에게 얼마나 도달하는지 측정하기만 하면 된다. 모든 가로등의 밝기가 같다는 것을 알고 있을 때, 빛의 세기를 기준으로 도로를 따라 서 있는 가로등까지의 거리를 추정하는 것과 비슷하다.

수년간의 힘든 노력으로 1998년 마침내 해답을 얻었다. 그 해답은 우주에 대한 우리의 이해를 영원히 바꿔 놓을 만한 것이었다. 우주의 팽창은 느려지는 것이 아니라 가속되고 있었다!

수많은 Ia형 초신성을 주의 깊게 관측한 후 두 연구 그룹이 수집한 데이터에서는, 우리에게서 멀리 떨어져 있는 초신성의 밝기가 감속 팽창하는 우주에서 예상되는 것보다 훨씬 더 약한 것으로 나타났다. 생각해 보면 이것은 단 하나만을 의미할 수 있다. 그들은 예상했던 것보다 먼 거리에 있어야 한다. 이것은 팽창 속도가 감소하는 게 아니라 증가하는 경우에만 가능하다! 따라서 그것은 우리 우주의 팽창이 가속되고 있다는 증거였다.

수십억 년 동안 우주의 팽창은 물질의 존재와 중력의 인력 효과로 인해 예상되는 바대로 점차 느려졌다. 그러나 암흑 물질과 보통 물질의 결합은 팽창으로 인해 점점 더 희석되어 갔다. 이렇게 그 효과가 중력과는 달리 우주 팽창을 가속하는 신비한 '실체'가 지배적인 것이 되기 시작했다.

이 가속의 원인은 무엇일까? 시공간은 더 빠르게 팽창하는 데 필요한 에너지를 어디에서 얻을까? 이것은 미스터리로 남아 있다. 우리에게는 그것을 설명할 수 있는 물리 이론이 없다.

대안은 두 가지뿐이다. 중력에 대해 우리가 알고 있는 것이 완전

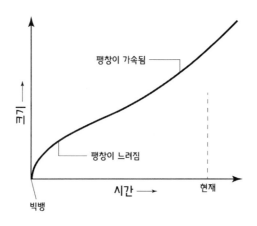

히 잘못되었거나, 어떤 알려지지 않은 형태의 에너지가 있어 우주 팽창 속도를 증가시키는 것이다. 첫 번째 가설은 우리의 중력 이론, 즉 아인슈타인의 일반 상대성 이론이 수십 년 동안 우주 역학을 설명하는 데 있어 믿을 수 없을 정도로 신뢰할 만하다는 것이 증명되었기 때문에 즉시 폐기되었다. 그러고는 천문학자들은 항복했다. 중력을 중화하고 극복할 수 있는 어떤 것이 우주론적 규모로 있어야 했다. 그것은 우주적 수준에서 시공간에 반발하는 효과가 있고 우리가 거의 알지 못하는 어떤 것이어야 했다. 따라서 우주의 팽창을 가속할 수 있는 이 신비한 반발 에너지는, 천문학자들이 사물에 이름을 붙일 때 늘상 그렇듯 불타오르는 상상력으로 '암흑 에너지'라 불리게 되었다.

현재 Ia형 초신성 연구 결과 외에도 우주의 가속 팽창은 여러 가지 방법으로 측정할 수 있으며, 이는 입증된 사실이다. 따라서 암흑 에너지는 비록 우리에게 아직 완전히 알려지지 않았더라도 우주의 필수적인 부분이다. 사실 대부분을 차지하는 구성요소다.

우리가 우주의 전체 물질–에너지 함량을 고려한다면(9장에서 더 잘 알게 되겠지만 물질과 에너지는 동전의 양면이다) 나타나는 그림은…… 훨씬 더 어둡다. 우리가 알고 있는 것과 우리가 보는 것, 그 유명한 평범한 물질–에너지는 우주 전체 용량의 고작 5%에 불과하다. 나머지 95%는 문자 그대로 알 수 없다. 암흑 물질이 전체 함량의 약 26%이고, 암흑 에너지는 69%를 지배하고 있다. 놀라운 사실은, 우리가 암흑 물질과 암흑 에너지가 우주에 얼마나 많이 있는지를 믿을 수 없을 정도로 정밀하게 계산할 수 있지만, 그것이 무엇인지는 전혀 모른다

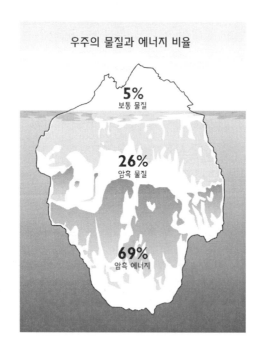

는 것이다! 우리가 직접 알고 설명할 수 있는 모든 것은 겨우 5%에 불과하다.

매우 슬픈 결말

우리는 당신이 지금 무엇을 궁금해하는지 알고 있다. 이 새로운 발견에 비추어 볼 때, 현재 우주의 가능한 운명에 대한 가설은 무엇일까? 축하한다. 당신은 방금 현대 물리학의 근본적인 질문 중 하나를 자신에게 던진 것이다!

알렉산드르 프리드만Aleksandr Fridman의 연구 덕분에, 암흑 에너지를 접어 두고 세 가지 가능한 시나리오가 있다는 것이 한 세기 이상 알려져 왔다. 첫 번째(다음 페이지 그림에서 a의 경우)에서, 우주 팽창 속도는 중력의 인력 작용을 극복하고 영원히 팽창을 계속하기에 충분할 만큼 높다. 이것은 우주의 물질 용량이 특정 임곗값보다 적을 때 발생한다.

물질의 양이 임계 문턱값보다 크면(그림에서 b의 경우), 팽창이 완전히 멈출 때까지 팽창이 점차 느려지다가 우주가 수축하기 시작한다. 수축 속도는 일반적으로 '빅 크런치Big Crunch'라고 부르는 최종 특이점으로 끝나는 급격한 붕괴가 이루어질 때까지 계속 증가한다.

세 번째 가능성(그림에서 c의 경우)은 우주에 있는 물질의 양이 정확히 임곗값을 가질 때 발생한다. 팽창 속도는 중력으로 인해 느려지며,

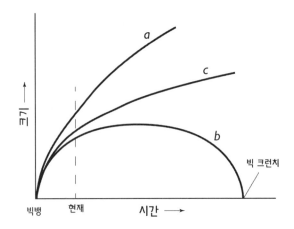

무한대의 시간 후에 0이 되는(팽창이 없는 경우) 것이 a와 다른 점이다.

그러나 암흑 에너지를 포함하면 시나리오가 바뀐다. 수십억 년이 지나면서 암흑 에너지의 '반중력' 효과는 점점 더 분명해질 것이다. 그것은 암흑 에너지는 물질과 다르게 팽창과 함께 '희석'되지 않기 때문이다. 우리 우주는 점점 더 빠른 속도로 팽창할 운명이다.

따라서 미래는 다소 황폐하고 깜깜할 것이다. 각 은하는 빛이 닿을 수 있는 것보다 더 빨리 서로에게서 멀어지다가 결국 서로의 시각적 지평선에서 사라질 것이다. 이전에 특정 지점에서 '서로 볼' 수 있었던 은하는 더 이상 그럴 수 없게 된다. 서로 사라질 것이다. 각 은하에 대해 우주는 일종의 '반전된 블랙홀'이 되어, 그것으로부터 모든 것이 나오지만 아무것도 들어가지 않는다.

왜 그런지 보자. 우리는 빅뱅 이후 138억 년 동안 그 빛이 우리에게 도달한 우주 일부만 관측할 수 있다. 이것은 '우주론적 지평선

cosmological horizon'이라고 하는 경계로 구분된다. 이 경계 너머의 모든 물체는 원칙적으로는 상상할 수 있는 가장 성능 좋은 망원경으로도 볼 수 없다. 그 빛이 아직 우리에게 도달할 시간이 없었기 때문이다. 그러나 우주 팽창의 가속은 '사건의 지평선event horizon'이라는 또 다른 유형의 지평선도 생성한다. 이게 뭔지 이해하기 위해, 광 펄스가 지구에서 방출되어 멀리 떨어진 후퇴하는 은하를 향한다고 상상해 보라. 빛이 은하를 향해 이동함에 따라 은하는 광원에서 더 멀리 이동한다. 만약 팽창 속도가 일정하다면 광 펄스는 결국에는 은하에 도달할 것이다. 그러나 팽창 속도가 증가하면 빛은 결코 '추격'을 완료하지 못할 수 있다. 빛이 간격을 더 많이 가로지를수록, 간격은 더 벌어진다. 대칭적으로, 먼 은하에서 지구를 향해 방출되는 빛은 우리가 기다리는 한 결코 우리에게 도달하지 못할 수도 있다. 그 경우 후퇴하는 은하가 위치한 우주의 영역(과 심지어 그보다 더 멀리 있는 모든 영역)은 '영원히' 우리에게 보이지 않을 것이다! 가속하는 우주에서 은하들은 점점 더 빠르게 서로에게서 멀어지며, 결국에는 사건의 지평선 너머로 서로의 시야에서 완전히 사라진다.

오늘날 우리가 보고 있는 대부분의 은하가 사라지는 데는 수십억 년이 걸리겠지만, 우주가 진짜로 그렇게 된다면 조만간 벌어질 일이다. 국지적 차원에서 중력이 팽창을 이긴다는 점을 감안할 때, (같은 은하단에 있는 것들과 같이) 근처에 있고 중력으로 묶인 은하들은 거대한 블랙홀과 죽은 별들로 가득 찬 초은하로 합쳐질 것이다. 은하계의 거주자에게는 보이는 우주를 제외한 나머지 부분은 거의 텅 비어 있을 것이다. 그리고 언젠가는 가장 거대한 블랙홀조차도 점차 복사를 통해 물질을 잃으면서 증발할 것이며, 다른 모든 것과 함께 지평선 너머로 사라질 것이다. 어둡고 차갑고 우울한 우주만 남을 것이다.

우주 복권 당첨자

공간의 주어진 부피에서 암흑 에너지 양은 이른바 '우주상수'로 나타낸다. 이 장의 시작 부분에 있는 상자의 두 번째 숫자다. 그 값은 앞서 설명했듯 초신성을 분석해서 측정했고, 우주배경복사를 연구해 확인했다. 보다시피 그 값은 이례적으로 작다. 소수점 이하 120개가 넘는 0이 있다! 이 값은 물리학의 위대한 미스터리 중 하나로 간주될 만큼 극도의 우주적 우연의 일치를 나타낸다.

그러나 암흑 에너지가 정확히 무엇인가? 우리가 공식으로 나타낼 수 있었던 유일한 가설은, 그것이 주어진 공간에서 각 입자를 제거한 부피가 가진 고유 에너지, 즉 이른바 진공 에너지라는 것이다. 실제로 양자 세계에서 공간은 비어 있을 때도 에너지를 가지고 있다. 왜냐하면 공간에는 영(0)의 에너지를 가질 수 없는 양자장이 퍼져 있기 때문이다.

그러나 이 가설로 예측한 우주상수의 값을 계산했을 때 측정값보다 엄청나게 큰 값이 나왔다. 정확히는 123자리 수가 넘었다. 더 명확하게 말하자면, 암흑 에너지를 설명하기 위해 우리가 발견한 유일한 이론의 예측 값은 측정된 값보다 조 조 조 조 조 조 조 조 조 조 배 더 크다!* 상상조차 할 수 없는 수다. 그리고 사실 그것은 과학의 역사에서 단연코 가장 틀린 예측이다. 따라서 오늘날 문제는 해결되지 않고 있다.

믿을 수 없을 정도로 작은 우주상수 값은, 1세제곱미터의 공간에 있는 몇 개의 양성자와 동등한, 소량의 암흑 에너지를 나타내며 실질적으로 거의 0이다. 그리고 바로 그것이 무한히 작아서 당신이 살아 있는 것이다! 우주상수가 이론에 의해 예측된 값을 가졌다면…… 글쎄, 우리는 분명히 여기서 그것을 말하면서 존재하고 있지 않을 것이다.

예를 들어, 암흑 에너지가 현재 에너지보다 20~50배 더 강했어도 은하는 형성될 수 있었을 것이다. 하지만 그보다 더 강했다면, 앞서 언급한 것처럼, 우주는 더 빠른 속도로 팽창할 것이다. 이것은 물질이 응집해서 은하, 별, 행성 같은 구조를 응집하고 형성하는 데 필요한 시간보다 더 적은 시간을 가지리라는 것을 의미한다. 실제로 두 입자는 서로 너무 멀어지기 전까지는 서로를 끌어당기고, 이들 사이의 거리가 늘어나면 상호 중력이 감소한다. 따라서 중력은 그들 사이의 거리가 너무 멀어지기 전에 작용해야 한다.

이런 이유로 암흑 에너지가 50배 이상 강하면 생명의 탄생은 불

---

* 그렇다, 이번에도 '조'를 쓴 횟수는 우발적인 것이 아니다!

가능할 것이다. 은하계는 물질이 여전히 중력에 의해 구조를 만들 수 있을 만큼 충분히 조밀할 때인 우주의 아주 초기 단계에서만 형성될 수 있다. 그러나 이 은하들은 같은 이유로 더 '오래된' 우주와 비교해 별의 밀도가 매우 높을 것이다. 따라서 새로 태어난 별들은 몹시 가까이 있을 것이다. 그러한 은하계 내부의 문제는 매우 무거운 별들로 나타나게 된다. 무거운 별들은 짧은 수명 후에 초신성이 되어 치명적인 양의 고에너지 복사파를 방출하는 거대한 폭발을 일으키면서 끝난다. 유사한 사건들은 근처에 있는 별의 어떤 행성이든 불모로 만들어, 모든 지적인 존재의 탄생과 진화를 완전히 불가능하게 할 것이다.

우주상수 값이 측정된 값만큼 작지만 음수였다면, 반대로 암흑에너지를 중력같이 인력을 가진 것으로 만드는 효과가 있었을 것이다. 우주는 빅뱅 직후 스스로 붕괴했을 것이고 생명은 결코 진화하지 못했을 것이다. 이것들은 단지 예일 뿐이지만, 진정한 인류적 우연의 일치가 아직 남아 있다.

우주상수의 값은 우리가 존재하기에 더할 나위 없는 값이다. 하지만 우리가 보았듯이, 그것은 우리가 가질 것으로 예상하는 값과는 엄청나게 거리가 멀다. 누군가는 '무엇'인가가 의도적으로 그것을 조정했다고 생각할 것이다! 물리학자들은 이 '무엇'이 바로 우주상수의 값이 0에 도달하도록 '밀어내는' 아직 알려지지 않은 어떤 물리적 메커니즘일 수 있다고 생각해 왔다.

그러나 그러한 소거 메커니즘이 존재한다면, 우리는 그것이 우주상수를 완전히 소거할 것이라고 기대할 것이다. 그러나 그렇지 않다.

그것은 122자리 수를 초기화하지만, 이상하게도 123번째 자리는 남겨 둔다. 이것이 우주를 생명이 살 수 있게 만드는 유일한 것이다! 이는 의심할 여지 없이 물리학에서 볼 수 있는 가장 정확한 조절 메커니즘일 것이다. 사실 그 이상이다. '지나치게' 정확하다. 얼마만큼인지를 이해하려면 수페르에날로또SuperEnalotto(이탈리아의 로또-옮긴이)에서 6을 얻을 수 있는 낮은 확률(6억 2,200만 분의 1의 확률)을 생각해 보라. 여기에서 10^{123}분의 1의 정밀도로 값을 조정하는 것은 수페르에날로또에서 열네 번 연속해서 당첨되는 것만큼이나 가능성이 적다!

따라서 우리는 스스로를 우주 복권의 행운아라고 착각하거나, 아니면 암흑 에너지에 대해 아직 아무것도 이해하지 못했다고 인정할 수도 있을 것이다. 어떤 경우든, 우주상수 값이 생명을 위해 보정되는 정밀도는 그저 놀랍기만 하다.

하지만 아직 끝나지 않았다…….

암흑 물질과 암흑 에너지는 우리에게 전혀 알려지지 않았지만, 이 별난 우주에서 우리 존재를 보장하는 근본적인 두 가지 실체라는 것을 이제는 이해했을 것이다. 그러나 이들 성분은 존재하는 것뿐 아니라, 우리 우주에서 우리가 관측하는 방식으로 정확하게 조제되는 것 또한 중요하다.

기억하는가? 암흑 에너지는 우주의 69%, 암흑 물질은 26%, 그리고 일반 물질은 단지 5%를 구성한다는 것을. 따라서 암흑 에너지는 일반 물질과 암흑 물질을 합한 것보다 2.2배 더 많다. 여기서 이 숫자를 바꾸면 우리가 알고 있는 우주는 안녕이다!

만약 암흑 물질이 더 많이 존재했다면, 예를 들어 암흑 에너지 일부를 대신했다면, 중력 인력이 너무 커서 우주는 수십억 년 전에 스스로 붕괴했을 것이고 생명은 탄생할 수 없었을 것이다. 반면에 암흑 에너지가 암흑 물질과 일반 물질의 일부를 대신해 더 많이 존재했다면, 우주의 팽창은 역사의 첫 순간부터 이미 널리 퍼져서 우주의 구조 형성을 방해할 정도까지 물질이 희박해졌을 것이다.

따라서 다른 가능성은 없는 것 같다. 피에르질도와 아달베르타가 한여름 날 바다에서 일몰을 감상하고 싶다면 암흑 물질과 암흑 에너지가 정확히 우리 우주에서 관측되는 양만큼 존재해야 한다. 그렇긴 해도 상황이 어떻게 돌아갔을지 생각할 때, 피에르질도에게는 그 반대가 더 나았을지도…….

8장

|

크기가 문제다

공간과 시간

당신은 각도를 실제로 '볼' 수 있으며 삼차원의 축복받은
영역에서 원의 전체 둘레를 생각할 수 있다……. 우리 각각의
윤곽을 인식하는 데 있어 플랫랜드에서 우리가 직면한 극도의
어려움을 당신에게 어떻게 명확하게 설명할 수 있을까?

_에드윈 A. 애벗, 《플랫랜드》

$$S = 3$$
$$T = 1$$

4차원 러브 스토리

당신의 마음이 압도적인 사랑으로 가득 차 있다면, 무엇보다도 당신
과 당신의 파트너가 4차원적으로 생각하는 능력에 빚지고 있는 것이
다. 우리는 당신이 다른 사람들의 마음을 얻기 위해 한 모든 노력을
얕잡아 볼 생각은 없다. 그러나 그의 집에서 저녁식사를 했을 때 4차

원으로 생각을 처리할 수 있는 능력이 없었다면, 큐피드가 운명의 화살을 쏘았을 때 당신은 아마 거기에 없었을 것이다.

약속을 하려면 두 가지 기본 정보가 필요하다. 만나는 장소와 시간, 즉 정확한 시간에 정확한 거리의 번지수와 건물의 특정 층이다. 종합하면 1개의 시간 정보와 3개의 공간 정보(도로, 집번호, 건물의 층)가 된다. 정보가 더 많았다면 중복되었을 것이고, 정보가 더 적었다면 결코 만날 수 없었을 것이다. 당신의 인연은 하나의 시간 차원과 3개의 공간 차원으로 특징지어지는 우주에서 산다는 것이 무슨 의미인지를 완벽하게 보여 준다.*

시공간 로맨스는 제쳐 두고, 차원은 실제적으로 중요하다. 좀 더 정확히 3개의 공간 차원과 하나의 시간 차원이다. 이들이 바로 우리로 하여금 "왜 우리가 여기 있는가?"라는 근본적인 질문을 하는 책을 쓰도록 만들어 주는 것이다.

당신은 즉시, 우주에 대한 우리의 지각과 그것을 지배하는 물리법칙이 3+1차원 우주에 대한 경험에서 파생된다고 생각할지도 모른다. 그러나 우리가 만약 30차원의 우주에 있다면, 우리는 그 30차원을 특별하다고 여기는 우주의 상을 만들 것이다. 그러므로 우리가 사는 우주의 기저에 깔린 수학적, 물리적 법칙을 분석함으로써 이러한 편견을 제거할 필요가 있다.

---

* 당신이 혼자인 것은 4차원적으로 생각하지 않기 때문이다!

그리고, 브라보 칸트!

3차원 공간에서부터 시작해 보자.

오랫동안 공간의 차원에 거의 비중을 두지 않은 것도 같은 과학자들이었다. 18, 19세기에 이 질문에 대한 관심은 여전히 아주 낮았다. 우리가 사는 우주의 차원과 그것을 기술하는 자연법칙과 상수 사이의 가능한 연결 관계가 드러나기 시작한 것은 이마누엘 칸트와 같은 심오한 사상가 덕분이었다. 칸트는 뉴턴과 그의 운동 법칙과 만유인력 법칙을 열렬히 지지했다. 만유인력 법칙에 따르면 두 물체 사이의 인력은 거리의 제곱에 반비례한다. 이 거리를 절반으로 줄이면 두 물체 사이의 힘은 4배가 된다. 3분의 1로 줄이면 그 힘은 9배 더 강해진다. 이런 식으로 계속되는 것이다.

공간이 정확히 3차원이어야 하는 이유에 관한 질문이 처음으로 등장한 것은 천문학 분야에서 만유인력 법칙의 응용을 연구하면서부터였다. 칸트는 뉴턴의 유명한 만유인력 법칙이 공간의 3차원성과 밀접하게 연결되어 있다고 확신했다.

사실 만유인력 법칙의 방정식을 관찰하면서 칸트는 분모에 놓인 거리의 지수가 공간 차원 수에서 1을 뺀 값이라는 사실을 알아냈다. 빠른 계산*으로 그는 이것이 일반적으로 사실임을 알아차렸다. 공간이 4차원이라면 중력은 제곱이 아니라 거리의 세제곱에 반비례했을

---

* 빵을 먹으며 삼각법 미적분학으로 풀던 그의 친구 수학자들에 비하면 빠른.

것이다. 만약 공간이 100차원이었다면 중력은 거리의 99제곱에 반비례했을 것이다. 따라서 우주의 공간 차원 수와 중력의 세기가 거리에 따라 줄어드는 방식은 연관된 것으로 보였다. 칸트에 따르면, 이는 공간이 정확히 3차원임을 보여 주는 것이다. 왜냐하면 중력이 거리의 제곱에 비례해 줄어들기 때문이다.

오늘날 우리는 우주의 공간적 차원의 수를 결정하는 것이 뉴턴의 중력 법칙이 아니라, 그 반대라는 것을 알고 있다. 중력 법칙의 형식을 설명하는 것은 공간 차원의 수다. 그러나 칸트의 장점은 우주를 보는 새로운 방식의 문을 연 데 있었다. 처음으로 공간의 차원과 자연법칙의 형식, 그리고 우리가 사는 우주를 설명하는 상수 사이에 긴밀한 관계가 모습을 드러냈다.

셋이 낫다

지난 세기 초에 활동했던 오스트리아의 물리학자가 있다. 그는 오늘날에는 거의 알려지지 않고 있지만, 알베르트 아인슈타인을 포함한 당대의 가장 위대한 과학자들에게 높이 평가받았다. 그의 이름은 파울 에렌페스트Paul Ehrenfest이며, 공간의 차원에 대한 연구에 지대한 공헌을 했다. 그의 작업 덕분에, 지적 생명체가 왜 3차원 공간에서만 나타났는지를 물을 수 있는 지적 생명체의 존재가 허용되는 유일한 공간이 바로 3차원 공간이라는 중요한 실마리가 나왔다. 사실, 그는 안정적인 행성 궤도의 존재가 왜 3차원 공간에서만 가능한지를 증명했다(처음 이 질문을 한 사람은 한 세기 전의 윌리엄 페일리William Paley였다).

우리의 3차원 우주 안에서 태양 주위의 행성 궤도는 타원을 그린다. 태양으로부터 가장 먼 궤도 지점에서 행성은 더 작은 중력을 받아 더 느린 속력으로 움직이는 반면, 태양에 가장 가까운 궤도 지점에서는 더 큰 중력 인력을 느끼고 더 빠른 속력으로 움직인다. 그것은 여러분이 이미 알고 있는 특성이며, 이를 각운동량 보존(또는 케플러의 제2법칙)이라고 한다. 이 현상은 지구가 '안정적인' 타원형 궤도를 가질 수 있도록 하며, 이러한 보존은 행성이 태양으로부터 멀어지거나 가까워짐으로써 발생하는 중력 인력의 변동과 대조를 이루어 그것을 상쇄하기 때문이다.

그러나 만약 공간이 3차원 이상이라면 각운동량 보존은 인력의 변화를 상쇄할 수 없을 것이다. 따라서 오직 하나의 궤도, 즉 원 궤도만 가능할 것이며, 행성이 도는 동안 느끼는 인력은 변화가 없을 것이다.

그런데 현실이 항상 수학적으로 이상적인 상황과 다르다는 것은 유감이다. 이론적 수준에서는 원형 궤도가 존재할 수 있지만, 실제로는 무한히 정확한 속도와 항성과 행성의 정합이 필요하므로 그것은 불가능해진다. 따라서 아주 조금의 섭동으로도 행성을 궤도에서 벗어나게 하기에 충분할 것이며, 나선을 그리면서 별에 충돌하거나 성간 공간 속으로 영원히 사라질 것이다.

이것은 언덕 꼭대기에 놓인 골프공이나 한쪽 끝으로 서 있는 연

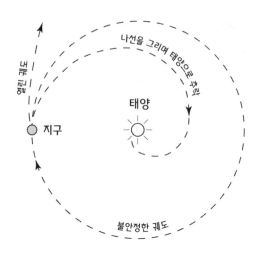

필과 비슷하다. 최소한의 교란, 아주 작은 방해만 있어도 균형을 잃고 이쪽이나 저쪽으로 떨어진다(반대로 구멍 밑바닥에 있는 공은 지속적인 섭동을 받더라도 항상 원래의 평형 위치로 돌아간다). 따라서 그러한 우주에서는 안정적인 궤도가 불가능하다.

　그러나 3차원에서 섭동은 행성을 원형 궤도에서 벗어나 타원 궤도에 올려놓고 그것이 안정적으로 유지되게 하는 유일한 효과가 있다. 그리고 그 궤도가 수십억 년 동안 유지된다는 사실은 보다 단순

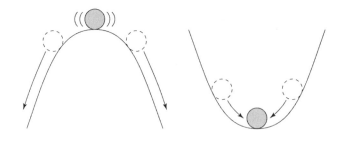

한 생명체로부터 지적인 생명체가 진화할 수 있는 시간을 주는 데 필수적이다.

따라서 뉴턴의 법칙에서 분모의 지수, 즉 공간 차원 수는 '행성이 조용히 공전할 수 있는 우주'와 '별에 떨어져 완전히 타 버리거나, 얼어붙은 상태로 어둡고 차가운 우주를 떠돌아다니는 우주' 사이의 차이를 설정한다. 이것이 3차원 공간이 우리 존재에 필수적인 이유다. 지적인 생명체가 발달하기 위해서는 안정적인 궤도가 필요하고, 안정적이고 닫힌 궤도는 타원 궤도뿐이며, 이는 다시 3차원 공간에서만 가능하다.

엄청나게 큰 규모에서부터 엄청나게 작은 규모에 이르기까지, 우리는 완벽하게 유사한 상황을 발견한다. 원자 왕국을 지배하는 것은 전자(음전하)를 핵(양전하)에 묶인 상태로 붙들어 두는 전기력이다. 이 힘은 중력을 지배하는 것과 비슷한 법칙으로 설명된다. 따라서 다른 공간 차원 수가 전기력의 거동에도 유사한 결과를 가져온다는 사실을 발견해도 놀라운 일은 아니다.

에렌페스트는 공간 차원이 3보다 크면 핵 주위의 전자 궤도가 완전히 불안정해지므로 안정적인 원자가 존재할 수 없다는 것을 보여 주었다. 아주 작은 섭동으로도 전자가 핵으로 떨어지거나 핵에서 영구적으로 멀어지게 될 것이다. 원자가 없다는 것은 분자가 없다는 것을 의미하고, 분자가 없다는 것은 생명이 없다는 것을 의미한다. 3차원 이상의 공간 차원을 가진 우주에서 당신은 존재할 수 없다!

별이 모두 내려앉는다면*

우리 태양은 다른 모든 별과 마찬가지로 미묘한 균형 상태에 놓인 거대한 플라스마 공이다. 중심부를 둘러싼 물질 층의 질량(2×10^{30}킬로그램, 또는 2 다음에 30개의 0!)으로 인한 중력은, 외부를 향해 미는 힘으로 균형을 유지해야만 태양이 자체 무게로 인해 즉시 붕괴하는 것을 막을 수 있다. 이 미는 힘은 엄청난 양의 전자기복사를 생성하는 핵융합 반응에서 비롯된다. 별 밖으로 나가게 하는 이 추력은 중력 붕괴와 균형을 맞추고 별을 평형 상태로 유지할 만큼 강한 압력(정확하게는 복사압이라고 한다)을 생성한다.

공간 차원이 증가하면 이 평형은 더는…… 평형 상태에 있지 않게 된다. 왜냐하면 중력이 거리에 따라 훨씬 더 빠르게 변하기 때문이다. 복사압과 중력이 균형을 이룰 수 없으므로 태양은 안정적이지 않을 것이다. 태양과 별들은 폭발하거나 언젠가는 자체 무게로 붕괴하여 블랙홀을 만들 수 있다. 두 경우 모두 우주에서 생명은 불가능할 것이다. 생명의 발달을 허용할 에너지원이 없기 때문이다.

● 그 어떤 관련도 순전히 우연이(아니)다!

파도 위에 파도

파울 에렌페스트는 우주의 차원성에 대해 병적으로 집착하게 되었고, 그에 관한 연구를 계속하다가 우주에서 파동이 전파되는 것조차 3차원의 공간 차원과 강하게 연결되어 있다는 사실을 발견했다.

특히 그는 '짝수' 공간 차원(2, 4, 6……)에 대해 각 파동 충격을 구성하는 다른 공간 구성요소가 다른 속도로 운동하고, 그럼으로써 '반향'을 생성한다는 것을 증명할 수 있었다. 따라서 명확하게 정의된 신호를 전송하는 것은 불가능하다. '홀수' 공간 차원에서만 반향이 제거될 수 있지만, 파동은 왜곡되어 전파된다……. 3차원 공간을 제외하고는.

어째서 3차원 공간 차원을 가진 우주에서만 우리가 이렇게 책을 쓰고 당신이 그것을 읽을 수 있는지에 대한 또 다른 이유가 여기에 있다. 지능을 가진 생명체는 반드시 신경학적(그러니까, 정보의 전송), 기계적 수준에서 반향이나 왜곡 없이 선명하고 명확한 정보를 전달할 필요가 있으며, 이를 보장할 수 있는 유일한 우주는 공간 차원이 3차원인 우주밖에 없다.

안정적인 신경!

이제 분명해졌다. 3차원이 아닌 다른 수의 공간 차원을 가진 우주는 우리를 위한 것이 아니다. 그러나 우리는 이보다 낮은 공간 차원의 가설을 분석함으로써 공간 차원과 지각을 가진 생명의 존재 사이에 놓여 있는 연결 고리를 발견할 수 있을지도 모른다. 생물체가 사는

환경뿐만 아니라 그것의 생물학과 직접적으로 관련된 어떤 연결 고
리 말이다.

우선 시각화할 수 있는 가장 간단하고 즉각적인 결과 중 하나는,
2차원 공간의 세계에서는 닫힌 곡선 하나로 세계를 '내부'와 '외부'로
나누기에 충분하다는 것이다.

이 내부-외부 세계의 2차원 캐릭터가 되었다고 상상해 보라. 당
신이 만약 닫힌 곡선 안에 있다면 이를 극복할 방법이 없다. 반면에
3차원 공간에서는 문제가 쉽게 풀린다. 작은 점프 한 번이면 충분하
다. 그러나 2차원적 존재가 가져오는 영향은 훨씬 더 심오하다. 2차
원에서도 유기체가 생리학적 필요와 함께 음식이 필요하다고 가정한
다면, 내부-외부 세계에서는 소화 시스템이 그를 둘로 잘라 낼 것이

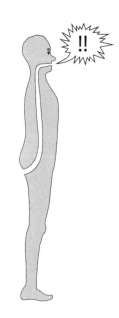

다. 그의 몸은 말 그대로, 분리될 것이다!

진정으로 인류적인 다른 중요한 결과는,
지구상의 생명체를 지능적으로 만드는 복잡한
신경망에 관한 것이다.

왜 우리는 3차원 공간을 가진 우주를 관찰
할까? 지난 세기 중반에 영국 우주론 과학자
제럴드 위트로Gerald Whitrow는 이 질문에 대해 지
극히 인류적인 대답을 했다. 우리는 왜 3차원
우주에서만 존재할 수 있는가? 우주의 기하학
적 속성이, 인류적 원리가 원래의 공식화에서
말한 것처럼, 육상 생명체가 발달해 우주 존재

자체에 문제를 제기할 수 있을 정도로 진화하는 것을 허용할 수 있어야 한다.

위트로는 신경망의 복잡성에 기반한 설명을 제공하려고 시도했는데, 2차원 세계에서는 신경세포 간의 연결이 교차하면 회로에 일종의 단락이 생길 것이라고 주장했다. 그는 어떤 형태로든 자기 인식을 할 수 있도록 충분히 발달된 뇌와 같은 복잡한 신경계를 구성하는 조밀한 네트워크를 상상한다. 공간적 차원이 두 개뿐이라면 신경 말단은 거의 모든 곳에서 교차할 것이다. 그리고 상상할 수 있듯이 전선(이건 결국 신경이므로)이 너무 많이 교차되는 것은 확실히 좋은 일이 아니다.•

3차원에서는 이런 문제가 발생하지 않는다. 신경 말단은 너무 많은 교차 지점을 피하면서 조밀하고 복잡한 신경 네트워크를 가질 수 있다. 이러한 교차 지점은 서로를 비스듬하게 돌아서 계속해서 올라갈 수 있다. 이것은 '인류 원리'라는 이름을 갖게 될 최초의 진정한 응용 중 하나였다.

타키온을 벗어나

지금까지 우리는 공간 차원 다이얼의 숫자를 한 번씩 변경하며 놀아

• 고스트 버스터즈는 "절대 개울을 가로질러 가지 말라"고 현명하게 충고했다.

보았지만, 우주에 대해 이야기할 때는 공간 차원을 시간 차원으로부터 떼어낼 수 없다. 사실 그 둘은 시공간이라는 하나의 '직물' 안에서 서로 교차하고 있다. 이제 우리는 값이 1로 고정된 시간 차원의 다이얼도 한번 돌려 볼 수 있다.

두 개 이상의 시간 차원을 가진 우주에서는 생명은 거의 가망이 없다. 그런 우주는 실질적으로 상상하는 것이 불가능하지만, 그래도 몇 가지 계산을 해볼 수 있다. 분명한 것은, 시간 차원이 두 개만 있어도 일어날 수 있는 일이 너무 많아지고, 그 가능성이 너무 커서 기본 입자가 매우 불안정해질 수 있다는 사실이 드러난다. 극저온에서 얼리지 않는 한 복잡한 구조는 불가능할 것이다.

둘 이상의 시간적 차원을 가진 세계는 현재부터 시작하여 미래를 예측하는 것을 허용하지 않으며, '시간'이라는 개념의 의미 자체를 박탈해 복잡한 유기체(지각 있는 존재로 진화할 수 있는 유일한 존재)가 주변 환경에서 온 정보를 처리하고 그에 따라 결정하는 것을 방해한다. 그러한 우주에서는 유기체가 진화할 수 없다. 유기체는 너무 단순한 상태로 남을 것이다.

그런데 정말 흥미로운 경우는 공간 차원과 시간 차원의 값이 반대인 경우다. 하나의 공간 차원과 세 개의 시간 차원이 있는 우주 말이다. 그러한 우주에서 빛의 속도는 우리 우주에서 발생하는 최대 속도의 한계가 아니라 최소 속도의 한계이며, 모든 물질은 오로지 타키온*들로 구성될 것이다.

타키온은 그 존재가 순전히 이론적인 입자다. 실험적으로 검출된

적이 없는 수학적 예측이다. 그러나 그것들은 오직 하나의 공간 차원과 세 개의 시간 차원을 가진 우주에서 유일하게 가능한 입자가 될 것이다. 왜냐하면 타키온은 빛의 속도가 최고 제한 속도를 규정하는 것이 아니라 최소 제한 속도가 되는 유일한 입자이기 때문이다. 그들의 이름 자체가 '빠른'을 의미하는 그리스어 타쉬(ταχύ)에서 파생된 것에 지나지 않는다.

그러나 입자가 항상 빛의 속도보다 더 빠른 속도를 갖는 것이 어떻게 하면 가능할까? 아인슈타인의 상대성 이론에 따르면, 입자는 빛보다 더 빠른 속도로 가속될 수 없다. 하지만 가속할 필요 없이 입자가 처음부터 이미 빛보다 더 빠른 속도를 갖는 것을 막는 것은 아무것도 없다. 그러나 이렇게 하려면 수학적 속임수가 필요하다. 질량이 실수가 아니라, 제곱하면 음수가 되는 허수여야 한다.

이 입자들로만 채워진 우주에서는 사건의 흐름을 따라 미래와 과거를 구별할 방법이 없을 것이다. 그것은 인과관계의 원칙, 즉 원인이 결과에 선행해야 한다는 사실의 종말이 될 것이다. 또한 타키온은 일반 물질을 구성하는 입자처럼 서로 결합하여 구조를 형성하지도 않는다. 원자와 분자가 없다는 것은 단 한 가지, 즉 생명체가 없다는 것을 의미한다!

• 　이름이 함의하는 것과는 달리, 타키온은 특별히 어리석은 사람들이 아니다. (이탈리아어로 tacchio는 멍청함의 대명사인 칠면조를 뜻한다. -옮긴이)

3+1 : 놓칠 수 없는 제안

우리가 지금까지 말한 모든 것은 하나의 결론으로 이어진다. 복잡한 유기체의 탄생과 진화는 3개의 공간 차원과 1개의 시간 차원을 가진 우주에서가 아니면 불가능하다. 공간과 시간 차원 다이얼의 값을 변경하면 완전히 다른 종류의 우주가 생성되지만, 단 하나의 조합만이 당신이 지금 여기에서 이 책을 읽고 있는 것을 허용한다.

　모든 가능성이 있는 체스판을 만들어 보면 광경이 명확하고 깨끗해진다. 가장 먼저 할 수 있는 일은 체스판에서 예측할 수 없다고 표시된 영역을 삭제하는 것이다. 지능이 부여된 모든 존재는 정보를 처리할 수 있어야 할 절박한 필요가 있기 때문이다. 미래가 현재부터

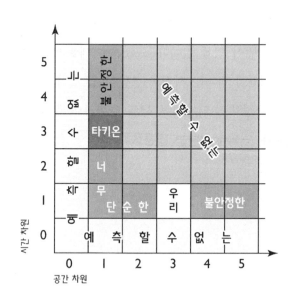

결정되기를 원한다면(우주에 대한 어느 정도는 기본적인 요구……) 그것을 허용하지 않는 가능성은 제거해야 한다.

우리가 앞에서 보았듯이 우리에게는 안정적인 행성 궤도와 원자가 필요하기 때문에, '불안정한' 것으로 표시된 영역은 지울 수밖에 없다. 타키온으로만 특징지어지는 우주는 절대적으로 생명체에 적합하지 않다는 것도 방금 보았고, 따라서 시간 차원이 둘 이상인 세계도 배제된다.

마지막으로, 공간과 시간의 1차원 또는 2차원의 조합으로 특징지어지는 '단순한' 우주는 생명체를 수용하기에는 사실상 너무 단순하다.

따라서 남은 가능성은 하나뿐이다. 3+1 시공간 차원을 가진 소중한 우리 우주다. 다른 대안들은 복잡한 유기체가 진화하기에는 너무 단순하거나, 너무 불안정하거나, 너무 예측할 수 없다. 따라서 당신이 3+1차원 우주에 존재하는 것은 놀라운 일이 아니다. 그저 다른 대안이 없을 뿐이다.

우리는 안다. 이제 당신은 사랑하는 이와 낭만적인 데이트를 할 때, 시공간에 대해 생각하지 않을 수 없을 것이다. 그러나 그것을 저녁식사 대화 주제로 꺼내지는 않는 것이 좋다……. 이 우주를 지배하는 법칙은 당신이 존재하게 할 수도 있지만, 또한 다시 혼자가 되게 만들 수도 있으니!

9장

|

출발점에서!

우주의 초기 조건

무(無)에서부터 애플파이를 만들고 싶다면
먼저 우주를 발명해야 한다.

_칼 세이건

$$S_0 \approx 10^{88}$$
$$\Omega \approx 1$$
$$Q \approx 2 \times 10^{-5}$$

138억 년의 게임

검은 말이 백 여왕을 사로잡는다. 그러면서 자기 왕 근처 집의 방어
를 포기한다. 바로 거기에 백 비숍이 들어와서 체크메이트를 부른다.

때는 1851년 6월 21일, 우리는 런던에 와 있다. 독일의 체스 선
수 아돌프 안더셴Adolf Anderssen은 그 불후의 아름다움 때문에 역사상
'불멸'의 게임으로 기록될 경기에서 프랑스의 리오넬 키제리츠키 Lionel

Kieseritzky를 이겼다. 그런 흥미진진한 게임이 사람들의 머릿속에서 잊히지 않는 것은 다행스러운 일이다. 같은 게임은 결코 다시 반복되지 않을 것이기 때문이다. 절대로. 두 판의 같은 체스 게임을 하는 것은 구별할 수 없는 두 개의 눈송이를 찾는 것보다, 또는 파인애플 얹은 피자를 인정하는 이탈리아인보다 더 가능성이 적다.

게임을 해보자. 두 플레이어가 각각 정확히 다섯 번 움직였을 때 가능한 체스 게임의 수를 추측할 수 있는가? "69,352,859,712,417"이라고 답했다면 축하한다. 가장 어리석거나 스스로 죽는 경우를 포함하여 허용된 모든 움직임을 세어 보면, 플레이어당 단 다섯 번의 움직임 후에 가능한 조합은 거의 70조 개에 이른다.

1950년에 수학자 클로드 섀넌Claude Shannon은 플레이어 한 사람당 40번 움직임이 있는 평균적인 게임에서, 가능한 게임 수는 약 10^{120}, 즉 조의 조의 조의 조의 조의 조의 조의 조의 조의 조 개라고 추정했다. 비교를 해보자면, 관측 가능한 전체 우주에는 '단지' 10^{80}개의 입자가 있다. 그것은 우리 우주의 모든 입자 각각에 대해 가능한 일치가 1만 조의 조의 조가 있다는 것을 의미한다!

그러나 가장 놀라운 게임부터 가장 시시한 게임까지, 모든 체스 게임은 같은 위치에서 시작된다. 간단하고 질서 정연하며 정확한 위치에 있다. 두 상대편이 보드의 반대쪽에서, 뒷줄의 말들이 앞줄의 폰pawn으로 보호된 채 서로 마주 보고 있는 것이다.

우주에서도 마찬가지다. 우주에서 일어나는 모든 사건은 138억 년 전에 시작된 '게임'의 '말의 움직임'이다. 그리고 체스와 마찬가지

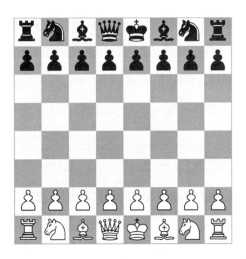

로 우주 역시 단순하고 질서 정연하며 정확하게 시작된다. 심지어, 너무 그렇다. 의심스러울 정도로.

끔찍한 물리학

물리적 계system의 초기 조건을 과소평가해서는 안 된다. 언덕 기슭에서 돌 하나를 발견했다고 상상해 보라. 이때 다른 여러 초기 조건들을 가정할 수 있다. 그 돌은 언덕 위에 있다가 굴러 내려왔을지도 모른다. 아이가 가지고 놀다가 거기로 던졌을 수도 있다. 땅 밑에 있다가 바로 거기에 구멍을 파기로 결정한 작은 개 덕분에 땅 밖으로 꺼내졌을 수도 있다. 그 돌은 어디에서 왔을까? 초기 조건을 발견할 때까지는 그것의 역사를 알 수 없다. 모든 자부심 있는 동화의 마지막 문장인 "……그리고 그들은 모두 오래오래 행복하게 살았습니다"
는 이야기의 시작 부분에서 주인공들이 행복하지 않고 만족하지 못
했다는 사실을 우리가 알았던 경우에만 의미가 있다.

모든 이야기는 정확한 시작이 있어야 한다. 모든 것 중에서도 가
장 길고 가장 매혹적인 이야기, 즉 우리 우주의 이야기도 마찬가지다.
당신은 이미 이 이야기에 천문학자들이 '빅뱅'이라고 부르는 시작이
있다는 것을 알고 있다. 빅뱅은 폭발에 불과했기 때문에 이것은 확실
히 잘못된 이름이다. 하지만 당신도 알다시피 천문학자들은 이름을
잘 짓지 못한다.

우주에 시작이 있었다는 사실은 충격적이다. 어쩌면 당연하고 심
지어 사소한 정보처럼 보일 수도 있지만, 전혀 그렇지 않다는 것을
우리가 보증할 수 있다. 이 아이디어는 불과 한 세기 전에 과학계에
퍼지기 시작했다. 러시아의 우주학자 알렉산드르 프리드만Alexander
Friedmann이 아인슈타인의 일반 상대성 방정식으로 연구해서 거대 규
모 우주의 진화를 설명하는 공식을 얻은 것은 1922년이었다. 그리고
그 공식은 분명히 한 가지를 말해 준다. 우주는 정적일 수 없고, 동역
학적이어야 한다. 1922년 이전 천문학자들 사이에서 일반적인 믿음
은 우주가 영원하다는 것, 즉 우주는 항상 존재해 왔고 영원히 존재
하리란 거였다.

프리드만의 연구 5년 후, 벨기에의 천문학자 조르주 르메트르
Georges Lemaître는 당시 이용 가능했던 먼 은하에 대한 몇 가지 관측 데
이터를 연구했는데, 이 데이터는 수축보다는 팽창을 가리키는 것처

럼 보였다.

그는 우주가 팽창하고 있다고 진지하게 추론한 최초의 인물이었
다. 그리고 그는 대담하게도, 이것은 그가 '원시 원자primeval atom'라고
명명한 초기 순간이 있었음을 암시한다고 추론했다. 이는 전 세계 물
리학자들 사이에 진정한 혼란을 불러일으켰다. 아인슈타인은 1927년
에 처음으로 르메트르를 만났을 때, "당신의 계산은 흠잡을 데 없지
만, 당신의 물리학은 끔찍하군요"라고 그의 의견을 표명했다. 아인슈
타인에게는 우주가 팽창하고 있다고 생각하는 것은 끔찍한 일이었으
며, 영원하지 않다는 것은 더욱 끔찍한 일이었다. 그것을 말해 주는
것이 그 자신이 발전시킨 방정식이라 할지라도 말이다.

팽창하는 우주에서 우리는 지구로부터의 거리에 비례하는 속도
로 우리에게서 멀어지는 은하를 관측할 것으로 르메트르는 예측했다.
몇 년 후 에드윈 허블은 팔로마산 망원경으로 여러 은하를 관찰했고,
르메트르가 옳았다는 것을 발견했다. 벨기에 천문학자가 예측한 것
처럼, 은하의 겉보기 후퇴 속도는 우리로부터의 거리에 달려 있다.
따라서 허블은 우주가 팽창하고 있다는 것을 단번에 완전히 증명했
으며, 아무도 더는 거기에 대해 의문을 제기할 수 없었다. 그러나 '원
시 원자'의 초기 순간에 대한 아이디어는 거대 규모 우주론 학자들을
여전히 눈살 찌푸리게 했다. 많은 사람들은 르메트르의 가설이 예수
회 신부이기도 했던 이 벨기에 과학자의 종교적 편견에 영향을 받았
다고 생각했다.

1940년대에 천문학자 프레드 호일Fred Hoyle, 허먼 본디Hermann

Bondi, 그리고 토머스 골드Thomas Gold는 초기 순간 없이 팽창하는 우주를 설명하는 이론인 정상 우주론을 개발했다. 이 모델에 따르면, 우주는 새로운 물질이 지속적으로 생성되어 일정한 밀도를 유지하는 한 영원할 수 있다.

즉 르메트르의 이론과 호일, 본디, 골드가 제안한 이론 모두에서 우주는 허블의 관측과 같이 팽창하고 있다. 그러나 르메트르의 이론에서는 물질이 시간이 지남에 따라 '희석'되는 반면, 정상 우주론에서는 '무(無)로부터' 물질의 생성을 가정한다. 이 전략 덕분에 호일, 본디, 골드는 르메트르 모델의 '불편한' 시간적 비대칭을 제거할 수 있었다. 우주의 시간을 거꾸로 거슬러 올라가도 우주의 속성은 심지어 점점 더 작은 척도에서도 일정하게 유지되며, 이것은 최초 순간의 도

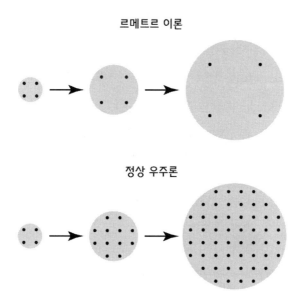

출발점에서! **237**

입을 피할 수 있게 한다. 물질이 무로부터 자율적으로 생성될 수 있다는 가설은 확실히 소화하기 쉽지 않았지만, 우주 그 자체가 갑자기 나타났다는 생각만큼은 아니었다!

호일은 심지어 원시 원자에게 '빅뱅'이라는 별명을 붙여서 르메트르의 아이디어를 조롱하기까지 했다. 당시 그것은 우주가 '큰 폭발'과 함께 시작되었다는 주장에 대한 노골적인 조롱이었다. 이것이 '빅뱅'이라는 용어가 잘못된 이름인 이유다. 그것은 얼토당토않게 보이는 이론을 비난하기 위해 고안해 낸 명칭이었다.

그러나 오만해지는 것은 위험하다. 왜냐하면 언제든 틀릴 가능성이 있고 자신을 스스로 바보로 만들 가능성이 있기 때문이다. 이것이 바로 1964년에 일어났던 일이다. 그해에 르메트르의 직관이 옳았다는 압도적이고 결정적인 첫 번째 증거, 즉 우주배경복사가 발견되었다. 이 전자기 수조의 존재는 정상 우주론으로는 설명할 수 없었지만, 르메트르 이론에서는 자연스러운 예측이었다.

우주배경복사

우리는 이미 그림 2.1에서 우주배경복사의 이미지를 보여 주었다. 그러나 분명 당신은 "이게 왜 빅뱅의 증거지?"라고 물을 것이다. 훌륭한 질문이다! 그래서 당신에게 대답하려 한다.

주변에서 지나치게 자주 들리는 것과 달리, 빅뱅 이론은 우주가 어떻게 탄생했는지 설명하는 이론이 아니다. 우리가 알고 있는 물리학이 '효력을 발휘하게' 된 이후로 우주가 어떻게 진화했는지 설명하는 이론이다. '이전에 무엇이 일어났는지'나, 심지어 '그것을 묻는 것이 말이 되는지'는 빅뱅 이론의 문제가 아니다. 이것은 태초에 우주가 작고 밀도가 높고 뜨거웠으며, 그런 다음 팽창하면서 점점 더 희박해지고 차가워졌다고 말하는 것으로 한정된다. 빅뱅 이후 38만 년이 지난 후, 전자가 원자핵에 충분히 가까워져서 첫 번째 원자를 형성할 수 있을 만큼 온도가 떨어졌다. 이 사건을 '재결합'이라고 부른다.

그 이전에는 빛이 방해받지 않고 우주적 거리를 횡단할 수 없었다. 사실, 빛은 전하를 띤 입자에서 반사되는 것을 좋아한다는 것을 알아야 한다. 따라서 재결합 전에 빛은, 주위의 모든 (음의) 전자와 (양의) 원자핵과 함께, 거대한 핀볼기계 속의 구슬처럼 우주를 돌아다녔다. 그러나 재결합 후 그는 평화롭게 여행할 수 있었다. 이것이 바로 우리가 우주배경복사에서 보는 것이다. 138억 년 동안 거의 방해받지 않고 여행해 온 우주 최초의 '자유로운' 빛이다.

모든 방향에서 오는 이 빛의 존재는 공간의 모든 곳에서 거의 같은 강도를 가지며, 재결합 시점에서 생성된 정확한 온도를 갖는다. 이 모든 것은 초기 우주가 현재 우주보다 밀도가 높고 따뜻했다는 가정이 아니고는 설명할 수 없다. 반면 정상 우주론은, 항상 같은 속성을 갖는 우주의 존재를 정당화하기 위해 특별히 만들어졌기 때문에, 이 복사를 실제로 설명하지 못한다.

그것은 이제 공인된 사실이다. 우주에는 시작이 있었다. 그러나 그것은 또한 체스 게임에서와 같이 한번 태어나면 엄청나게 다양한 방식으로 진화할 수 있다는 것을 의미했다. 그중에는 지적 생명을 수용하

는 것을 완전히 부적합하게 만들 경우도 얼마든지 있었을 것이다.

엔트로피, 엔트로피, 그것이 아무리 작아도……

어떤 일이 일어나려면 차이가 있어야 한다. 바람이 부는 것은 바람이 시작되는 지역과 바람이 향하는 지역 간에 기압 차이가 있기 때문이다. 얼음이 녹는 것은 얼음 온도와 얼음이 잠긴 물* 온도 사이에 차이가 있기 때문이다. 사과가 나무에서 떨어지는 것은, 지구가 지면에서 시공간을 변형하는 방식과 사과가 매달린 가지 높이에서 시공간을 변형하는 방식 간에 차이가 있기 때문이다. 아기가 태어나는 것은 생물학적 아버지와 어머니의 성별이 다르기 때문이다. 차이는 일이 일어나게 만드는 것이다.

모든 것이 모든 곳에서 동일한 우주를 상상해 보라. 모든 세제곱센티미터는 다른 모든 세제곱센티미터와 같은 속성을 갖는다. 같은 온도, 같은 밀도, 모든 게 완벽하게 같다. 이런 우주에서는 무슨 일이 일어날 수 있을까? 절대 아무것도 일어날 수 없다. 적어도 흥미로운 일은 없다. '시간'이라는 개념 자체가 의미를 잃게 될 것이다. 왜냐하면 시간은 일이 일어난다는 사실과 밀접하게 연결되어 있기 때문이다.

우주는 이렇게 만들어지기 쉬웠고, 그런 조건에서는 생명을 수용

---

* 또는 위스키. 비록 건강에는 덜 좋겠지만.

할 가능성은 거의 없었을 것이다. 그렇다면 우주에서는 왜 어떤 일이 일어날까? 다시 말해, 우주에는 왜 차이가 존재할까? 다르게 말하면, 시간은 왜 가는 것일까?

질문이 '왜'로 시작할 때 흔히 그렇지만, 정답은 '엔트로피entropy'다.

10개의 공이 들어 있는 닫혀 있는 상자가 탁자에 놓여 있다고 상상해 보라. 그것을 열어 보자. 모든 공이 상자의 오른쪽 절반에 쏠려 있을 것으로 예상하는가, 아니면 공이 오른쪽에 5개, 왼쪽에 5개로 어느 정도 고르게 분포되어 있을 것으로 예상하는가? 그 자리에서 "고르게!"라고 대답했다면, 축하한다. 당신은 두 번째 상황이 첫 번째 상황보다 훨씬 더 가능성이 크다는 것을 직관적으로 이해한 것이다.

숫자 몇 개의 도움으로 그것을 증명할 수 있다. 모든 공이 오른쪽에 있을 경우는 몇 가지나 될까? 한 가지 경우가 있다. 오른쪽에 10개를 놓는 것이다. 오른쪽에 9개의 공과 왼쪽에 하나의 공이 있을 방법은 몇 가지일까? 열 가지다. 각각의 공에 대해, 그 공이 왼쪽 절반에 놓일 경우는 하나씩이다. 이 논리에 따라 공을 배열할 수 있는 모든 가능한 방법을 계산할 수 있다.

앞에서의 당신의 뛰어난 직관이 여기서 확인된다. 오른쪽에 5개의 공이 있고 왼쪽에 5개의 공이 있는 상황은 모든 공이 오른쪽에 있는 상황보다 훨씬 가능성이 높다. 정확히는 3만 배 이상 더 가능성이 높다.

자, 이제 상자가 당신이 있는 방이고 공이 공기 분자라고 생각해 보라. 이 시점에서 분자가 방 전체에 고르게 분포되어 있다는 사실에

왼쪽에 있는 공	오른쪽에 있는 공	가능한 방법
0	10	1
1	9	10
2	8	90
3	7	720
4	6	5,040
5	5	30,240
6	4	5,040
7	3	720
8	2	90
9	1	10
10	0	1

놀라서는 안 된다. 안 그러면 당신이 숨을 쉴 수 없을 것이기 때문이다! 그것은 단순히 가장 가능성이 큰 상황이다. 비대칭 상태로 분자를 분포시키는 방법보다 균일한 상태로 분포시키는 방법이 훨씬 더 많다.

음, 물리학자들은 계의 상태가 얼마나 개연성이 큰지 측정하는 양을 발명했다. 바로 엔트로피다. 엔트로피가 높으면 높을수록 계의 개연성도 커진다.

위의 표에서 가능성이 큰 상태가 가능성이 낮은 상태보다 훨씬 더 가능성이 크다는 것을 알 수 있다. 이러한 불균등은 계를 구성하는 요소의 수가 많을수록 증가한다. 상자에 2,000개의 공이 있다면 가장 가능성이 큰 상태(오른쪽에 1,000개의 공, 왼쪽에 1,000개의 공)가 가장 가능성이 낮은 상태보다 10^{600}배 이상 가능성이 크다! 그 숫자가 너무 많아 풀어 쓰기조차 힘들다. 그리고 물리적 계는 가장 작은 계라 할지라도 2,000개 이상의 입자를 가지고 있다. 1세제곱센티미터의 공기에 300억 개의 분자가 있다는 것을 생각해 보라!

이 모든 것은 한 가지를 의미한다. 물리적 계는 시간에 따라 진화하면서 가장 가능성이 큰 상태에 도달하려는 경향이 있는데, 그것은 그저 다른 상태보다 가능성이 훨씬 크기 때문이다. '엔트로피'라는 단어를 사용하여 다시 말해 보면, 물리적 계는 진화할 때 최대 엔트로피 상태에 도달하는 경향이 있다. 약간 다르게 말하자면, 물리적 계의 엔트로피는 증가하는 경향이 있다. 그렇다. 물리학에서 이 진술은 '열역학 제2법칙'이라는 매우 거창한 이름을 가지고 있다.

이것은 물리학자들이 매우 진지하게 생각하고 있는 것이다. 지난 세기의 가장 위대한 천체 물리학자 중 한 명인 아서 에딩턴Arthur Eddington은 이렇게 말했다. "누군가 당신의 우주 이론이 맥스웰 방정식*과 일치하지 않는다고 지적한다면, 맥스웰 방정식에 훨씬 더 안 좋습니다. 실험 데이터와 모순되는 것이 밝혀지면, 글쎄요, 실험자들조차 때때로 엉망이 되거든요. 그러나 당신의 이론이 열역학 제2법칙과 일치하지 않는다면, 나는 당신에게 어떤 희망도 줄 수 없습니다. 당신은 가장 비참한 굴욕 속으로 가라앉기만 할 뿐입니다." 요컨대,

---

* 우리가 이미 보았듯이, 이는 전자기학을 설명하는 방정식이다. 실제로 음극선관 스크린 앞에 자석을 놓는 것이 왜 좋은 생각이 아닌지 설명해 준다······.

메시지는 분명하다. 절대 열역학을 위반하지 말라.

제2법칙은 고립된 계, 즉 외부 환경과 주고받는 것이 없어서 가능성이 낮은 상태로 가기 위해 외부로부터 '도움'을 받을 수 없는 계에만 적용된다. '비고립계'의 예를 원하는가? 외부 환경으로부터 전기를 공급받아 열을 방출하여 음식을 차게 하는 냉장고나, 당신이 방 안에서 땀을 흘리지 않도록 외부 공기를 데우는 에어컨을 예로 들 수 있다. 이제 고립계의 예를 원하는가? 당신은 지금 그 안에 있다. 바로 우주다! 그 정의상 외부 환경이 없으므로, 외부 환경과의 교환도 없다. 그 무엇보다 고립된……

계는 최대 엔트로피에 도달할 때까지 변화할 수 있다(즉, 계 내부에서 흥미로운 어떤 일이 발생할 수 있다). 그리고 그것은 말이 된다. 그 시점에서 그것은 가장 가능성이 큰 상태가 아닌가? 지금 있는 것보다 가능성이 낮은 상태에 있을 이유가 없다. 일단 공기 분자가 실내 전체에 고르게 분포되면 그대로 유지될 것이다. 당신은 공기 분자가 순전히 우연에 의해 오른편 아래쪽 구석에 밀라노대성당 미니어처 모양으로 배열될 것이라고 기대하지는 않을 것이다. 그것은 원칙적으로는 불가능하지 않지만, 우리가 그것을 사실상 불가능하다고 생각해도 무방할 정도로 불가능한 것이나 다름없다.

최대 엔트로피를 가진 계는 진화하지 않는다. 그 안에서는 아무 일도 일어나지 않는다. 계가 진화하여 그 안에서 어떤 일이 일어나기 위해서는 상대적으로 낮은 엔트로피, 즉 상대적으로 가능성이 낮은 상태에 있어야 한다.

이제 개념을 파악했으므로 시간에 대해 생각해 보라. 시간이 가는 것은 어떤 일이 일어나기 때문이고, 일이 일어나면 그 이전과 이후가 있다. 우주가 아직 최대 엔트로피에 도달하지 않았기 때문에 어떤 일이 발생하는 것이다. 바로 그렇다!

지금 떠오르는 질문이 있다. 최대 엔트로피 상태가 가장 가능성이 큰 상태라면 우주가 바로 그 상태로 탄생하지 않은 이유는 무엇일까? 그게 결국 가능성이 가장 크다, 그렇지 않은가? 당신은 박수를 받을 자격이 있다. 이것은 정말 훌륭한 질문이다. 하지만, 지금 너무 우쭐대지는 마라!

대답하려면 몇 개의 숫자를 제시할 필요가 있다.

이들 중 첫 번째는, 초기 우주의 엔트로피 값 추정치를 나타내는, 이 장의 시작 부분 상자에 있었던 S_0다. 숫자 10^{88}은 확실히 매우 크지만, 시야를 넓힐 필요가 있다. 현재 우주의 엔트로피는 10^{101}인 것으로 추정된다. 그것은 최초 엔트로피보다 1조 배 더 큰 것이다! 그리고 우리는 또한 관측 가능한 우주가 도달할 수 있는 최대 엔트로피를 추정할 수 있다. 결과는 ─꽉 잡으시길─ 10^{120}이다. (맞다, 가능한 체스 게임의 수와 일치한다. 또 다른 놀라운 우연의 일치다. 안 그런가?) 그것은 우주의 초기 엔트로피가 가능한 최대 엔트로피의 10억 분의 10억 분의 10억 분의 10만 분의 1이라는 것을 의미한다. 우주는 매우 낮은 엔트로피를 가지고 탄생했다!

낮은 엔트로피 상태는 있을 법하지 않은 상태이므로, 우리는 우주가 믿을 수 없을 정도로 있을 법하지 않은 상태에서 태어났다고 결론을 내려야 한다.

우리는 원시 우주가 왜 그런 '부자연스러운' 상태를 가졌었는지 전혀 모르지만, 그렇지 않았다면 생명은 불가능했을 것이라는 점은 확실히 알고 있다. 초기 우주의 낮은 엔트로피는 생명의 발달에 필수적이다! 우주가 가장 '자연스러운' 상태, 즉 가장 가능성 있는 상태로 태어났다면 엔트로피는 증가할 수 없었고 결과적으로 흥미로운 일이 일어나지 않았을 것이다. 당신은 '흥미롭다'는 이유로 존재할 수 없었을 것이다.*

당신은 고도로 질서 잡힌 구조다. 이 질서를 유지하려면 음식에서 얻는 에너지가 필요하다. 당신의 음식은 광합성을 통해 태양으로부터 그 에너지를 끌어내므로, 당신의 생존은 태양 에너지에 달려 있다. 좋다, 당신은 이 이야기를 자주 들었을 것이다(심지어 우리에게서도!). 그러나 그것은 이야기의 일부일 뿐이다. 당신의 생존은 또한 상대적으로 낮은 엔트로피의 에너지가 태양으로부터 도착한다는 사실에 달려 있기 때문이다. 그리고 이 '디테일'이 차이를 만든다. 정말로. 이러한 방식으로만 육상 생물권은 무언가 일어나게 하도록 태양의 에너지를 이용할 수 있다. 그 예로 광합성을 들 수 있다. 광합성을 이용해 식물은 당분을 생산하고, 당분은 당신의 위장으로 가서 당신이 생명을 지속하는 데 필요한 에너지를 공급한다.

---

* 아니, 당신은 지금도 우쭐댈 수 없다. 당신만큼 흥미로운 다른 생물이 거의 80억이나 있다!

당신이 존재하는 것은, 태양에서 오는 에너지가 낮은 엔트로피를 가지기 때문이다. 그리고 그것이 낮은 엔트로피를 가지는 것은, 열역학 제2법칙에 따라 엔트로피가 더 낮은 가스구름으로부터 시작하여 형성되었기 때문이다. 그리고 가스구름이 엔트로피가 낮은 것은, 엔트로피가 더 낮은 우주에서 형성되었기 때문이다. 그러므로 당신이 살 수 있는 궁극적인 이유는 빅뱅 당시에 우주의 엔트로피가 터무니없이 있을 법하지 않게 낮았기 때문이다.

$10^{10^{120}}$번에 단 한 번의 기회가 있었다. 초기 우주가 바로 그 엔트로피 값을 가질 수 있는 아주 작은 확률은 가장 강력한 컴퓨터라도 두 손 들 정도로 작은 숫자였다. 그러나 그것이 일어나지 않았다면 우리는 여기에 없었을 것이다. 이는 의심할 여지 없이 우리 우주에서 가장 놀라운 우연의 일치 중 하나지만, 오늘날까지도 해명되지 않고 있다.

온갖 것들

엔트로피는 빅뱅 당시 생명체에 매우 유리한 동시에 극도로 불가능한 값을 가졌던 유일한 물리량이 아니다. 엔트로피는 우주에 포함된 '것들'의 양을 말한다. 물리학에서 가장 유명한 방정식($E=mc^2$)에 따르면 질량과 에너지는 동전의 양면과 같기 때문에 '것들'이란 질량과 에너지를 의미한다.

우주 인구조사에 포함되는 '것들'에는 세 가지 유형이 있다. 일반 물질,[*] 암흑 물질, 그리고 암흑 에너지다. 7장에서 이미 암흑 에너지가 지배적이고, 그 뒤를 암흑 물질이 따르고 있으며, 한참 뒤쳐져 일반 물질이 있다는 것을 알았다.

이제 우리가 스스로에게 던지는 질문은, 우주에 얼마나 많은 '것들'이 있는지다. 거기에 대답하기 위해 일반 상대성 이론에 대한 존 휠러의 잠언으로 돌아가 보자. "시공간은 물질에게 어떻게 움직일지 알려 주고, 물질은 시공간에게 어떻게 구부러질지 알려 준다." 우리는 여기서 마지막 부분에 관심이 있다. 우주에 포함된 물질(또한 에너지, 당신은 그것들이 실질적으로 같은 것임을 이해한다)의 양은 곡률, 즉 전역적global 척도에서의 기하학에 영향을 미친다. 따라서 우주에 얼마나 많은 '것들'이 있는지 알기 위해, 우리는 우주의 기하학적 구조를 측정해야 하고 그로부터 물질-에너지 함량으로 돌아가야 한다.

아무 삼각형이나 하나 골라 보라. 학교에서 당신은 내각의 합이 180°라고 배웠다. 글쎄, 그것은 상황에 따라 다르다. 종이 위에, 즉 평평한 표면(평면 기하학)에 삼각형을 그리는 경우 내각의 합은 실제로 180°가 된다. 그러나 곡면 위에 그리면 다른 속성을 갖게 된다. 풍선(닫힌 기하학)에서 내각의 합은 항상 180°보다 크다. 안장 모양의 표면

내각의 합=180°　　　내각의 합>180°　　　내각의 합<180°

(열린 기하학)에서는 항상 180°보다 작다. 학교에서 가르치는 것은 종종 진리의 일부일 뿐이다.

이 가정에서 출발하여 우리는 '내부로부터' 우리가 발견한 기하학 유형을 이해할 수 있으며, 따라서 원칙적으로 우리 우주가 어떤 기하학을 가지는지 알 수 있다. 이를 위해 천문학자들은 우주론적 정보의 주요 출처인 우주배경복사를 분석했다. 점점 더 정밀해지는 분석 덕분에 그들은 우주가 0.4%의 아주 작은 오차범위 내에서 평평하다고 결론 내릴 수 있었다. 그것은 우리가 평탄한 시트와 같은 기하학을 가진 우주에 살고 있음을 의미한다. 봤는가? 학교에서 배운 것을 내던져 버리면 안 된다!

이제 일반 상대성 이론을 통해 평면 기하학을 갖기 위해 우주에 존재해야 하는 '것들'의 밀도를 계산할 수 있다. 그것은 약 10^{-26}kg/m^3의 매우 낮은 밀도로, 공간 1세제곱미터당 양성자 몇 개가 있는 것에 해당한다. 임계 밀도라고 불리는 이 밀도에는, (일반 및 암흑) 물질의 밀도뿐만 아니라 '$E = mc^2$' 때문에 질량으로 '변환된' 암흑 에너지의 밀도도 포함된다.

우주의 밀도와 그에 따른 기하학을 표현하기 위해, 우주론 과학자들은 이 장의 시작 부분에 나온 두 번째 매개변수 'Ω'를 사용한다. 이것은 우주에 실제로 존재하는 '것들'의 밀도와 임계 밀도 사이의 비율에 해당한다. Ω가 1보다 크면 우주는 닫힌 기하학을 갖고, 1과 같으면 평평한 기하학, 1보다 작으면 열린 기하학을 가진다.

이 매개변수는 우주 진화의 역사와 밀접하게 연관되어 있다. 우주 팽창을 가속해 일을 복잡하게 만드는 암흑 에너지의 기여를 무시하면 아이디어는 간단하다. 우주의 밀도가 높을수록(즉, Ω가 높을수록) 더 많은 중력이 우주의 발달을 늦추는 경향이 있다. 7장에서 그것을 보았듯이, (그리 조밀하지 않은) 열린 우주는 점점 더 빠르게 팽창하고, 평평한 우주는 점점 더 천천히 무한대로 팽창하며, (매우 조밀한) 닫힌 우주는 점점 더 천천히 팽창하다가 특정 지점에서 경로를 역전해 하나의 점으로 붕괴할 때까지 수축하기 시작한다.

그런데 사람이 살 수 있는 유일한 우주는 평평한 우주라고 계산되었다. 그것이 우리 우주다. Ω가 1보다 0.1%만 더 컸다면, 실제로 별들이 지적 생명체가 발달할 수 있는 충분한 시간을 갖기 전에 자체적으로 붕괴했을 것이다. 반면에 Ω가 1보다 0.1% 작았으면, 우주는 물질이 중력으로 인해 구조를 형성하기도 전에 너무 빨리 팽창했을 것이다. 은하도, 별도, 행성도 없었을 것이다. 한마디로 생명이 없었을 것이다. 요컨대, 우주에 포함된 '것들'의 양조차도 우리가 존재하기 위해서는 매우 좁은 한계 내에 있어야만 하는 것으로 보인다.

하지만 더 있다. 이미 언급했듯이, 0.4%의 불확실성을 가진 값을 알고 있으므로, Ω가 정확히 1과 같은지 또는 아주 조금 벗어나 있는지는 알 수 없다. 따라서 우주는 완벽하게 평평하거나 매우 낮은 곡률을 가진다. 완벽히 평평하다면 Ω의 값이 정확히 1이 된 이유는 무엇일까? 우리는 전혀 모른다. 반면에 Ω가 1과 약간 다르다면 문제가 있다.

실제로 우주가 팽창함에 따라 매개변수 Ω 값이 바뀐다. 어떻게? 평평한 우주는 영원히 평평하게 유지되고(Ω가 1과 같으면 빅뱅은 항상 1로 유지된다), 닫힌 우주는 시간이 지남에 따라 점점 더 닫히고(즉 Ω가 점점 더 커진다), 열린 우주는 점점 더 열릴 것이다(Ω가 점점 더 작아진다). 요컨대, 초기의 평탄도에서 아주 작은 편차라도 시간이 지남에 따라 점점 커지게 되어 있다. 즉, Ω는 시간이 지남에 따라 1에서 점점 멀어지게 되어 있다. 우주에서 생명이 살 수 있는 Ω의 범위에 대한 허용 한계는 우주의 시간이 거꾸로 갈수록 점점 줄어듦을 의미한다. 현재의 우주가 위의 0.1% 범위에 있으려면, 생명이 살 수 있는 우주가 되는 빅뱅이 일어났을 때 Ω의 허용 오차는 10^{-60}보다 작아야 했다. 즉, Ω는 0.999999999999999999999999999999999999999999999999999999999999와 1.000000000000000000000000000000000000000000000000000000000001 사이에 있어야 한다.

이것은 거짓말에 가까운 사실이다. 우주가 생명이 살 수 있는 곳이 되기 위해서는 빅뱅 당시 엄청나게 작은 범위 내에서 Ω 값을 가져야 했다. 우주가 올바른 기하학(즉, 적절한 양의 '것들')을 갖추어 당신이 살 수 있게 하는 정밀도는 절대적으로 인상적이다. 빅뱅 당시 우주는 10^{60}분의 1의 정확도로 '올바른' Ω 값을 추측해야 했다. 이것이 의미하는 바를 이해하기 위해 예를 들자면, 당신 앞에 조의 조의 조의 조의 조* 벌의 카드가 있고 그중에서 올바른 하나를 고르는 것과 같다. 이것이 운이 아니라면…….

우주 인플레이션

우주는 어떻게 그렇게 믿을 수 없을 정도로 정확하게 Ω 값을 '선택'했을까? 우리는 확실히 알지 못하지만, 유효한 이론을 하나 가지고 있다. 바로 '우주 인플레이션cosmic inflation(우주 급팽창)'이다. 이것은 외계 화폐의 가치와는 관련이 없고, 우주의 팽창과 관련이 있다.

인플레이션 이론에 따르면, 빅뱅 후 몇 분의 1초도 안 되는 순간에 우주는 매우 짧지만 강렬한 극히 빠른 팽창의 단계를 거쳤다. 터무니없이 짧은 시간에 우주는 미시적 객체에서 거시적 객체로 변하면서 10^{26}배 팽창했다. 마치 물 분자의 지름이 0.27나노미터에서, 1조 분의 1조 분의 1억 분의 1초 만에 2.85광년으로 커지는 것과 같다. 이는 우리에게 가장 가까운 별까지 거리의 절반보다 큰 것이다. 그리고 우리는 이 현상이 왜 일어났는지 어렴풋하게나마도 아이디어가 없다.

이제 팽창 이전에 우주가 어떤 기하학을 가지고 있었는지는 중요하지 않다. 팽창은 우주의 기하학을 실질적으로 평평하게 만드는 지점까지 모든 굴곡을 '잡아당길' 것이다.

• 　그렇다, 우리가 '조'를 쓴 횟수가 맞다!

우주 팽창 이론은 공식화된 지 40년이 넘었지만, 아직 관측으로 확인되지는 않았다. 언젠가 그것이 옳다는 것이 증명된다면, 초기 우주에서 기하학의 극도의 정밀도는 더는 우연의 일치가 아니라 인플레이션의 단순한 결과로 간주될 것으로 생각할 수 있다. 이것은 확실히 사실이지만, 이것은 질문을 옮길 뿐이다. 놀라운 것은 더 이상 우주의 평평함이 아니라, 우주가 생명이 살 수 있게 하는 데 필요한 적당한 만큼의 팽창을 하는 식으로 우주가 탄생했다는 사실이다.

균질화된 우주

우주배경복사는 초기 우주의 또 다른 놀라운 우연의 일치를 감추고 있다. 우주에서 어디를 보든 이 복사파의 온도는 믿을 수 없을 정도로 균일하며, 절대 온도 2.725℃의 값을 가진다. 그러나 상당히 정밀한 기기로 측정하면 온도의 평균값과 비교해 0.000006℃ 이내의 아주 미세한 온도 차이가 드러난다.

이것이 이 장의 시작 부분에 언급된 세 번째 숫자 'Q'가 나타내는 것이다. 우주배경복사의 온도 차이는 평균 온도 값의 2×10^{-5}배(20만 분의 1)이다. 우주배경복사의 온도 차이는 초기 우주의 밀도 차이를 나타내므로, 이 숫자를 '균질성 매개변수'라고 한다. 이는 초기 우주가 얼마나 균질했는지를 나타낸다.

당신은 이미 2장에서 이러한 온도 차이가, 점잖지만 확고한 중력의 힘으로 인도되어, 그로부터 우주 구조의 형성이 시작되는 '씨앗'에 해당한다는 것을 알고 있다. 이것은 균질성 매개변수 값이 구조 형성의 동역학에 영향을 미친다는 것을 의미한다.

균질성 매개변수가 한 자릿수 작았다면(즉, 초기 우주가 더 균질했다면) 별이 형성될 수 없었을 것이다. 중력은 여전히 원시 가스구름을 응축시키는 원인이 되었을 것이지만, 그것은 별로 붕괴할 수 없었을 것이다. 사실 구름이 별이 될 정도로 수축할 수 있으려면 중력에 의해 축적된 에너지를 복사를 통해 발산할 수 있어야 한다. 그들이 그 모든 에너지를 가지고 있었다면 중력에 대항하기에 충분했을 것이고, 이것은 붕괴를 방해했을 것이다. 천문학자들의 계산에 따르면, 초기 우주가 조금 더 균질했다면 정확히 이런 일이 일어났을 것이다.

반면에 균질성 매개변수가 한 자릿수만 더 컸더라면(덜 균질한 원시 우주), 반대로 구조가 너무 많이 붕괴하였을 것이다. 은하들은 훨씬 더 밀도가 높았을 것이고 별들이 서로 너무 가까이에 있었을 것이다. 가까운 별들의 근접 통과는 평균 천만 년에 한 번꼴로 훨씬 더 빈번했을 것이며, 우리가 상상할 수 있는 결과를 가져왔을 것이다. 행성의 궤도는 행성이 성간 공간으로 튀어 나가게 할 정도까지 교란되었을 것이다.

아니면 궤도가 변형되었을 것이다. 예를 들어 매우 평평한 타원 모양을 추정할 수 있다. 이것 역시 지적 생명체와 양립할 수 있는 조건이 아니다. 우리 같은 존재가 발전하기 위해서는 수십억 년간의 상대적으로 안정된 시간이 필요하다. 매년 지옥 같은 무더위에서 극한의 추위로 변하는 것은 자연선택(매우 강력하지만, 또한 매우 느리다)으로 지능을 가진 종을 생산하는 데는 분명 도움이 되지 않을 것이다.

요컨대, 밀도 매개변수 또한 당신의 존재를 허용하는 유일한 크기의 정도를 '선택'했다. 우주가 극도로 있을 법하지 않은 조건에서 태어났지만 동시에 생명과 이례적으로 양립되는 상태로 태어났다는 사실을 보여 주는 또 다른 증거다.

우주 주사위

지금까지 이 책을 통해 우주의 거동을 조절하는 몇 가지 물리적 상수와 관련하여 일련의 인상적인 우연의 일치를 발견했다. 약간 머리가 어지러울 수도 있다. 매우 크고 매우 작은 많은 숫자, 수많은 복잡한 개념, 서로 매우 다른 수많은 시나리오. 걱정하지 말라. 그것은 정상이다. 이 분야에서 일하는 사람들조차 종종 자신의 머리를 때리곤 한다.

그러나 세부사항을 넘어서서, 우리가 말한 모든 것이 얼마나 상상할 수 없을 정도로 불가능한지에 대한 느낌을 받았으면 한다. 생명이 살 수 없는 우주를 가지려면 우리가 설명한 상수 중 어떤 것이라도 조금만 바꾸면 된다. 어떤 것은 크기의 정도를 바꾸어야 하고, 다른 일부는 매우 조금만 바꿔도 된다. 심지어 이들 상수 중 단 하나라도 우리 우주와 같은 값을 가질 확률은 터무니없고 믿을 수 없을 정도로 작다. 이들 상수가 다 함께 그렇게 가능성이 없는 값을 취할 확률을 상상해 보라.

더 쉽게 설명해 보자. 육면체 주사위를 굴릴 때 1이 나올 확률은 16.7%다. 가능성은 적지만, 너무 적지는 않다. 그러나 두 개를 굴려서 두 개 모두에서 1이 나올 확률은 2.7%로 떨어진다. 주사위 세 개를 던져 1이 세 개 나올 확률은 0.5% 미만이다. 열 개일 때는 0.000002% 미만의 확률이 된다. 100만 번에 두 번이 채 안 나오는 것이다! 자, 이건 정말로 가망이 없다.

있을 법하지 않은 일이 일어나는 것은, 그 말 그대로 가능성이 낮다. 그러나 있을 법하지 않은 많은 일이 동시에 일어날 가능성은 훨씬, 훨씬 더 낮다. 그런데 우리가 이 책에서 당신에게 말한 모든 상수는 극히 가능성이 적다. 그 '모든' 상수가 '동시에' 그렇게 일어날 법하지 않다는 것이 얼마나 극적으로 가능성이 없을지 상상해 보라. 그럼에도 당신은 그렇게 만들어진 우주에 살고 있다! 그리고 우리는 왜 그런지조차 모른다. 이제 어지러운 느낌이 좀 드는가?

이것은 마치 우주가, 당신을 수용하기에 적합하지 않은 모든 조합의 값을 절대적으로 초인적인 정밀도로 피한 것과 같다. 의심의 여지 없이 우주는 최고의 주사위꾼이다!

10장

|

오케이, 우주가 옳다!

인류적 설명

모든 설명은 더 깊은 수준에서 새로운 질문을 낳는다.

_조지프 E. 스티글리츠

행복한 무지

당신은 책의 거의 끝부분에 도달했다. 아마도 당신은 내일 저녁 괴짜 친구들(특히 피에르질도)을 만나 여기서 알게 된 지식을 뽐낼 수 있다는 생각에 흐뭇할 것이다. 우리는 절대로 당신을 막고 싶지 않다! 우리가 여기서 말한 것은 과학자들이 수년에 걸쳐 얻은 천문학 지식 중 극히 일부일 뿐이라는 것을 당신이 아주 잘 알고 있으리라 확신하기 때문이다. 그러나 가장 똑똑한 사람들, 심지어 노벨상 수상자들조차 무지에 대한 자기 인증처럼 보이는 가정('나는 내가 모른다는 것을 안다')에서 출발해 이러한 발견에 도달했다고 하면 어떤가?

사실, 이 말을 처음 한 사람은 그렇고 그런 피에르질도가 아니다. 약 2,500년 전 그리스 철학자 소크라테스가 그에게 사형을 선고한 배심원들 앞에서 한 말이다. 단순하면서도 동시에 믿을 수 없을 만큼 심오한 진리로 인해 오늘날에도 여전히 통용되는 표현이다. 사실 소크라테스의 이러한 무지의 인정은 그 자체가 목적으로서의 단순한 관찰이 아니라 근본적인 출발점으로 여전히 남아 있는 자각이다. 알지 못한다는 것은 자각하고, 질문하고, 실재를 연구하고, 알려진 것의 한계를 뛰어넘게 하는 비범한 자극이다.

19세기 말경에 독일 생리학자 에밀 두 보이스 레이몬트Emil du Bois-reymond는 《자연에 관한 지식의 한계 Über die Grenzen des Naturerkennens》라는 제목의 저술을 발표했다. 저자는 미시적 수준과 거시적 수준 모두에서 자연현상에 대한 인간 지식의 절대적 한계를 기술했다. 인간이 자신이 사는 우주에 대한 완전한 지식에 도달하는 것을 불가능하게 하는 한계를. 그는 자신의 연구 결과를 요약한 라틴어 표현을 만들어냈다. "*Ignoramus et ignorabimus*(지금도 모르고 앞으로도 알 수 없는 것들)." 이것은 우리를 둘러싼 현실의 모든 측면을 이해할 수 없다는 것을 정확하게 나타내고 있다.●

모른다는 자각은 시대를 초월하여 오늘날까지 이어지고 있는 개념이다. 잠재적으로 모든 것에 접근할 수 있는 소셜미디어와 문화의 시대에 그것은 다소 순진해 보일 수도 있지만, 지식의 기초이자 중요한 지지 기둥으로 여전히 남아 있다. 소크라테스 시대와 마찬가지로

● 　이것이 질문을 건너뛸 핑계는 아니다!

오늘날에도 발견에 대한 열망은 우리 지식의 본질적인 한계를 인식하는 데서 비롯되며, 과학이라는 이름에 포함될 수 있는 모든 학문의 엔진이다. '과학'이라는 단어의 기원이 '지식'을 의미하는 라틴어 '스키엔티아scientia'인 것은 우연이 아니다.

지금 당신이 궁금해할 것을 짐작해 보자. "하지만 어떻게 '앎'에 쓰이는 도구인 과학이 모름과 '알지 못함'의 중요성과 연관되는가?" 어떤 관점에서 보면 과학 분야를 앎과 연관시키는 것이 당연하다. 지난 몇 세기 동안 거의 전적으로 과학 덕분에 얻은 모든 기술적 성취는 우리를 무지의 암흑으로부터 확실히 멀어지게 한 것으로 보인다.

그러나 자세히 살펴보면, 무지의 늪을 곧바로 통과하는 도전이 아니라면 과학은 대체 무엇일까? 생각해 보라. 무엇이 수 세기에 걸쳐 과학자들을 실재의 다양한 측면을 연구하도록 만들었을까? 모르는 것을 '설명'하려는 욕구, 이전에는 어둠이 지배하던 곳을 밝히려는 욕구 아니던가.

무지가 과학의 연료라면, 의심은 지식의 여정을 떠나는 첫걸음이다. 우리가 지구가 평평하다는 사실에 의문을 품지 않았다면 지구가 둥글다는 것을 배우지 못했을 것이다. 우리가 우주의 중심에 있다는 것을 의심하지 않았다면 우주에서 우리의 위치를 발견하지 못했을 것이다. 우리가 알고 있다고 생각했던 것에 대해 질문하지 않는다면, 궁극적으로 우리는 많이 알지 못할 것이다. 지난 세기의 가장 위대한 과학자 중 한 명인 이론 물리학자 스티븐 호킹Stephen Hawking은 "지식의 가장 큰 적은 무지가 아니라 안다고 생각하는 환상"이라고 했다.

할 수 있느냐, 없느냐? 그것이 문제로다

대기업 영업사원인 피에르질도에게 신제품 홍보차 전국에 흩어져 있는 지사를 방문하는 임무가 주어졌다. 그런데 회사에서 제시한 제약이 있다. 시간과 비용을 최적화하기 위해 각 도시를 한 번씩 통과한 다음 최단 경로를 따라 본사로 돌아오는 것이다.

이것이 단순한 문제라고 생각한다면, 지금으로부터 한참 전인 1930년대에 이 문제가 처음 제기된 후 오늘날까지도 그것을 풀기 위한 최적의 명확한 방법을 찾고 있는 수학자에게 가서 당신이 도움을 줘야 할 것이다. 이른바 '여행하는 세일즈맨 문제'는 이론 컴퓨터 과학 및 계산 복잡도 이론에서 가장 유명하고 많이 논의된 연구 사례 중 하나다. 도시들과 도시 사이의 거리가 주어졌을 때, 출발점으로 돌아오기 전에 모든 도시를 한 번씩만 방문하는 최단 경로를 찾는 것이다.

물론 방문할 도시가 12개뿐이라면 간단할 것이다. 그러나 도시가 100개라면 어떨까? 또는 수천이라면? 그렇다, 불쌍한 피에르질도는 갈 길이 멀다!

문제의 '복잡도', 즉 문제를 해결하는 데 필요한 경제적, 계산적, 에너지적 자원의 양은 도시 수가 늘어남에 따라 급격히 증가하여, 곧 가장 강력한 컴퓨터에서조차 너무 높아진다. 1992년에는 당시 가장 강력한 컴퓨터 중 하나로 3,038개 도시 문제를 해결하는 데 1년 반(!)이 걸렸다.

2006년에 수백 개의 프로세서CPU가 동시에 작동하는 훨씬 더 강력한 컴퓨터로 85,000개의 도시 문제를 시험했다. 컴퓨터 성능의 향상 덕분에 계산은 몇 달 만에 완료되었지만, 스마트폰에 있는 것과 같은 단일 프로세서가 수행했다면 136년 이상이 걸렸을 것이다!

따라서 문제의 복잡도를 증가시키면 객관적이고 실제적인 한계, 즉 우리가 가진 기술의 한계와 충돌한다는 것을 잘 이해할 수 있을 것이다. 컴퓨팅 능력은 발전할 수 있지만, 그것은 문제가 너무 복잡해서 어쩔 수 없이 포기해야 하는 지점까지 매번 조금씩 더 나아가는 것을 의미한다.

과학은 항상 우리가 '알 수 있는 것'과 '알 수 없는 것'의 경계에서 작동해 왔다. 그러나 그것은 모두 우주에 대한 우리의 이해를 제한하는 이 추상적인 장벽의 본질에 달려 있다. 대체로 네 가지 유형이 확인된다.

첫 번째는 단순히 실제적인 문제이며, 우리가 어떤 것을 할 수 없는 것과 관련이 있다. 여행하는 세일즈맨 문제가 완벽한 예다. 원칙적으로는 우리가 원하는 만큼 많은 도시에 대해 해결할 수 있지만, 실제로는 어느 시점에서 부수적인 문제에 부딪힌다. 예를 들어, 우리의 가장 강력한 컴퓨터가 문제에 대한 해결책을 찾는 데 수천억 년이 걸린다면* 그 해결책은 사실상 존재하지 않는 것이다.

---

*   빌어먹을 제국 시스템!

우리의 사고 구조와 우리가 현실을 이해하는 능력에서 비롯되는 인지적 한계도 있다. 진화는 우리 주변의 세계에 적응하고 특정 신체적, 인지적 특성을 선택하고 다듬음으로써 우리를 빚어냈다. 우리가 만드는 물건에서부터 우리가 만드는 예술작품에 이르기까지, 음악에서부터 수학에 이르기까지, 우리 삶의 모든 영역에 존재하는 대칭을 생각해 보라. 대칭에 대한 선호가 선택된 것은 아마도 그것이 어떤 진화적 이점(예를 들어 복잡한 풍경 속에서 우리가 다른 동물을 인식할 수 있게 해주는 것)으로 이어졌기 때문일 것이다. 사실, 동물들은 일반적으로 대칭적이지만 무생물은 그렇지 않다. 정글 한가운데에 있는 우리의 아주 먼 조상(또는 원한다면 타잔 버전의 피에르질도)이 주위를 둘러보고 무수히 많은 나뭇잎, 나무, 덤불 사이에서 대칭을 이루는 무엇을 본다고 상상해 보라. 그것이 '살아 있는' 존재라는 것을 즉시 이해하는 것은 포식자의 먹음직한 점심이 될 것인지, 반대로 점심으로 맛있는 다리를 먹게 될 것인지의 차이로 연결된다. 대칭을 인식하는 능력은 종의 생존에 필수 불가결한 것일 수 있었고, 결과적으로 그것은 결정적인 미적 감수성으로 발전할 때까지 후대에 전파되었다. 이것은 수십만 년 전에 우리가 진화한 방식이 오늘날 우리가 세상을 인식하는 방식에 어떻게 영향을 미칠 수 있는지를 보여 주는 예다.

또한 자연에는 본질적인 한계가 있으며, 이는 예측을 하거나 진술의 참 또는 거짓을 결정하는 능력을 한정할 수 있다. 예를 들어, 당신이 양자 입자의 위치와 속도를 극도로 정밀하게 결정하려고 한다면 매우 실망할 것이다. 하이젠베르크의 불확정성 원리는 입자의 속도와 위치 같은 특정 물리량의 짝을 동시에 측정할 수 있는 정밀도의 한계를 설정한다. 따라서 어떤 장비를 사용하든 위치를 매우 정밀하게 측정하려고 하면 속도는 거의 전적으로 불확실해지고, 그 반대의 경우도 마찬가지다. 이것은 기술의 한계가 아니라 자연 자체의 내재적 성질이다.

마지막으로, 우리는 '우주론적'이라고 정의할 수 있는 다소 특수한 한계에 부닥치는데, 이는 우리가 우주에 대한 몇 가지 질문에 답하는 것을 방해할 것이다. 그것은 바로 우주의 본성 때문이다. 이것은 그러한 질문이 우리한테서 매우 멀리 떨어져 있고 매우 진보된 외계 문명에 대해서도 답이 없는 상태로 남아 있을 것임을 의미한다. 왜냐하면 부여된 한계가 우리 지구인이 속박된 것과 정확히 같을 것이기 때문이다. 우리는 가설이나 추측을 공식화할 수 있지만, 특정 질문에 대해서는 결코 답을 내지 못할 수 있다. 예를 들어 블랙홀 안에 무엇이 숨겨져 있을까?•

우리는 초신성에 관해 이야기한 5장에서 이 천체를 만났다. 블랙홀은 너무 거대하고 밀도가 높고 엄청난 중력을 가지고 있어, 너무 가까이 다가가면 우주에서 가장 빠른 존재인 빛조차 빠져나올 수 없다. 이 '돌아올 수 없는 거리'는 '사건의 지평선'으로 정의된다. 이 공간에는 모든 것이 들어갈 수 있지만 어떤 것도 나올 수 없다. 따라서

• 짝 잃은 양말은 답이 아니다.

블랙홀은 마치 우주의 3차원 구멍이기라도 한 것처럼 완전히 검은 구로 보인다. 이게 그 이름의 유래에 대한 설명이다! 이 구의 중심에 있는 것, 그 특이점은 전혀 알 수 없는데, 왜냐하면 그 어떤 정보도 그것으로부터 나와서 우리에게 도달할 수 없기 때문이다. 우리는 중력을 다른 세 가지 기본 상호작용과 마찬가지로 양자화된 힘으로 취급하여 설명하려고 시도하는 이론들을 가지고 있지만, 그것들은 단지 추측의 영역 안에 있을 뿐이다.

마찬가지로 우리는 제로 시간, 즉 모든 것이 시작된 '빅뱅' 순간의 우주에 대한 정보를 결코 수집할 수 없을 것이다(9장을 읽었으면 우리가 무슨 말을 하는지 알 것이다!).

이전 장에서 이미 보았듯이 오늘날 우리가 관찰할 수 있는 가장 먼 것은 사실 우주배경복사, 즉 우주 전체에 퍼져 있는 전자기 복사다. 그러나 그것은 38만 번째 촛불이 이미 꺼진 다음에야(빅뱅 이후 38만 년이 지났다는 말 ─ 옮긴이) 우주를 자유롭게 여행하기 시작했다. 이전에 일어난 모든 일은 우리에게 알려지지 않은 채로 남아 있으며 현재로서는 그것을 연구할 수단이 없다. 그것은 마치 열린 문을 통해 어두운 방을 보고 있는 것과 같다. 갑자기 불이 켜지면 안에 뭐가 있는지 볼 수 있지만, 이전에 어땠는지는 알 수 없다. 사실 우리는 불이 켜졌을 때 보기 시작한 것을 기반으로 가설과 추측을 할 수 있지만, 그게 전부다.

알아야 할 필요

지구에 사는 다른 피조물들과는 달리 우리 호모사피엔스는 자연현상을 관찰하는 데 그치지 않고 자연현상을 설명하려고 노력한다. 그것은 우리를…… 적어도 우리 일부를 지적인 종으로 만드는 특성 중 하나다! 그러나 우리의 지성은 지식을 습득하고 새로운 기술을 개발하기 위해 수 세기에 걸쳐 형성되어야 했다.

종교는 우주를 포괄적으로 설명하려는 최초의 체계적인 시도였다. 종교는 세상을 자신의 의지에 따라 자연을 조작할 수 있는 초자연적 존재의 창조물로 본다. 만물은 신(또는 신들)이 그렇게 되어야 한다고 결정했기 때문에 그렇게 있는 것이다.

과학은 세계를 이해하려는 두 번째 위대한 시도였다. 과학자들은 우리가 관찰하는 현상을, 자신의 취향에 맞게 우주를 만든 우월하고 초자연적인 존재에 의한 것이 아니라, 자연의 물리적 과정으로 설명한다.

그러나 우리가 우주의 한계를 넘어 질문을 밀어붙이면 상황은 완전히 비상식적이고 접근할 수 없는 것이 된다. 빅뱅 이전에는 무엇이 있었을까? 우리 우주가 유일하게 존재하는 우주일까? 빅뱅의 원인은 무엇일까? 이러한 질문이 실제로 과학과 관련이 있는지조차 뜨거운 논쟁거리다.

다음 장에서 보게 되겠지만, 과학 이론과 과학이 아닌 것을 구별하는 것은 그 이론이 재현되고, 검증되고, 무엇보다 반증될 수 있는 가능성이다. 이것이 과학적 방법의 기초다. 이론을 '과학적'이라고 정의할 수 있는 유일한 방법은 실험과 관찰이다. 그러나 천문학과, 무엇보다도 우주론 분야에서 이것은 큰 문제다. 지구와 태양계의 기원에 대한 우리의 가설이 유효한지 어떻게 확인할 수 있을까? 당신이 한번 실험실 안에서 태양계를 재현해 보라!•

그러나 우리는 지구의 과거에 관한 가능한 모든 정보를 얻기 위해 지구를 연구하고, 그 덕에 지구의 기원을 재구성하기 위한 물리적 시뮬레이션을 해볼 수 있다.

그뿐만이 아니다. 저 위에는 수십억 개의 별이 있다. 일부는 태양과 비슷하고 거의 모두 자체 행성이 있으며, 그중 일부는 지구와 비슷하다. 이러한 항성계 중 많은 것이 이제 막 형성되기 시작했다. 따라서 비록 실험실에서 태양계의 기원을 재현할 수는 없다 해도, 다른 진화 단계에 있는 유사한 항성계를 연구할 수 있다. 그것들은 마치 자연이 우리의 지식을 시험해 보라고 우리에게 주는 많은 '실험들' 같다. 그런데 그것은 5분 만에 숲에 있는 나무의 생활사를 추론하려는 것과 비슷하다. 그렇게 짧은 시간에 식물의 전체 수명을 관찰할 수는 없다. 하지만 떨어진 도토리, 싹, 새순, 그리고 근처에 있는 성체 표본과 죽은 나무들을 관찰하면 아이디어를 얻을 수 있다.

• 만약 당신의 이름이 슬라티바트패스트(더글러스 애덤스가 지은 코믹 SF 소설, 《은하수를 여행하는 히치하이커를 위한 안내서》의 등장인물 – 옮긴이)이고, 마그라시아의 조선소에서 일하는 경우에는 이 단락을 건너뛰시라!

은하계에도 유사한 방법이 적용된다. 우리는 분명 은하수 형성에 관한 아이디어의 정확성을 검증하기 위해 실험실에서 그것을 재현해 볼 수는 없지만, 그 메커니즘이 모두 같다고 가정하면, 서로 다른 진화 단계에 있는 수백만 개의 유사한 은하계를 연구할 수 있다.

그러나 저 밖에 있는 모든 것이 당신이 연구할 수 있도록 충실하게 재현되어 있지는 않다. 피에르질도가 별과 은하를 연구하는 것처럼 우주의 기원을 연구하려 한다면, 그는 실패할 것이다! 관찰을 통해 그의 가설을 시험해 볼 다른 우주는 없다. 우주는 그 정의상, 존재하는 모든 것을 포함하는 그릇이다. 그러므로 다른 유사한 우주가 어떻게, 왜 생겨났는지 연구해서 우주를 이해하기란 불가능하다. 왜 우주가, 우리가 우주를 관찰하면서 여기에 존재할 수 있도록 바로 그렇게 만들어졌는지를 이해하는 것은 말할 것도 없다.

따라서 우리 지식은 현재의 극복할 수 없는 한계와 상충한다. 그러므로 우주가 왜 바로 이렇게 만들어졌고 다른 방식으로는 만들어지지 않았는지 설명하려면, 과학적 방법을 넘고 과학의 한계를 넘어서 형이상학, 신학, 철학을 침범하는 가설을 세워야 한다.

그러나 이것이 우주를 알 수 없다는 의미는 아니다! 우주를 직접 연구하는 것은 객관적으로 불가능하지만, 과학 덕분에 최근 수십 년 동안 우리 인간은 우주의 기원에 대해 몇 가지 중요한 추론을 했다.

예를 들어, 우리는 우주가 가속 팽창 중이고 그 안에 포함된 모든 물체가 서로 멀어지고 있다(인접 은하를 더 가까이 가져오는 국부 중력 효과를 제외하고)는 것을 알고 있다. 논리적으로, 무언가가 팽창하고 있다는 것은 시간을 거슬러 올라가면 줄어든다는 것을 의미한다. 따라서 우주 역사의 테이프를 되감으면 모든 은하가, 거기서 모든 것이 기원하는 '원시 특이점'이라고 하는 무한 밀도를 가진 한 지점에 수렴하는 것을 볼 것이라 추론했다. 그리고 모든 것은 말 그대로 '모든 것'을 의미한다. 우주를 구성하는 물질뿐 아니라 공간과 시간까지!

이러한 이유로, 이전에 무엇이 있었는지 묻는 것은 그 자체로 모순이다. 시간 개념 자체가 존재하지 않는다면 이전에 대해 말하는 것이 의미가 있을까? 공간, 시간, 물질, 에너지, 그리고 마지막으로 지금 우리 책을 읽고 있는 당신이 탄생한 최초 사건의 원인은 무엇일까? 모든 것을 담고 있는 구가 갑자기 나타나는 이유는 무엇일까? 그리고 마지막으로, 왜 우주는 이러한 질문을 던질 정도로 지적인 생명이 존재할 수 있게, 그토록 믿기지 않을 정도로 조절되는 것일까? 만족스러운 답변은 없다. 그러나 언급했듯이 우리는 호모사피엔스이고, 호모사피엔스로서 우리는 (불)가능한 모든 설명을 연구하려고 노력할 것이다. 무엇을 원하는가? 우리는 완고한 종이다!

이해할 수 없는 헛소리

우리가 어떤 현상에 대한 과학적 설명을 제공할 때, 우리는 그 현상을 더 심오한 어떤 것과 결부시키는 합리적인 논증을 만들고, 이는 다시 보다 더 심오한 논증과 연결되고, 이런 식으로 계속 이어진다.

예를 들어, 달의 위상을 어떻게 설명할까? 당연히 태양계 안의 천체의 움직임으로 설명된다. 그러면 이러한 움직임은 어떻게 설명될까? 뉴턴의 법칙으로 설명된다. 그러면 뉴턴의 법칙은 어디에서 왔는가? 그것은, 현실적으로 언젠가는 모든 기본 상호작용을 통합할 수 있는 이론으로 설명될 수 있는, 아인슈타인의 일반 상대성 이론에서 도출될 수 있다. 그리고 희망은 언젠가 우리가 모든 것, 절대적으로 모든 것*을 설명할 수 있는 궁극적인 이론에 도달하는 것이다.

그러나 그런 이론이 단지 이상에 불과하다면? 그곳에 도달하는 것이 불가능하다면? 궁극적인 설명에 대한 끝없는 추구를 피하기 위해, 우리는 조만간 일부 정보를 더 이상의 해명 없이 '사실'로 인정되는 것으로 받아들여야 할 것이다. 그러므로 가장 발달한 미래의 이론들조차, 우주는 아무 이유 없이 존재한다고 기술할 것이다. 그것은 그저 존재하는 것이다.

이유 없이 존재하는 모든 것은 정의상 불합리하다. 역설적이지 않은가? 우리는 과학의 합리성이 그 기초를…… 불합리에 두고 있다는 것을 받아들여야 한다!

그러므로 이 관점에 따르면 우주는 설명 없이, 있는 그대로, 생명을 허용하기에 완벽하다. 의미도 없고 목적도 없다. 계획도, 설계자도, 선험적인 운명도 없다. 인간과 모든 생명은 광활하고 차가운 우

---

* 부활절 월요일에 항상 비가 내리는 이유를 포함해서.

주에서 일시적이고 사소한 여분에 불과하며, 우주의 존재는 궁극적으로 불가해한 신비다.

이토록 초연한 입장의 결과는, 만약 우주의 기원에 대해 스스로 질문하는 지각 있는 존재가 되도록 우리를 이끄는 미리 정해진 패턴이 없다면…… 그것을 찾는 것조차 의미가 없다는 것이다. 생명과 우주, 마음과 생명 사이의 연결고리를 찾는 것은 의미가 없다. 우리가 할 수 있는 일은 이것이 그 경우임을 인정하는 것뿐이다. 우리는 우연히 여기 있는 것이다.

이 견해에 따르면, 과학 자체는 어떤 식으로든 가장 심오한 자연 현상 사이의 연결 수준을 발견할 수 없다. 생명(그리고 결과적으로 지각 있는 마음)의 존재 자체를 운 좋은 특별한 우연으로 간주해야 한다. 이것이 당신을 만족시키는 대답인가? 분명 아니다. 무언가가 '단지 그럴 뿐이다'라는 것을 받아들이려면 믿음의 행위가 필요하다. 믿음의 행위는 과학에 호소하지 않는다.

누구도 당신 같은 사람은 없다

그리고 만약 그와 반대로 궁극적인 이론, 즉 모든 것에 대한 이론을 공식화하는 데 성공할 수 있다면? 이 경우 우리는 우주가 왜 다른 방식이 아닌 이런 식으로 만들어졌는지 이해할 수 있게 될 것이다. '단일 우주'라 불리는 사상의 흐름은 우리가 살고 있는 우주는 다른 식으로는 가능하지 않다고 주장한다. 그 이유는 미래의 만물이론ToE, Theory of Everything에 의해서만 밝혀질 것이다. 모든 것, 즉 모든 물리 법칙, 자연의 다양한 상수, 공간과 시간의 존재, 우주의 기원은 이 최종적인 통합 이론의 자연스러운 필연적 결과가 될 것이다(물론, 우리가 그것을 공식화할 만큼 충분히 지성적이라고 가정한다면!).

이 관점은 두 가지 다른 방식으로 표현될 수 있다. 첫 번째는 보다 극단적인 것으로, 지금까지 말한 것과 같다. 즉, 우주는 반드시 있는 그대로여야 하며 다른 방식으로 있을 수 없다. 그러므로 창조자가 있었다 하더라도, 그는 자신의 작업에 형태를 부여하는 데 있어 다른 선택의 자유가 없었을 것이다. 그가 선택하거나 마음대로 조정할 매개변수도 없었을 것이다. 그는 문자 그대로 아무것도 결정할 수 없었을 것이다.

반면 덜 극단적인 버전은, 우주가 다를 수 있으며, 가능한 각 변형들은 다른 만물이론으로 설명될 것이라고 주장한다. 그러므로 우리가 우리 자신을 발견하는 이 특정한 우주의 존재는 미스터리에 지나지 않으며, 다시 말하지만, 부조리한 어떤 것이다. 왜냐하면 이 현실을 다른 것보다 '옳거나' 또는 '더 나은' 것으로 간주할 특별한 이유가 없기 때문이다.

그러나 두 입장의 기본 아이디어는 물리 상수들의 명백히 임의적인 값이 실제로는 자연의 기저에 깔린 어떤 심오한 구조로 인한 값이어야 한다는 것이다.

단일 우주의 가장 큰 장점은 모든 물리학자의 꿈에 부합되며 잠재적으로 실현 가능하다는 것이다. 그 꿈은 실재에 대한 완전한 이해로서, 어떤 것도 설명되지 않거나 우연의 결과로 간주되지 않으며 초월적 설계자의 존재 역시 배제한다. 따라서 가장 극단적인 관점에서 보면, 단일 우주는 우리 존재의 위대한 신비를 밝힐 수 있도록 해줄 것이다. 반면 보다 온건한 관점은 한 가지 질문에 대한 답을 얻지 못한다는 큰 단점이 있다. 모든 가능한 우주에 기초한 모든 가능한 이론 중에서 왜 우리를 여기 있게 하는 것이 선택된 것인가?

돌이켜보면, 두 단일 우주 관점 모두 지각 있는 생명의 존재를 단순히 사소한 우연의 일치로 간주한다. 우리의 뇌가 아직 너무 원시적이어서 이 모든 것의 이론, 이 깊은 통합 구조를 감지할 수 없는 것은 사실이다. 그러나 그러한 발견은 언젠가 미래 인류가 도달할 수 있는 범위 내에 있을 수 있다. 그러니 사소하거나 말거나, 언젠가 우리가 모든 것을 통합할 수 있는 이론을 갖게 된다면 그것은 지적 생명체의 존재 덕분일 것이다. 그 이론은 과학이 달성할 수 있는 가장 위대한 성취다. 우리 생각에는, 우리는 이미 이런 방식으로 충분히 만족감을 느낄 수 있다!

(안 좋게) 같이 있는 것보다 혼자가 낫다

만약 우리가 운이 좋게도 가능성이 낮은 우주 복권의 당첨자라면 어떨까? 무한하지는 않더라도 엄청난 수의 복권 중에서 생명이라는 1등

복권에 우리가 당첨됐을 수도 있다. 이 경우 많은 복권 당첨자와 마찬가지로 우리도 우리 성공에 심오한 의미를 부여하려고 할 수 있다. 하지만 실제로는 그저 운에 불과한 것이다.[*]

이러한 고찰은 이른바 '다중 우주' 가설 이면에 있는 철학을 잘 요약한다. '다중 우주'란 기본적으로 많은 우주의 집합, 즉 서로 고립된 별개의 시공간 영역을 의미하며, 우리 우주는 그중 한 예일 뿐이라는 것이다.

이 가설은 일부 현대 우주론(안드레이 린데Andrej Linde의 '영원한 인플레이션'과 같은)과 표준 모형에 대한 대안 이론(끈 이론과 같은)들 덕분에 최근 수십 년 동안 점점 더 유행하고 있다. 이들 이론에 따르면, 자연의 기본 상수는 우주와 우주 간에 다를 수 있다. 기본 상수 값의 서로 다른 각각의 조합은 그 자체로 하나의 우주에 대응한다.

생명은 발생에 유리한 조건을 보이는 우주에만 존재할 것이다. 그러므로 우리에게 적합한 우주에 우리가 있다는 사실은 놀라운 일이 아니다. 우리는 그저 다른 우주에서는 태어날 수 없었던 것이다.

다중 우주 가설의 장점은 우리 우주가 생명을 위해 믿을 수 없을 정도로 조정된 것처럼 보인다는 사실에 대해, 간단하고도 자연스러운 설명을 제공한다는 것이다. 자연의 상수가 적절하게 배치된 우주만이 지성을 가진 관찰자가 출현하는 것을 보게 될 것이다. 부적합한

• 대문자 C로 행운을 빈다La fortuna con la C maiuscola! (라파엘 파오네사Raffaele Paonessa가 각본과 감독을 맡은 희극의 제목—옮긴이)

우주가 절대적으로 압도적인 수적 우위를 가지지만, 그들의 '불임'은 그들을 인류 게임으로부터 배제한다.

그러나 이 이론은 단점이 많고, 그중 어떤 것은 극복할 수가 없다. 사실, 이전에 과학자들은 단일 우주의 기원을 설명해야 했다면, 이제 그들은 잠재적으로 무한한 수의 우주의 존재를 설명해야 하는 자신을 발견하게 되었다. 게다가 또 다른 훨씬 더 큰 문제가 있다. 그것은 이 가설을, 세계의 속성을 정량적 정확성을 가지고 조화로운 방식으로 결정하는 일반 수학 이론같이 더 심각한 과학적 설명을 찾지 않아도 되게 만드는 일종의 허점이라고 생각하는 사람들에게는 환영받지 못하게 만든다. 그것은 바로 이 문제다. 우리는 다중 우주 이론을 과학적이라고 정말로 간주할 수 있는가?

사실 자세히 들여다보면, 그것은 실험이나 관찰로 검증할 수 없으므로 과학의 범위에 속해서는 안 된다. '저 바깥에' 셀 수 없이 많은 다른 우주가 있다는 주장은 그 정의상 검증이 불가능하고, 반증하기는 더 어렵다. 다른 우주는 우리 우주와 완전히 분리되어 있으므로 우리가 그것을 관찰할 방법이 없다. 그러므로 심지어 원칙적으로도, 관찰할 수 없는 존재에 기초한 가설은 과학적이라고 정의될 수 없다고 정당하게 반대할 수 있다.

최근 몇 년 동안 일부 과학자들은 특히 우주배경복사를 분석해 우리 우주에서 평행 우주의 존재 흔적을 찾아보려고 노력했다. 이 원시 복사 온도 분포의 불균일성은 더 차갑거나 더 따뜻한 '반점'으로 나타나며, 그중 일부는 너무 두드러져서 설명하기 어렵다. 이론 물리학자 로저 펜로즈Roger Penrose가 속한 한 과학자 그룹은 이런 불균일성이 우리 우주와 다른 우주의 충돌, 즉 거대한 우주 충돌의 후유증에 따른 상처로 인해 발생할 수 있다고 추측했다.* 만약 그렇다면, 다른 우주의 존재를, 과학의 기초가 요구하는 대로 측정하고 관찰할 수 있을 것이다. 그러나 현재로서 이 가설은 어떤 식으로든 확인된 바가 없다.

그리고 우주론 과학자 맥스 테그마크Max Tegmark가 제안한 극단적인 다중 우주 모델이 있다. 이에 따르면 모든 종류의 가능한 세계가 실제로 존재한다. 얼마나 많이? 무한히, 모든, 절대적으로 모든 가능한 우주가 존재한다. 극단적인 다중 우주의 장점은, 그것이 단순히 모든 것을 포함하고 있으므로 모든 것을 설명한다는 것이다. 하지만 그 방법은 너무 쉽다! 문자 그대로 모든 것을 이런 식으로 설명한다고 주장하는 이론은 실제로는 공허한 이론이며 아무것도 설명하지 못한다.

그러나 다중 우주론 지지자들은 과학자들뿐 아니라 이 가설을 모든 유형의 신성의 존재를 부정하려는 필사적인 시도로 간주하는 사람들의 표적이 되기도 한다. 철학자 닐 맨슨Neil Manson은 "절망적인 무신론자가 최후로 기대는 것"이라고 정의했다.

---

* 이 경우 누가 사고경위서를 작성했는지는 또 다른 해결되지 않은 문제다. 물론 보험료는 크게 뛰었다.

불완전한 건축가

우주가 생명을 위해 설계된 것처럼 보이는 것이 우주가 실제로 생명을 위해 설계되었기 때문이라면? 만약 그렇다면, 누가 그것을 설계했을까?

질문은 간단하지만, 여기에는 엄청난 함의가 담겨 있다. 그리고 질문이 우리를 인도하는 첫 번째 해답은 종교적인 답이다. 우리는 이 장을 시작하며 그에 대해 기술했다. 종교는 우리를 둘러싼 모든 것에 대한 설명을 제공하려는 첫 번째 시도였다. 따라서 이는 혁명적인 추론이 아니다. 수 세기 전의 설계 논증은 신의 존재, 또는 우리가 여기 있을 수 있도록 하는 정확한 특성을 가진 모든 것을 창조한 초자연적 존재를 입증하는 데 사용되었다.

종교적 비전에 따르면, 지적 생명체를 뒷받침하는 우리 우주의 특성에 대한 놀라운 조정의 미스터리는 이러한 목적을 위해 특별히 설계된 계획에 따라 우주를 창조한 초자연적 존재로 인해 해결된다. 그러므로 자의식적인 우리 존재는 지적인 건축가가 원하는 우주적 신성 프로젝트의 끝이 될 것이다.

그 어떤 초자연적인 지적 실체의 존재 이론도 과학적으로는 전혀 검증할 수 없으므로, 과학에서 이것을 고려할 수는 없다. 그러나 그것은 이해가 가능한 가설이다.

살아 있는 유기체는 엄청나게 복잡한 것이다. 예를 들어, 당신의 신체를 생각해 보라. 세포 하나에만도 완벽한 조화, 효율성 및 자율성을 가지고 작동하는 상상할 수 없는 양의 구조가 포함되어 있다. 인체에는 30조가 넘는 세포가 있는 것으로 추산되며, 각각의 세포들은 극도로 정교한 화학적, 전기적 메커니즘을 통해 서로 협력한다. 인체와 같은 복잡한 유기체를 구성하는 세포는 다양한 기관(폐, 간, 심장 등)으로 조직되어 있으며, 각 기관은 전체 유기체가 제대로 기능할 수 있도록 다른 기관과 완벽하게 조정되고 조화되어야 한다. 그러나 그중에서도 가장 복잡한 것은 분명 뇌다. 바로 당신의 의식이 존재하고 당신을 당신으로 만드는 기관이다. 그 안에는 은하수에 있는 별만큼 많은 1,000억 개 이상의 세포(뉴런)가 있으며, 1,000조 개의 시냅스 연결로 밀접하게 연관되어 있다. 요컨대, 그러한 복잡성이 단지 우연에 의한 것이라고 주장하기는 정말 어렵다. 결국 이 모든 것이 '임시변통적' 프로젝트의 결과인지를 자문하는 것은 정상적일 뿐 아니라 정당한 일이기도 하다.

그러나 고려해야 할 가장 중요한 사항은 이러한 복잡성이 갑자기 나타난 것이 아니라 점진적인 생물학적 진화 다음에 나타났다는 것이다. 우리를 포함하여 지구상의 모든 살아 있는 종은 35억 년에서 40억 년 이상의 시간 동안 진행되어 온 매우 느리고 매우 긴 진화과정의 결과다. 그것이 초자연적 능력을 부여받았거나 아니면 전지전능한 설계자의 작업이라면, 그는 왜 우리를 있는 그대로 직접 창조하지 않고 이 모든 시간을 기다렸을까?

1859년에 발표된 다윈의 진화론이 과학적 성공을 거둔 것은 설계자에 호소하지 않고도 이러한 복잡성을 설명할 수 있었기 때문이다. 우리는 그저 우리 자신이 처한 환경에서 생존하기에 최상의 특성들이 세대를 이어 전해지게 만든 자연적 과정의 결과다. 이 선택 과정에서 복잡한 유기체는 멸종의 고난 속에서 어떻게든 살아남아야 한다.

그러나 어떤 한 개체를 관찰함으로써 확인할 수 있는 것처럼, 그 과정은 의심의 여지 없는 불완전한 과정이며, 분명 전능한 설계자에게서 기대할 수 있는 것은 아니다! 예를 들어, 인체에는 목구멍에 있는 식도와 기도의 성가신(그리고 위험한!) 수렴이나 척추의 취약성 같은 몇몇 하자가 있다.

설계자는 자의식 있는 생명체의 출현을 허용하기 위해 우주를 지배하는 기본 법칙과 자연 상수 값을 정의하는 것으로 자신의 역할을 제한했다고 답할 수도 있다. 일단 이러한 선택이 이루어지고 나면 그는 생명이 완전히 자발적인 방식으로 발전하고 진화하도록 내버려 둠으로써 더는 자신의 창조에 개입하지 않을 것이다.

그런데 이 견해에는 또 다른 주요 약점이 있다. 우주가 창조되었다는 주장은 창조자 존재의 필요성을 입증하고, 그의 본성을 기술하고, 그가 어떻게 행했는지 설명하지 못하는 한 실제적인 설명을 제공했다고 할 수 없다. 그러면 그것은 우주의 기원 문제를 설계자의 기원 문제로 바꾸는 것으로, 즉 답은 주지 않고 질문을 옮기는 것뿐이다. 그러면 설계자가 하나의 신적 존재라고 누가 보증할 수 있는가? 그것은 또한 우리가 지금은 상상할 수 없는 기술을 사용하여 우리를 창조한 초진화 또는 초문명과 같은 하나 이상의 자연적 존재일 수도 있다. 심지어 설계자가 우주 전체를 시뮬레이션하는 일종의 슈퍼컴 퓨터일 수도 있다! 그렇다면 현실 자체가 일종의 정교하게 만들어진 리얼리티 쇼가 될 수도 있다.* 무한한 가능성이 있는 시나리오가 펼쳐지겠지만, 모두 같은 문제의 영향을 받는다.

따라서 '지적 설계자'를 가정하면 우주론적 관점뿐 아니라 생물학적 관점에서도 아직 해결되지 않은 모든 의문에 관련된 문제들을 해결할 수 있다. 이 특정한 순간에 우리가 그러한 질문에 답할 수 없다는 사실이 그 질문에 자연적인 설명이 없음을 뜻하는 것은 전혀 아니며, 단지 우리가 아직 그것이 무엇인지 모른다는 것을 의미할 뿐이다. 생명이 어떻게 시작되었는지 설명할 수 없다고 해서 그것이 기적적인 사건이라는 뜻은 아니다. 또한 우리가 그것을 결코 설명할 수 없다는 의미도 아니고, 단지 그것이 어렵고 복잡한 문제라는 것일 뿐이다.

놀라운 부작용

인류 원리에 따라 추가 설명이 제안될 수 있다. 즉, 우리 우주가 가진 생명과의 양립 가능성은 우주(또는 다중 우주)가 지적 생명 쪽으로 진화하도록 강제하는 법칙 또는 어떠한 일반 원리로부터 비롯된다는 것

---

* 일어나, 네오……. 이것은 〈매트릭스〉를 너무 많이 볼 때 도달하는 가설이다.

이다.

'생명 원리'로 알려진 이 가설은 생명을 '진지하게' 취급한다는 장점이 있다. 이것은 지금까지 설명한 시나리오에서처럼 우연으로, 무에서, 또는 신성한 계획 덕분에 생명이 생겨났다고 하지 않는다. 그러나 그것은 다소 단순한 반론을 마주하게 된다. 우주가 어떻게 생명을 '알고' 그 출현을 계획할 수 있는 것인가?

또 다른 문제는 생명 원리가 이유를 설명하지 않고 생명과 마음을 우주 진화의 '목표'와 동일시한다는 점이다. 따라서 그것을 아무런 설명 없이, 물리 법칙과 더불어, 가차 없는 사실로 받아들여야만 한다.

이런 의미에서 이것은 거의 위에서 설명한 '불합리한' 우주의 수정된 버전으로 생각할 수 있다. 이 반론은 생명 원리가 다중 우주와 결합되면 쉽게 해체될 수 있다. 왜냐하면 생명의 발달을 허용하는 법칙에 의해 지배되는 우주만이 관찰될 수 있기 때문이다. 그러나 다중 우주를 불러오는 것은 단순히 생명 원리의 기원 문제를 다중 우주 기원의 문제로 전가하는 것이다.

만약에 그것이 정반대라면 어떨까? 우리 우주의 궁극적인 목표가 생명의 출현이 아니라 다른 무엇이라면? 그러나 그 다른 무언가가 지능적인 관찰자를 발달시키는 결과를 초래하는 것이라면? 우리는 아마도 가장 흥미를 자아낼 만한 가설을 마지막으로 남겨 두었다, 만족하는가?

이 견해에 따르면 생물학적 유기체는 부수 현상, 즉 이차적 '부작용'으로, 우주가 다른 일을 '시도하는' 동안 우발적으로 나타난 순전히 부차적인 사실이다.

무엇이 이 '다른 일'이 될 수 있을까? 진정으로 매혹적인 대답은 이론 물리학자 리 스몰린Lee Smolin이 제안한 것으로, 그는 1990년대에 '우주론적 자연선택' 또는 '비옥한 우주 이론'으로 알려진 이론을 발전시켰다. 이 이론에 따르면 블랙홀의 형성은 블랙홀 반대편에 새로운 우주의 탄생을 초래한다. 이런 종류의 '자식 우주'에서 기본 상수의 값은 블랙홀이 붕괴한 우주에서의 값과 약간 다를 수 있다. 따라서 각 우주는 내부에 블랙홀이 있는 만큼 많은 우주를 생성할 수 있다. 이 우주 중에서 블랙홀을 생성할 수 없도록 만드는 상수 값을 가진 우주는 번식하지 않을 것이다. 반대로, 블랙홀 생성을 '잘하는' 우주는 많은 자식을 낳을 것이다. 생물학적 자연선택과 매우 유사한 메커니즘으로, 우주론적 자연선택은 블랙홀을 생성하는 우주의 능력을 세대에 걸쳐 다듬는다.

하지만 블랙홀을 만드는 데는 항성이 필요하므로, 블랙홀을 잘 만드는 우주는 항성들도 잘 만들 것이다. 그리고 항성이 있는 곳에 행성이 있다. 그리고 행성이 있는 곳에서 생명체가 발달할 수 있다. 그리고 여기에 인류 원리가 온다. 비옥한 우주 이론에 따르면, 우리 우주는 생명을 수용하도록 정확하게 조정된 것이 아니라 블랙홀을 수용하도록 조정된 것이다.

인생은 우연, 원치 않았던 것, '부작용'에 불과하다. 우주 설명서가 있었다면, 한 번쯤은 우리가 그것을 읽으며 기뻐했을 것이다!

11장

|

수정 구슬

인류적 예측

예측하는 것은 어렵습니다. 특히 그것이 미래에 관한 것이라면.

_노벨 물리학상 수상자, 닐스 보어

유명한 최종 선언

화이트스타라인은 영국의 주요 해운사 중 하나였다. 1911년에 총
46,000톤 이상, 길이 270미터, 높이 50미터 이상으로, 내부에 2,000
명 이상 승객과 승무원을 수용할 수 있는 가장 거대하고 진보된 선박
중 하나를 진수했다. 회사의 부사장인 필립 프랭클린Philip Franklin은 자
부심에 가득 차서 말했다. "이 배는 가라앉지 않습니다." 그 원양 여
객선은 타이타닉이라고 불렸다.

사이먼 뉴컴Simon Newcomb은 미국의 수학자이자 천문학자였다.
1902년, 예순일곱이었던 그는 최근의 기술 발전에 대해 "공기보다
무거운 기계를 날리는 것은 불가능하다"라는 매우 분명한 견해를 가
지고 있었다. 18개월 후, 라이트 형제는 탑승한 조종사가 조종하는

동력 비행기를 최초로 이륙시켰다.

위대한 미국 발명가 리 디포리스트Lee de Forest는 1926년에 다음과 같이 말했다. "사람을 로켓에 태우고 달의 중력장으로 보내 과학적 관찰을 할 수 있게 하고, 아마도 살아서 그곳에 착륙시킨 다음 지구로 돌아오게 하는 것은 쥘 베른의 꿈에서나 가능한 일이다. 나는 가능한 모든 미래의 진전과 관계없이 그러한 여정은 절대 일어나지 않을 것이라고 충분히 대담하게 말할 수 있다." 〈뉴욕 타임스〉조차 우주여행에 회의적이었다. "어떤 로켓도 지구 대기권을 벗어날 수 없다"라고 1936년 기사에서 선언했다.

7년 후, 당시 IBM 사장인 토머스 왓슨Thomas Watson은 "아마도 다섯 대의 컴퓨터"를 위한 시장이 세상에 있을 거라고 주장했다.

20세기폭스의 영화 제작자인 대릴 재넉Darryl Zanuck은 1946년에 다음과 같이 예견했다. "사람들이 매일 밤 합판 상자를 보는 것에 곧 질려 버릴 것이기 때문에 텔레비전은 오래가지 않을 것이다."

1950년대 중반, 로커빌리 음악의 선구자이자 기타리스트인 에디 본드Eddie Bond는 19세의 엘비스 프레슬리에게 "당신은 가수로 결코 성공할 수 없을 것"이라고 말했다.

1962년, 네 명의 남자가 데카 레코드의 오디션을 봤다. 그들의 연주를 들은 후, 데카 레코드에서는 이렇게 말하며 불합격시켰다. "기타 음악은 곧 가라앉을 것이다." 이 남자들은 비틀스였다.

이동전화의 아버지인 마틴 쿠퍼Martin Cooper는 1980년대 초 휴대전화의 발명에 대해 특별히 낙관적이지 않았다. 10년이 지난 후에도,

인텔의 당시 CEO는 여전히 같은 의견이었다. "모든 사람이 주머니에 개인 커뮤니케이션 도구를 가지고 다닌다는 아이디어는 헛된 꿈에 불과하다."

애플의 첫 스마트폰이 나온 2007년에 마이크로소프트의 CEO는 자신 있게 이렇게 말했다. "아이폰이 시장에서 상당한 점유율을 차지할 가능성은 없다."

우리는 당신에게 더 많은 일화를 말할 수 있지만, 이것으로 충분할 것이다. 우리가 어디로 가고 싶은지 이해할 것이다, 그렇지 않은가?

날아다니는 찻주전자

가장 똑똑한 사람들이라도 무언가를 예측한다는 것은 결코 쉬운 일이 아니다. 그러나 우리 인간은 정확하고 객관적인 예측을 하는 데 매우 잘 작동하는 시스템을 발명해 냈다. 아니, 그것은 점성술이 아니다. 이 시스템에는 이미 들어 본 이름이 있다. 이것은 '과학'이라고 불린다.

과학적 방법의 핵심에는 매우 정확한 개념이 있다. 가설이 아무리 우아해도, 제안한 사람이 아무리 권위 있고, 철학적 수준에서 만족스럽더라도, 중요한 것은 오로지 실험 데이터가 그것을 확증하는지 아니면 반증하는지다. 과학자들에게 가설은, 실험이나 관찰을 통해 인정을 받게 되거나 반대로 망각 속으로 던져질 수 있어야 좋은 것이다.

그러나 데이터에 의해 지지되거나 부인되기 위해서는, 그 가설이 검증 가능한 예측prediction을 생성할 수 있어야 한다. 당신이 어느 날 아침 잠에서 깨어나, 암흑 에너지가 오로지 마지팬으로 이루어진 11차원 평행 우주에서 빛보다 빠른 입자가 충돌해서 생기는 거라고 가정한다고 해서 그것을 막는 것은 무엇도 없다.* 그런데 문제는 당신이 틀렸음을 증명할 수 있는 실험을 고안하고 수행할 수 있느냐는 것이다. 빛보다 빠른 입자, 평행 우주, 여분의 차원, 우주 마지팬이 존재하며, 그리고 이 모든 것들이 암흑 에너지에 기인하는 효과를 만들어 내기 위해 작동한다는 것을 어떻게든 증명할 수 있을까? 다시 말해, 당신의 가설은 반증될 수 있는 예측을 생성할 수 있는가?

과학의 핵심에는 예측하고, 검증하거나, 더 나아가 폐기하는 능력이 있다. 예측을 할 수 없으면 그 가설은 엄격한 의미에서 아예 '과학적'이라고 부를 수도 없다. 이것은 또한 다중 우주나 끈 이론과 같이 과학 커뮤니티 내에서 풍부하고 진지하게 논의되는 일부 이론들이 가진 문제이기도 하다. 그들은 좋은 이론이지만, 테스트하는 것은 사실상 불가능하다.

특히, 엄밀한 과학적인 이론과 비과학적인 이론의 경계선은 '반증 가능성falsifiability'에 있다. 철학자 칼 포퍼Karl Popper가 도입한 이 아

---

* 아침에 일어났을 때 이런 생각이 든다면, 저녁을 더 가볍게 먹기를 권한다…….

이디어는 근본적인 중요성을 가진다. 포퍼에 따르면 과학적 진술은 '입증할 수 있는' 것, 즉 데이터에 의해 확증되는 것이 아니라, '반증될 수 있는' 것, 즉 데이터에 의해 부인될 수 있는 것이다.

예를 들어, 어느 날 당신은 놀라운 통찰력을 가지고 태양이 하늘을 가로질러 움직이는 것을 관찰할 수 있었다. 이 신비한 현상을 설명하기 위해 가장 자연스러운 것은 태양이 지구 주위를 돌고 있다고 가정하는 것이다. 그러나 지구가 태양 주위를 돌고 있다는 가정도 할 수 있다. 첫 번째 가설은 확실히 검증할 수 있다. 사실, 그것은 관찰로 확인할 수 있는, 즉 우리가 하늘에서 움직이는 태양을 본다는 예측을 만들어 낸다. 그리고 이 예측은 관찰로 충분히 검증된다. 그런데 이것이 당신의 가설이 옳다는 것을 입증하기에 충분할까? 우리는 당신이 소리 높여 "아니오!"라고 외칠 거라고 확신한다. 두 번째 가설 또한 실제로 검증 가능하며 관측으로 확인할 수 있는 같은 예측, 즉 태양이 하늘에서 움직인다는 예측을 하게 된다. 두 가설 모두 검증이 가능하고 또 검증되었지만, 그것들은 태양을 관찰하는 것으로는 '반증되지' 않는다. 왜냐하면 태양의 움직임만으로는 둘 중 하나의 가설을 버리는 것을 허용하지 않기 때문이다. 이 '난국'에서 어떻게 벗어날 수 있을까?

포퍼의 대답은 명확하다. 지침 기준은 검증 가능성이 아니라 반증 가능성이다. 두 개의 경쟁 가설이 반증 가능한 예측, 즉 다른 관찰에 의해 부인될 수 있는가? 그렇다. 이것이 17세기 초 갈릴레오가 망원경으로 한 일이며, 이로써 공식적으로 태양 중심설 시대의 시작을 고했다.

다음에 누군가가 과학자들이 대안적 가설에 열려 있지 않고 일반적으로 받아들여지는 이론만을 옹호한다고 말한다면, 과학은 정확히 반대 방향으로 작동한다고 그들에게 말해 주길 바란다. 가설이 흥미로워 보일 때마다 그것을 확인하기 위해서가 아니라 그것을 반박하기 위해 모든 노력을 기울인다고. 우리는 모든 방법으로 어떤 대안 가설이 더 잘 작동하는지 확인하고, 그렇지 않은 경우에만 원래의 직관이 살아남는다. 오늘날 크게 유행하는 것처럼 보이는 일부 '대안 가설'(예: 음모이론과 관련된 가설)을 과학자들은 무시한다. 그것들이 대안이기 때문이 아니라, 과학적 가치가 거의 없고 반증할 수 없기 때문이다.

반증 불가능한 가설은 존경받는 과학계에서 고려되지 않는다. 당신의 친구 피에르질도가 어떤 색다른 이론을 제안한다면 ― 예를 들어 암흑 에너지는 마지팬으로 만들어진 다른 11차원 우주에서 충돌하는 초광속 입자 때문이라거나, 점성술은 행성이 우리에게 어떤 식으로든 측정할 수 없는 영향을 미치기 때문에 작동한다는 등 ― 당신은 그에게 평온하게 대답할 수 있다. "이 가설을 반증할 수 있는 실험을 고안할 수 있어? 그렇다면 실험해 봐. 그리고 데이터가 가설을 반박하지 않는다면, 그때 우리는 그것에 대해 이야기할 수 있어." 이것이 과학적 방법이 작동하는 방식이다. 비록 가설을 선험적으로 배제할 수 없다 하더라도, 반증 불가능성만으로도 그 가설은 고려하지 않기에 충분하다.

피에르질도는 그의 이론이 옳음을 증명하는 것은 자신에게 달려 있지 않으며, 그것을 반증하는 것은 당신에게 달려 있다고 주장할 수 있다. 그렇다면 그에게 철학자 버트런드 러셀Bertrand Russell의 다음 구절을 읽어 주도록.

"내가 지구와 화성 사이에 타원 궤도를 따라 태양 주위를 도는 도자기 찻주전자가 있다고 주장한다면, 그리고 내가 찻주전자가 너무 작아서 우리의 망원경보다 더 강력한 망원경으로도 감지할 수 없다고 조심스럽게 덧붙인다면, 아무도 내 가설을 부정하지 못할 것이다. 그러나 내 주장을 부인할 수 없으므로 그것을 의심하는 것은 인간 이성의 편에서 용납할 수 없는 주제 넘음이라고 주장한다면, 당연히 내가 말도 안 되는 이야기를 하고 있다고 생각할 것이다."

이 유명한 논제는 '러셀의 찻주전자'로 알려져 있다. 누군가 예측할 수 없는 가설을 내세웠을 때, 그것을 수용하는 사람에게 그것을 반증할 의무가 있는 것이 아니라, 제안자가 그것을 입증할 의무가 있다는 뜻이다. 반증 불가능한 가설을 무시하는 것은 정당할 뿐만 아니라 의무이다. 과학은 이렇게 작동한다.

행운의 탄소!

그러나 이러한 관점에서 인류 원리는 어떻게 작동하는가? 그것은 모든 면에서 과학적인 주제인가? 그것은 반증 가능한 가설을 생성할 수 있는가?

그 답은 복잡하고 과학계 내에서도 논란이 많다. 인류 원리는 실제 과학 체계를 넘어서는 우주 연구에 대한 방법론적 접근, 즉 우주의 속성을 분석할 때 유용한 추론 방식의 하나로 간주해야 한다.

최초의 공식화 때부터 인류 원리는 코페르니쿠스주의(이에 따르면 우리는 우주에서 특권이 없는 영역을 차지하고 있다)의 '맹목적인' 사용을 피하고, 필요에 따라 목표를 수정하도록 설계되었다. 이런 의미에서 인류 원리는 단순히, 자부심 있는 천체물리학이나 우주론적 이론이 우리가 존재한다는 사실을 고려해야 한다고 주장하는 것이다.

우리가 이 책에서 말한 대부분의 우연은 예측의 결과가 아니다. 하나만 빼고. 4장에서 당신은 탄소-12 핵의 에너지 준위 중 하나가 별 내부에서 그것의 생산을 허용한다는 것을 보았다. 이 준위의 에너지가 몇 퍼센트 낮았다면 탄소는 우주에서 매우 희귀한 원소가 되었을 것이고 우리는 존재할 수 없었을 것이다. 이 책에서 말하는 다른 모든 우연의 일치와는 달리, 이 에너지 준위의 존재는 관측되기 전에 예측되었다. 예측한 사람은 바로 미국 천문학자 프레드 호일이며, 우리는 이미 9장에서 그가 정상 우주론의 창시자이자 '빅뱅'이라는 용어의 창시자라는 것을 이야기했다.

때는 1953년이었고, 호일은 별이 어떻게 탄소를 생성하는지 이해하려고 애쓰고 있었다. 어떤 핵반응도 그 결과로 탄소를 생성하는 것이 불가능해 보였다. 탄소를 생산하기가 그렇게 어렵다면 우주에는 왜 그렇게 많은 탄소가 있을까? 이것은 큰 문제였다.

호일은 마지막 수단으로 약간의 예감을 동원해, 거기에는 특정 에너지 준위가 '반드시' 있어야 하며 그렇지 않으면 탄소는 매우 희귀한 원소가 되었을 것이라고 결론 내렸다. 그는 일부 입자 물리학자들에게 그 준위를 찾는 탄소 핵 실험을 수행하도록 설득했다. 이들은 초기의 엄청난 회의론에도 불구하고 실험을 수행했으며, 호일이 예측한 것보다 에너지가 아주 조금 높은 준위를 발견했다. 만약 그것이 조금만 더 낮았더라면 별이 탄소를 생산하는 것은 거의 불가능했을 것이다. 만약 그것이 조금 더 높았더라면 생명이 발달할 만큼 충분히 생산하지 못했을 것이다.

그러나 호일은 탄소의 에너지 준위에 대한 그의 논문에서 '생명'이나 '지능적 생명'에 대해 명시적으로 언급한 적이 없다는 점은 짚고 넘어가야 한다. 그의 추론은 "우리가 존재하기 때문에 탄소 핵은 7.6MeV의 에너지 준위를 가져야 한다"가 아니라 "탄소는 우주에 풍부하고, 그러려면 그 핵은 7.6MeV의 에너지 준위를 가져야 한다"였다.

탄소가 생명체에 필수 불가결하다는 점은 이후에 호일의 원래 예측이 본질적으로 인류적이라는 잘못된 신화를 만들어 냈다. 그것은 사실이 아니다. 어쨌거나 인류 원리의 첫 번째 공식화는 20년 후에야 이루어진다. 남아 있는 사실은, 그것이 인류적 추론에서 나올 수 있는 비범한 예측이었다는 것이다.

그 밖의 것에 관하여는, 인류 원리는 실제 예측을 만들어 낸 적이 거의 없다. 그것은 거의 언제나 실험적으로 이미 알려진 값을 '예측'

했다. 이것은 그에 대한 논쟁이 가장 격화되는 지점 중 하나다. 사실 일부에 따르면, 검증 가능한 예측 생성에 있어서 인류 원리의 비효율성은 그것을 우주에 대한 과학적 담론 밖으로 내몰기에 충분하다. 그러나 이것은 조금은 환원주의적 관점이다. 왜냐하면 인류 원리는 의심의 여지 없이 과학에 유용한 도구가 될 가능성이 있기 때문이다.

그렇다면 우리가 과감하게 인류 원리에 기초하여 예측을 공식화한다면 어떤 일이 일어날까?

떠다니는 두뇌

당신은 침대 머리맡에 놓인 탁자를 이 책을 올려놓는 데 쓰거나, 새끼발가락을 찧는 데 쓸 수도 있다(당신에게 그런 일이 절대 일어나지 않았다는 말은 하지 마시길. 우리는 믿지 않는다!). 두 가지 용도가 모두 가능하지만, 하나가 다른 것보다 확실히 더 목적에 적합하다.

침대 옆 탁자와 마찬가지로 인류 원리도 도구이므로, 잘 사용할 수도 있고 잘못 사용할 수도 있다.

인류 원리를 어떻게 사용하는가에 대한 매우 유익한 예가 있다. 이것은 아마도 최초의 시도이기도 했을 것이다. 비록 그 용어가 나오기 전이었지만 말이다. 때는 1896년이었고, 당대의 가장 위대한 물리학자 중 한 사람이었던 루트비히 볼츠만Ludwig Boltzmann은 우주의 열역학에 대해 생각하고 있었다(그림 11.1).• 볼츠만은 우리가 사는 우주의 영역이 엔트로피가 낮은 상태라는 것을 알았다. 그러나 우주에서 가장 가능성이 큰 상태는 높은 엔트로피이기 때문에, 그는 우주(그는 당시의 모든 다른 사람들과 마찬가지로 우주가 영원하고 무한하다고 생각했다)가 산발적으로 엔트로피가 더 낮은 영역을 예외로 하면 거의 이 상태에 있다고 상상했다. 그의 아이디어는, 우주의 제한된 영역에서 입자가 순수한 우연에 의해 낮은 엔트로피 배열로 구성될 수 있다는 것이었다. 아무리 가능성이 희박해도 무한한 공간과 시간이 주어지면 이러한 구성은 언젠가는 발생할 것이다. 요컨대, 이러한 영역은 우주의 제한된 영역에서 엔트로피의 무작위 요동으로 인해 생기게 된다. 그리고 볼츠만에 따르면, 우리는 이 낮은 엔트로피 영역 중 하나에 있는 것이다. 단지 그곳이 생명체와 양립할 수 있는 유일한 영역이기 때문이다. 우리가 달리 또 어디에 있을 수 있겠는가?

이것은 순수한 인간 중심적 추론이다. 이 아이디어는 1931년에 또 다른 위대한 물리학자인 아서 에딩턴에 의해 되살아났다. 에딩턴은 지극히 합리적인 인간 중심적 기준에 따라, 우주에서 우리 영역을 생성한 요동은 우리 존재와 양립할 수 있는 최소한의 것이어야 한다고 주장했다. 왜냐하면 작은 요동은 큰 요동보다 훨씬 더 가능성이 크기 때문에, 우리는 작은 요동에 속할 가능성이 훨씬 더 크다. 정확히 말하자면, 자기 인식을 일으킬 수 있는 가장 작은 요동이다.

• 한 번도 생각해 본 적 없는 사람, 손 드세요!

그러나 이것은 사실일 수 없다. 이를 증명하기 위해서는 그저 다음과 같은 질문을 스스로에게 던지면 된다. 우주의 원자가 무작위로 배열되어 사과파이를 형성한다면, 직접 파이를 발생시킬 가능성이 더 클까, 아니면 빵 굽는 사람과 빵 굽는 사람이 살아갈 수 있는 생물권과 빵을 만드는 오븐과 케이크의 모든 재료들을 만들어 낼 가능성이 더 클까? 물론 첫 번째 가설이 가장 작은 무작위 요동에 해당하기 때문에 훨씬 가능성이 크다.

이 추론을 따르면, 자기 인식과 양립할 수 있는 가장 작은 요동은 별과 은하로 가득 찬 우리의 거대한 우주를 만드는 것이 아니라, 열평형 상태의 기체에 둘러싸인 기억과 느낌을 가진 뇌를 직접 생성하는 것이라는 걸 쉽게 알 수 있다. 이 가상의(그리고 조금은 슬픈) 존재를 '볼츠만 두뇌'라고 부른다.

볼츠만 두뇌는 자기 인식과 양립할 수 있는, 최소 엔트로피 요동

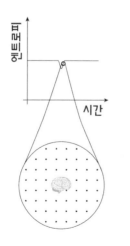 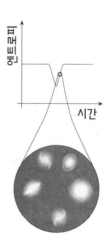

에 해당하는 가상의 실체이다. 그러나 우리가 주변에서 관찰하는 수많은 은하로 구성된 우주는 훨씬 더 큰 엔트로피의 요동에 해당하므로 볼츠만 두뇌를 생성하는 데 필요한 것보다 훨씬 가능성이 적다.

볼츠만이 설명한 시나리오에 인류 원리를 적용하면, 확률적으로 볼 때 우리는 볼츠만 두뇌여야 한다는 예측으로 이어진다. 이것이 자기인식의 형태를 나타내는 것이기 때문이다. 그러나 이 예측은 정확한 것과는 거리가 멀다.

우리는 어디선가 갑자기 튀어나온 벌거벗은 두뇌가 아니라, 낮은 엔트로피 환경에서 점진적으로 발달해 온 복잡한 유기체다. 그리고 우리는 열평형 상태의 가스 바다에 잠겨 있지도 않다. 우리 주위에는 각각 수천억 개의 별을 품은 수조 개의 은하가 있다. 간단히 말해서, 우리가 우리 존재와 양립하는 가장 작은 요동 속에 사는 게 아니라는 것을 이해할 것이다.

이제 당신은 인간 중심적 추론의 힘을 이해해야 한다. 이것은 당신을 극도로 근본적인 결론에 도달하게 할 수 있다. 하지만 또한 극도로 틀린 결론에 이르게 할 수도 있다. 이 경우 추론의 틀린 결론은 시작 가설, 즉 우리가 사는 우주가 높은 엔트로피를 가진 무한하고 영원한 우주 안에서의 무작위적인 요동이라는 가설을 거부할 수 있게 해준다. 사실 오늘날 우리는 관측 가능한 우주가 무한하지도 영원하지도 않다고 확신한다. 왜냐하면 그것은 빅뱅으로 시작했고 낮은 엔트로피로 시작했기 때문이다.

뇌에 대한 볼츠만의 아이디어는 확실히 매력적이지만, 과학계에서는 만장일치로 거부하고 있다. 당신이 방금 읽은 것처럼, 그 이유를 말하기는 쉽다. 우리는 허공을 떠다니는 두뇌가 아니다. 사건 종결이다, 그렇지 않은가? 글쎄, 이렇게 빨리는 아니다.

당신의 친구 피에르질도는 어느 날 악마의 변호인(본래 로마 가톨릭교에서 성자 후보를 심사할 때, 그에게 불리한 증언을 하도록 임명된 자를 가리키는 말―옮긴이)이 될 필요성을 느끼고 당신에게 이렇게 말한다. "당신은 당신이 허공에 떠 있는 두뇌가 아니라고 확신하지만, 그것을 증명할 수 있습니까? 당신은 과학자입니다. 그렇죠? 그렇다면 증명하세요." 당신은 도전을 수락하고 그에게 당신의 손을 보여 준다. "피에르질도, 당신에게 이 손이 보입니까? 그것은 철일 수도 있고 깃털일 수도 있습니다. 어쨌든, 내가 두뇌에 불과하다면 이걸 가질 수는 없을 겁니다." 그러나 그는 교활하게도 이미 대답을 준비하고 있었다. "당신이 그 손을 가지고 있다는 '환상'만 가지고 있다면요? 당신의 모든 감정과 기억이 환상이 아니라고 누가 말할 수 있습니까?"

이에 당신은 큰 한 방을 생각해 낸다. "당신의 가설은 반증 불가능합니다. 어떤 실험도 내 가설이 단지 환상일 뿐인지 말해 줄 수 없습니다. 즉 당신은 나에게 반증 불가능한 가설을 증명하라고 요청하지만 저자들은 제게 이러한 요구를 거부해야 한다고 가르쳤습니다."

피에르질도는 타격을 입었지만, 여전히 탄약통에 든 총알을 쏘고 싶어 한다. "볼츠만 두뇌가 자기인식을 일으킬 수 있는 가장 작은 요동이라면, 가장 작은 요동은 그 안에서 당신이 실제로 진정한 지능을 소유하는 것이 아니라 기억과 감정이 있다는 환상일 뿐입니다. 이게 과학적 추론입니다, 아닙니까?"

피에르질도는 자신이 이겼다고 생각하지만, 당신이 언제 그를 쓰러뜨릴지 모른다. "당신이 말한 것이 사실이라면 과학은 더는 가치가 없을 것입니다. 왜냐하면 과학은 환상에 근거할 수 없기 때문입니다. 당신 논점의 논리적 결론은, 볼츠만 두뇌가 세상을 이해할 수 없다는 것입니다. 그러나 그렇다면, 그래서 우리가 볼츠만의 두뇌라면, 인류 원리에 관해 이야기하거나 우주를 계속 연구하는 것은 의미가 없습니다. 살아남는 것 말고는 어떤 것도 아무런 의미가 없습니다. 이게 당신이 원하는 건가요, 피에르질도?"

게임 셋.

마지막 비틀기 몇 개

볼츠만 두뇌의 역사는 우리에게 한 가지를 가르쳐 준다. 인류 원리는 강력하지만 약간 조정될 필요가 있다. 첫 번째 단계는, 현대 우주론의 큰 기둥인 우주론적 원리와의 성가신 비호환성을 해결하는 것이다. 후자는 우주에서 우리의 위치가 무작위적이라고 말하지만, 인류 원리는 그것이 우리의 존재와 양립할 수 있는 한 특권이 있다고 주장한다.

우리는 두 원리 사이의 통합을 발견함으로써, 즉 우주론과 충돌하지 않는 방식으로 인류 원리를 확인하는 방법을 통해 이 문제를 해결할 수 있다. 이 '향상된 인류 원리'의 공식은 다음 같을 수 있다.

우리는 자기인식이 있는 존재를 수용할 수 있는 우주에서 가장 흔한 지역에 살고 있다.

이런 식으로 우리는 염소와 양배추를 구한다(일종의 교착 상태에서 벗어나 양방향으로 모두를 행복하게 함을 의미하는 표현—옮긴이). 우주에서 우리가 사는 부분은 평범하지 않다. 왜냐하면 지적인 생명과 양립할 수 있기 때문이다(여기서 우리는 인류 원리를 인식한다). 그러나 지적인 생명과 양립할 수 있는 모든 장소 중에서 우리가 있는 곳은 평범하고 전형적이며 무작위적인 것으로 간주하여야 한다(여기서 우리는 우주론적 원리를 인식한다). 즉, 우주에서 우리가 사는 영역은 우주에서 우리가 살 수 있는 모든 영역 중에서 추첨으로 뽑힌 것으로 간주할 수 있다.

이는 이른바 '오컴의 면도날'을 응용한 것으로, 여기서는 두 원리 사이에서 피스메이커 역할을 한다고 볼 수 있다. '오컴의 면도날' 아이디어는 현상을 설명하기 위해 가능한 한 적은 수의 가설을 사용하는 것이 좋은 생각이라는 것이다. 아이작 뉴턴은 이렇게 표현했다. "우리는 자연현상에 대해, 참되면서 동시에 그러한 현상을 설명하기에 딱 맞게 충분한 원인보다 더 많은 원인을 수용해서는 안 된다." 또는 더 간단하게 말하자면, 가장 간단한 설명이 아마도 올바른 설명이기도 할 것이다.*

---

* 예를 들자면? 우주에서 찍은 모든 사진에서 지구가 둥글게 보인다면, 지구가 평평하다고 추론할 수는 없다……

이 경우, 우리가 드물지만 거주 가능한 장소에 있다는 사실에 대한 가장 간단한 설명은, 거주 가능한 장소 중에서는 우리가 있는 장소가 평범하다는 것이다.

그러나 이 아이디어를 최대한 활용하려면 우리도 연관되도록 확장해야 한다. 완전한 '코페르니쿠스적' 정신은 우리가 사는 장소가 평범할 뿐만 아니라(비록 그중에서 드물게도 우리를 수용할 수 있는 곳이지만), 우리 또한 평범하다는 것을 인정함으로써 달성된다. 이 아이디어를 '강한 자기 표본추출 가정strong self-sampling assumption'이라고 하며, 스웨덴 철학자 닉 보스트롬Nick Bostrom이 공식화했다. 그는 이를 다음과 같은 말로 정의했다.

> 다른 모든 것이 같다면, 관찰자는 자신의 범주에 속하는 모든 가능한 과거, 현재, 미래의 관찰자 집합에서 추첨으로 뽑힌 것으로 간주되어야 한다.

여기서 관찰자란 일반적으로 우주에 대한 정보를 수집하고 처리할 수 있는 단일 생물체 또는 생물종을 의미하며, 범주란 관찰자가 속한 그룹(생물체, 탄소 기반 생명 형태, 자기인식적 유기체, 호모사피엔스 등)을 의미한다. 이것이 현재까지 과학적 예측을 하는 데 가장 유용한 인류 원리의 확장판 공식이다.

놀라운 예측

때는 1987년이었다. U2는 〈조슈아 트리〉 앨범과 함께 음악의 역사에 한 획을 그었고, 미국 TV에서는 〈심슨 가족〉과 〈뷰티풀〉 시리즈의 첫 번째 에피소드를 방송했으며, 앤디 워홀과 프리모 레비가 죽었다. 1987년은 천문학 역사에서도 중요한 해였다. 소련은 바로 얼마 전 자체 우주정거장 미르Mir를 조립하기 시작했으며, 1604년 이래 맨눈으로 볼 수 있는 최초이자 현재까지는 마지막인 초신성이 남쪽 하늘에 나타났다.

1979년에 이미 노벨상을 받은 위대한 이론 물리학자 스티븐 와인버그Steven Weinberg가 이전에는 누구도 시도한 적이 없는 위업, 즉 인류 원리를 사용하여 우주상수의 값을 예측하는 일에 도전한 해이기도 하다. 1987년에 이 상수의 값은 알려지지 않았으며, 이 값은 약 10년 후에야 처음으로 측정되었다. 와인버그는 순전히 인류적 논거를 사용하여 이것을 예측하는 것이 안성맞춤이라고 생각했다.

당신은 이미 7장에서 우주상수가 부자연스럽게 작은 값을 갖지만(양자역학으로 추정할 수 있는 것보다 120자리나 낮다), 그러한 극히 작은 값만이 생명을 발생할 수 있게 한다는 것을 보았다. 여기, 와인버그는 우리 존재를 허용하기 위해서는 이 값이 '반드시' 작아야 한다고 주장한 최초의 사람 중 하나였다.

하지만 얼마나 작은가? 이 질문에 답하기 위해 와인버그는 위에서 설명한 '향상된 인류 원리'를 사용했다. 우리는 거주 가능한 우주

중에서 가장 평범한 우주에 살고 있다. 작은 우주상수는 가능성이 적으므로, 우리 우주는 우리 존재와 양립할 수 있는 최대 우주상수를 가져야 한다.

그래서 와인버그는 우주상수 값이 서로 다른 무수한 우주 집합체를 상상하고 거주 가능한 우주의 최댓값이 얼마인지 계산했다. 우리는 계산의 세부사항에는 관심이 없다. 흥미로운 점은 와인버그가 도달한 값이다. 실험적으로 측정한 값보다 딱 한 자릿수가 더 컸다.

그 안에서 우리가 찾을 수도 있었던 우주상수 값의 크기 정도를 고려할 때, 그 자체로 놀라운 성과로 보일 수 있다. 하지만 아직 끝나지 않았다.

몇 년 후 ─우리는 지금 90년대 전반부에 있다─ '강한 자기 표본추출 가정' 아이디어는 그동안 과학계에 자리를 잡았다. 와인버그는 시간을 낭비하지 않고 이 공식을 사용하여 우주상수의 값을 재추정했다. 추론은 이제 다음과 같다. 우리는 우리 범주에 속하는 모든 관찰자('우주상수를 측정할 수 있는 존재'이며 간결함을 위해 '천문학자'라고 부를 것이다) 중에서 추첨을 통해 뽑힌 관찰자다. 따라서 다른 우주상수를 가진 모든 우주에서, 우리가 측정하는 값은 대다수의 '천문학자'가 발견할 값이어야 한다.

이 값을 확인하기 위해 와인버그는 다소 재단된 가설을 사용했다. 즉, 주어진 우주에서 '천문학자'의 수는 해당 우주에서 은하를 형성하는 질량에 비례한다. 직관적으로 말이 된다. 더 많은 물질이 은하로 변환될수록 더 많은 별이 있고, 더 많은 별이 있을수록 더 많은 행성이 있으며, 더 많은 행성이 있을수록 더 많은 '천문학자'가 있을 것이기 때문이다. 다소 조잡한 가설이지만 추정하기에는 좋다. 이처럼 와인버그는 통계적으로 측정할 가능성이 가장 큰 우주상수 값을 계산했고, 이전 값보다 5배 작은 값을 얻었다.

몇 년 후인 1998년에 처음으로 우주상수 값이 측정되었다. 발견된 값이 단지 인류적 고려에 기초하여 예측한 값의 약 절반이라는 사실을 알았을 때 와인버그의 얼굴에 나타났을 놀라움을 상상해 보라. 크기의 정도는 정확히 같았다! 당신도 자신의 공을 뽐낼 수 있겠지만, 인정할 건 인정하자. 당신은 120 자릿수 범위에 들어갈 수 있는 자연의 상수 값을 그토록 정확하게 예측한 적이 분명 없을 것이다!

와인버그는 실제 값보다 몇 조 조 조 조 조 조 조 조 조 조 배 큰 ─또는 우리가 아는 한 작은─ 값을 얻을 수도 있었다. 그러나 그는 충격적일 만큼 정확하게 크기의 정도를 예측했다. 그것도 특별히 정교하지도 않은 계산을 통해!

이것은 와인버그가 비범한 재능을 지녔던 이론 물리학자였을 뿐만 아니라, '강한 자기 표본추출 가정'이 정확한 예측을 끌어낼 수 있는 완벽한 도구라는 것을 의미한다.

끝이 가깝다?

현재까지 와인버그의 예측은 아마도 실험적 측정 이전에 인간이 만들어 낸 실제 테스트 가능한 유일한 예측일 것이다. 이것이 많은 것 중 첫 번째이기를 바란다. '강한 자기 표본추출 가정'은 과학적 관점에서 절대적으로 유효한 추론 방법이 될 모든 잠재력을 가지고 있지만, 숙달하기는 어렵다. 잘못 사용하면 상당히 모순적인 결론에 이를 수 있다.

인류의 종말을 예로 들어 보자. 안 될 건 뭔가.

1804년에 세계 인구는 10억에 도달했다. 1927년에는 20억에 도달했다. 오늘날에는 78억 명이 동시에 살고 있다. 인류가 시작된 이래로 약 1,800억 명의 사람들이 살았던 것으로 추산된다. 그것은 오늘날 혈액을 펌프질하고 산소를 이산화탄소로 바꾸는 우리 모두는 태초부터 이 순간까지 존재했던 전 인류의 7%를 대표한다는 것을 의미한다.

얼마나 많은 사람이 우리를 따라올지 궁금해지는 것은 당연한 일일 것이다. 우리가 멸종하기 전에 얼마나 많은 다른 사람들이 태어날까? 수정 구슬 없이 이 질문에 답하는 것은 불가능하지만, 가장 가까운 친구인 '강한 자기 표본추출 가정'의 도움을 받을 수 있다.

두 개의 상자를 상상해 보자. 하나에는 10개의 공이 들어 있고 다른 하나에는 10억 개의 공이 들어 있다. 두 번째 상자는 매우 큰 상자다. 맞다, 하지만 거기에 정신 팔리지는 말라! 각 상자에 담긴 공에는 번호가 매겨져 있다. 첫 번째 상자에 담긴 공에는 1에서 10까지, 두 번째 상자에 담긴 공에는 1에서 1,000,000,000까지이다. 이제 누군가가 무작위로 두 상자 중 하나에서 숫자 5가 쓰인 공을 뽑았다고 가정하자. 어느 상자에서 꺼냈을 가능성이 높을까? 선택할 대답에 주의하라. 왜냐하면 인류의 운명이 달려 있기 때문이다.

5번 공은 더 적은 수의 공이 들어 있는 상자에서 꺼내졌을 가능성이 훨씬 더 높다. 정확히 말하면, 10개의 공이 들어 있는 상자에서 5번 공을 꺼낼 확률은 1/10이다. 다른 상자에서 같은 공을 꺼낼 확률은 10억 분의 1이다.

이제 우리 차례다. '강한 자기 표본추출 가정'에 따르면, 상자에 있는 모든 공 중에서 5번 공이 뽑힌 것처럼 당신은 가능한 모든 관찰자 중에서 추첨으로 뽑힌 관찰자다. 요컨대, 5번 공이 당신이다. 공의 숫자는 과거, 현재, 미래 인간의 연대순으로 당신의 위치를 나타낸다. 그리고 두 상자는 인류의 미래에 대한 두 가지 가능한 시나리오다. 하나는 당신이 최초의 호모사피엔스와 마지막 호모사피엔스 사이의 중간 정도에 있는 것이고, 다른 하나는 당신이 초기의 인간 중 하나인 것이다. 물론 첫 번째 시나리오는 인류가 역사의 한가운데(즉, 또 다른 20만 년)에 있음을 암시하고, 두 번째 시나리오는 인류가 앞으로 매우 오랫동안 번영할 것으로 예상한다.

10개의 공이 들어 있는 상자에서 5번 공이 나올 가능성이 훨씬 더 높다면, 인류가 그리 오래가지 못할 가능성이 훨씬 더 높아야 할 것이다. 앞에서 우리는 우리 종의 미래가 당신의 대답에 달려 있다고 말했다!

강한 자기 표본추출 가정이 인류의 상대적으로 '임박한' 종말을 예측한다는 생각은 '종말론'으로 알려져 있다. 그러나 이 아이디어는 과학자나 철학자에 의해 특별히 잘 고려되지는 않는다. 사실, 그 타당성을 반증할 수 있는 몇 가지 과학적 또는 철학적 반론이 있다. 예를 들어, '종말론'이 인류 종말에 대해 추정하는 날짜는 과거에 있었던 멸종, 특히 현재의 우리와 같은 지배적인 종의 멸종에 대한 단순한 통계에서 추론할 수 있는 날짜보다 현저히 더 가깝다. 또한 언제나처럼 확률론적인 관점에서 추론했을 때, 종말론을 옹호하는 특정한 사람은 과거와 현재, 미래의 역사 속에서 그때 태어난 사람의 수가 많을수록 존재할 가능성이 더 높다고 주장할 수도 있다. 더욱이, 종말론이 인류에게 적용되는 것과 같은 논리를 종말론 주장 자체에도 적용할 수 있고, 이 경우 추종자 집단이 곧 소멸할 가능성이 크다고 볼 수 있다.

이렇게 '강한 자기 표본추출 가정'은 우주상수에 대한 와인버그의 예측 같은 원대한 결과를 초래할 수도 있지만, 또한 종말론적 주장 같은 미심쩍은 결론으로 이어질 수도 있다. 이것은 확실히 사용하기 매우 어려운 도구다. 왜냐하면 그것은 강력하고 야심적이며, 누군가 말했듯이* 큰 힘에는 큰 책임이 따르기 때문이다.

---

* 만약 누군지 당신이 안다면, 우리는 당신의 괴짜다움을 인정한다!

길은 여전히 멀고 구불구불하다. 그러나 그것은 가야 할 가치가 있는 길이다. 우주와 그 경이로움에 대한 연구뿐 아니라, 과학적 정신을 가지고 위대한 실존적 질문을 마주하는 데도 완전히 새로운 방법을 제공하기 때문이다.

인류 원리는 사실 우주와 우리의 관계를 재설정한다. 우주를 단순히 우리가 사는 장소가 아니라, 우리 작은 인간들 또한 필수적인 부분을 이루는 신비롭지만 고도로 질서 잡힌 과정의 거대한 네트워크로 바라보게 한다.

우주가 자기인식을 가진 생명에 그렇게도 적합한 이유가 무엇이든 간에, 우리 호모사피엔스는 138억 년 전에 시작된 우주의 광대하고 놀라운 역사에서 우리 자신을 어떻게든 주요 등장인물로 간주할 수 있다. 그리고 이를 위해 우리는 밀레니엄 팰컨(《스타워즈》 시리즈에서 한 솔로와 츄바카가 같이 타던 우주선-옮긴이)을 날릴 필요도 없다. 안락의자에 편안하게 앉아서도 가능하다!

에필로그

|

당신은 우주

그는 먼 도시의 낯선 동네에서 길을 잃으면 잃을수록 […]
그가 항해를 시작한 항구와 젊었을 때의 친숙한 장소와
집 주변에 대해 더 많이 알게 되었다.

_이탈로 칼비노, 《보이지 않는 도시들》

당신은 이제 필리포 보나벤투라, 로렌초 콜롬보, 마테오 밀루치오가
쓴 새로운 책 《아무도 넘볼 수 없는 최상의 우주 설계》를 거의 다
읽어 간다. 긴장을 풀고 마음을 편안히 하고 숨을 깊게 쉬어 보라.
조용히 마지막 말을 음미하는 시간을 가져 보라. 당신은 이 책을 읽
으며 우주를 가로지르는 긴 여행을 시작했고, 우주를 구성하는 각각
의 기본 요소들이 당신이 여기 있게 하려고 정확하게 조정된 것처럼
보인다는 것을 발견했다.

그리고 이것이 바로 우리가 인류 원리라고 부르는 것의 핵심으
로, 인류 원리는 우주가 왜 자기인식을 타고난 지적인 존재의 발달과
이례적으로 조화되는 방식으로 설계된 것처럼 보이는지 이해하려고

노력하는 것이다. 인류 원리는 실제 과학적 이론을 뛰어넘는 추론 방식으로, 지난 세기에 우주론과 물리학이 우리에게 제공한 발견에 대한 방법론적 접근이다. 그것은 근본적인 질문에 게으르게 대답하는 방법이 아니다. 그것은 아마도 모든 것 중 가장 근본적인 질문, 즉 우주가 왜 지금처럼 만들어졌는지와 그 우주와 우리의 관계는 무엇인지에 관한 질문에 답하기 위해 가능한 한 최선을 다해 과학적 연구를 계속하도록 고무하는 것이다. 우주의 고유한 구조와 근본적인 수준에서 우주의 거동을 조절하는 매개변수의 값을 볼 때, 왜 모든 것이 당신이 살 수 있도록 작당한 것처럼 보일까?

여기, 우리 우주의 천만 개 초은하단 중 하나에 있는 작고 평화로운 은하단 중에서도 평범한 나선은하 외곽에 있는 노란색 난쟁이별을 도는 세 번째 행성의 표면에서, 당신은 우주의 시간과 비교할 때 눈 깜짝할 사이를 살게 될 것이며, 죽을 수밖에 없는 운명을 가진 당신의 생존과 연동된 수천 가지 우발적인 일로 계속 괴로울 것이다. 모든 우리 하찮은 호모사피엔스들과 마찬가지로, 당신도 우주의 광대함을 진정으로 이해할 수 있을 만큼 충분히 넓은 시공간적 시각을 누릴 수 없다.

우리 뇌는 우리가 알고 있는 가장 복잡한 사물이며, 우리를 다른 어떤 생명체와도 구별하는 명백한 자랑거리다(적어도 지구에서는!). 그러나 그것 역시 한계가 있다. 그것은 우리가 살 기회가 주어진 우주의 작은 구석과 연관되어 우리 생존과 엄격하게 관련된 조금의 정보만을 더 잘 다루도록 진화했다. 우리 뇌는 미터, 초, 킬로그램의 관점에서 생각하도록 의도된 것이지, 시공간의 곡률, 광년 또는 우주의 영겁의 시간을 시각화하기 위한 것이 아니다. 그것은 사과가 땅으로 떨어지거나 더 빨리 달리지 않으면 호랑이에게 따라잡힐 것을 '보는' 것과 같이, 느리고 거대한 이 천체 역학을 '볼' 수는 없다.

우주 역학이 작용하는 것을 실제로 '본' 적이 한 번도 없었기에, 우리 인간은 오랫동안 우주가 우리와 분명히 구별되는 어떤 것, 멀리 떨어져 있는 어떤 것으로, 여기 아래에서 적용되는 것과 다른 법칙과 원리를 따른다고 생각해 왔다. 우리는 저 밖에서 일어나는 일이 이곳에서 일어나는 일에 영향을 미치지 않는다고 오랫동안 확신해 왔다. 하늘과 땅 사이에는 영원한 것과 죽을 운명인 것, 완전한 것과 타락할 수 있는 것, 성스러운 것과 속된 것을 갈라놓는, 다리를 놓을 수 없는 거리가 있다는 것이다.

그런 다음 17세기가 왔고, 그와 함께 근대 과학이 등장해 우주를 실제로 연구할 수 있는 방법을 제공했다. 아직 시작에 불과했지만, 우주를 이해하기 위한 긴 여정에서 수학과 물리학은 어둠 속을 항해하는 뱃사람들을 위한 등대같이 언제나 우리의 안내자가 되어 주었다. 과학 덕분에 우리는 천계의 완전한 세계를 자세히 조사할 수 있었고, 실제로는 그것이 ─ 오즈의 마법사처럼 ─ 불완전한 지상 세계와 같다는 것이 드러났다.

저 위나 여기 아래나 아무런 차이가 없다. 당신이 살아가는 데 필요한 에너지와 당신이 먹는 음식에서 얻는 에너지는 우리가 태양이라고 부르는 별의 빛을 흡수해 에너지를 생산하는 식물로부터 온다. 태양에 있던 에너지의 작은 부분이, 당신을 구성하는 원자를 묶어 주는 화학결합으로 지금 당신 안에 있다. 원자들은 빅뱅 직후나 45억 년 전에 죽은 별의 따뜻한 배 속에서 형성된 것이다. 당신은 이물질이 아니며 우주와 구별되는 어떤 것이 아니다. 당신은 우주의 일부이며, 우주적 현상이다.

아마 당신이 이 책을 읽기 시작했을 때는 그것을 실감하지 못했을 것이다. 아마도 당신은 우주 현상이 초신성, 퀘이사, 블랙홀에만 관련이 있다고 생각했을 것이다. 우주가 성운, 별, 은하단으로만 구성되어 있다고 생각했을 것이다. 아니, 그것은 또한 당신으로 만들어졌다. 우주는 당신이다. 당신은 우주다. 그렇다, 이 책을 읽고 있는 바로 당신 말이다.

그리고 이제 거의 끝에 도달했기 때문에, 당신은 정확한 물리 법칙의 결과이며, 우주 전체를 지배하는 동일한 법칙의 결과임을 이제 알 것이다. 그뿐만이 아니다. 당신의 존재는 우주를 생식능력이 있도록 만들기 위해 함께 작용하는, 매우 가능성이 희박하고 현재는 설명되지 않는 일련의 우연의 결과다. 당신은 자신을 자각하는 우주다.

심장 박동에 주의를 기울여 보라. 그 리드미컬하고 규칙적인 맥박은 바로 당신 생명의 상징이다. 이 에필로그를 읽기 시작한 이후로 약 200번을 뛰었다. 수명이 다하기까지 심장은 약 30억 번 뛸 것이다.

그것은 되는 대로의 숫자가 아니다. 모든 포유동물은 일생 동안 10억 번 정도 심장이 박동한다. 우리가 3배 더 많은 것은 기술과 의학 덕분에 기대 수명이 자연 수명보다 3배 늘어났기 때문이다. 작은 쥐는 미친 사람처럼 빨리 뛰는 심장을 가지고 있지만, 수명이 매우 짧다. 반대로 큰 코끼리는 심장이 느리고 서두를 것 없이 뛰지만, 수명이 길다. 일생 동안의 총 박동 횟수는 모든 포유류에서 거의 동일하다. 이 숫자는 우리를 다른 부류의 동물들과 하나로 묶어 주는 숫자다.

왜 10억일까? 왜 100만이거나 1조가 아닌 걸까? 그리고 왜 모든 포유류에 대해 같은 크기의 정도일까? 그 해답은 우주의 가장 심오한 메커니즘을 지배하는 물리 상수에 있다.

우리는 온혈동물이다. 혈류를 통해 체온을 일정하게 유지한다. 외부 환경으로 전달되는 열(동물의 표면적에 비례)과 펌핑되는 혈액의 양(동물의 부피에 비례) 사이의 균형은 심박수가 동물의 크기에 반비례하는 경우에만 유지될 수 있다. 일생 동안의 심장 박동 수를 추정하려면 단순히 동물의 크기에 비례하는 기대 수명(포유류는 클수록 더 오래 산다)에 심박수를 곱하면 된다. 그리고 이것은 심장 박동 수가 크기와 무관하고 모든 포유류에 대해 동일한 크기의 정도를 갖는 이유를 설명한다.

그 값은 약 10억인데, 기대 수명은 궁극적으로 — 여기에서 설명하기 다소 어려운 이유로 — 태양으로부터 도달하는 에너지와 우리 신체의 원자들을 잡아 두는 결합 에너지에 의존하기 때문이다. 이 양들은 다시 중력의 강도, 미세구조 상수, 전자 질량 등 자연의 다양한 상수에 따라 달라진다. 이 숫자를 한 데 모으면, 우리는 정확히 우리가 관찰하는 것을 얻게 된다. 즉, 포유류는 평생 동안 약 10억 번의 심장 박동을 한다.

당신의 심장 박동에 귀 기울여 보라. 삶의 멜로디가 깔린 단순하지만 지속적인 리듬을 만들어 내면서 잇따라 이어지는 맥박을 느껴보라. 태어날 때부터 함께했고 ―아주 먼!― 당신의 죽음의 순간까지 함께할 리듬이다. 여기, 당신은 이제 그 리듬이 우연이 아니라, 우주의 가장 심오한 법칙에 의해 결정된다는 것을 안다. 10억 번의 박동. 그것은 임의의 숫자가 아니라 우주를 지배하는 물리적 상수의 값에 의해 확립된 숫자다. 당신을 여기 있게 하기 위해 불가사의하지만 매우 정밀하게 조정된 것이다. 중력, 전자기학, 소립자, 열역학, 양자역학. 심장 박동처럼 원시적이고 단순한 것을 조절하는 데 이 모든 것들이 필요하다. 그리고 이들은 또한 별의 일생, 초신성 폭발, 거대한 우주 구조 형성, 우주 팽창을 좌우하는 것과 같은 물리 법칙이다.

당신은 우주다. 우리는 우주다.

반투족 언어에는 이러한 개념에 가까운 단어, '우분투ubuntu'가 있다. 서양 언어에는 대등한 말이 없다. 그것을 번역하려면 다소 비슷하게 들리는 말로 돌려서 표현해야 한다. 즉 "내가 지금의 나인 것은 우리 모두의 덕분이다." 당신이 당신인 것은, 전체 우주가 어떻게 우주의 기본 구조로 만들어졌느냐의 덕분이다. 우주적 우분투다.

우리가 우주 현상에 지나지 않는다면, 우리 자신을 빅뱅으로 시작되어 시간의 종말과 함께 끝날 그 광대한 과정의 필수적인 일부라고 생각할 수 있다. 우주가 우리 존재를 허용하도록 특별하게 만들어졌다면, 우리는 정말로 우주에 속해 있는 것이다. 그러므로 이제 여러분은 알 것이다. 우주는 '저 바깥에' 있는 게 아니라, 그것이 우리의 집이라는 것을. 우리가 가진 유일한 것이자, 우리가 결코 가지지 못할 것이다. 그리고 언젠가 위대한 과학적 모험이 우리를 이끌어 우주를 진정으로 이해하게 된다면, 우리는 그것을 영원히 우리 것으로 만들 것이다. 우리가 우주를 완전히 이해해서 인류 원리와 관련된 무수한 우연의 일치를 설명할 수 있다면, 우리 자신도 이해할 수 있을 것이다.

그러나 당연하게도, 우리는 결코 그럴 수 없을 것이다. 우리는 아마 성공하지 못할 텐데, 왜냐하면 우리가 아는 영역이 확대됨에 따라 우리가 알지 못하는 영역은 더욱 빠르게 확대되기 때문이다. 고대 그리스인에게 우주(코스모스)는 문자 그대로 '질서'였지만, 10^{24}개의 별과 10^{80}개의 입자를 포함하는 930억 광년에 걸쳐 펼쳐진 이 질서를 이해하기란 쉽지 않다.

그러나 이것은 끝이 없을 수 있음을 알면서도 출항할 가치가 있는 여행 중 하나다. 우주를 이해하려는 것은 우리가 누구인지, 우리가 여기서 무엇을 하고 있는지 이해하려는 것을 의미하기 때문이다.

겨우 20만 년 전 세상에 나온 영장류의 한 종으로서는 그 정도 열망만 해도 전혀 나쁘지 않다……

감사의 글

우리를 계속해서 더 많이 사랑해 주는 팬들이 없었다면 이 모든 것은 불가능했을 것이다. 그들이 없었다면 우리의 정보 전파 프로젝트 전체가 아예 존재하지 않았을 것이다. 소셜미디어에서 우리를 팔로우하고 라이브 쇼와 공개 행사에 참석하는 모든 분께 진심으로 감사드린다. 특히 우리의 첫 책을 읽고 이 새로운 모험을 시작할 수 있는 추진력과 자신감을 불어넣어 준 많은 분들에게 감사드린다.

마지막으로, 다시 한번 우리에게 베팅해 준 안드레아 칸차넬라 Andrea Canzanella와, 텍스트를 다시 읽고 편집 단계에서 중요한 도움을 준 키아라 주스티 Chiara Giusti에게 감사드린다.

필리포

비록 이 책을 읽거나 손으로 만질 수는 없을지라도 나는 이 책을 어머니께 바친다. 이례적으로 그녀에게 생명을 점지했던 바로 그 우주가 너무 일찍 그 생명을 거둬들였다. 어머니, 내가 뭔가 좋은 일을 하도록 나를 지지해 준 변치 않은 헌신에 감사드려요. 이 페이지가 그에 대한 보답이 될 수 있기를 바랍니다.

우리 가족에게도 특별한 감사를 전한다. 아버지, 형, 그리고 완벽한 동반자 알리. 그녀가 없었다면 이 광대하고 멋진 우주가 내게 훨씬 덜 의미 있었을 것이다.

마지막으로 이 어려운 시기에 나와 함께해 주고 애정 어린 응원을 보내 주신 모든 분께 감사의 인사를 전한다. 그들의 이름을 하나하나 언급하지 않아도 누구인지 그들은 아주 잘 알고 있을 것이다.

우분투.

로렌초

모든 여행은 한 걸음부터 시작된다. 그러나 두 번째 걸음은 첫 번째 걸음보다 더 까다로울 수 있다. 내 감사의 말은 우리가 우주의 장막 뒤를 엿볼 수 있게 해준 연구 과정을 기꺼이 나에게 공유한 모든 분에게 바친다. 물리학에 대한 글을 쓰면서 추억의 우물과 대학교 교정의 벤치가 다시 떠올랐고, 이에 대해 10년 전과 마찬가지로 지금도 시모네와 알레산드라와 그들의 도움에 특별한 감사를 표한다.

또한 내가 이 일뿐만 아니라 SISSA(이탈리아 트리에스테에 소재한 국제고등연구소-옮긴이)의 'F. Prattico'(과학 커뮤니케이션 석사 과정-옮긴이) 과정을 마치는 데 전념할 수 있도록 그들의 시간과 애정과 성원으로 도움을 준 분들께 감사드린다. 독자 여러분에게는, 다음 세 번째 걸음에 대해 감사드린다.

Hantanyë tyen, Eruannë, tenn' enomentielva.
(와 주셔서 감사합니다, 어둠의 빛이여, 다시 만날 때까지.)

더 알고 싶다면

서적

Barrow, J. D., 《I numeri dell'universo》, Mondadori, 2002 (영문판: 《The Constants of Nature》)

Barrow, J. D. e Tipler, F. J., 《The Anthropic cosmological principle》, Oxford University Press, 2009

Carroll, S., 《Dall'eternità a qui》, Adelphi, 2011 (영문판: 《From Eternity to Here: The Quest for the Ultimate Theory of Time》)

Davies, P., 《Una fortuna cosmica》, Mondadori, 2007 (한국어판: 《코스믹 잭팟》)

Greenstein, G., 《The symbiotic universe》, Morrow, 1988

Gribbin, J. e Rees, M. J., 《Cosmic Coincidences》, ReAnimus Press, 2015 (한국어판: 《암흑 물질로 푸는 우주 진화의 수수께끼》)

과학 논문

Adams, F. C. (2019), 〈The degree of fine-tuning in our universe - and others〉, 《Physics Report》, 807

Applegate, D. et al. (2006), 〈The Traveling Salesman Problem: A Computational Study〉

Barnes, L. A. (2013), 〈The Fine-Tuning of the Universe for Intelligent Life〉, 《Publications of the Astronomical Society of Australia》, 29, 4

Brewster, D., 2010, 〈Memoirs of the Life, Writings, and Discoveries of Sir Isaac

Newton〉, 《Cambridge Library Collection — Physical Sciences》

Carr, B. J. e Rees, M. J. (1979), 〈The anthropic principle and the structure of the physical world〉, 《Nature》, 278, 197

Carter, B. (1974), 〈Large number coincidences and the anthropic principle in cosmology〉, 《Confrontation of cosmological theories with observational data; Proceedings of the Symposium》

Carter, B. (2006), 〈Anthropic principle in cosmology〉, 《arxiv.org》

Clavelli, L. e White, R. E. (2006), 〈Problems in a weakless universe〉, 《arxiv.org》

De Bianchi, S. e Wells, J. D. (2015), 〈Explanation and the dimensionality of space〉, 《Synthese》, 192

Freivogel, B., 2018, 〈Anthropic explanation of the dark matter abundance〉, 《Journal of Cosmology and Astroparticle Physics》, 2010, 03

Grohs, E. et al. (2018), 〈Universes without the weak force: Astrophysical processes with stable neutrons〉, 《Phys. Rev. D》, 97, 4

Harnik, R., Kribs, G. D. e Perez, G. (2006), 〈A universe without weak interactions〉, 《Phys. Rev. D》, 74, 3

Hogan, C. J. (2000), 〈Why the universe is just so〉, 《Reviews of Modern Physics》, 72

Kragh, H. (2010), 〈When is a prediction anthropic? Fred Hoyle and the 7.65 MeV carbon resonance〉, 《PhilSci Archive》, philsci—archive—dev.library. pitt.edu/5332/

MacDonald, J. e Mullan, D. J. (2009), 〈Big bang nucleosynthesis: The strong nuclear force meets the weak anthropic principle〉, 《Phys. Rev. D》, 80, 4

Morel, L. et al. (2020), 〈Determination of the fine—structure constant with an accuracy of 81 parts per trillion〉, 《Nature》, 588

Pochet, T. et al. (1991), 〈The binding of light nuclei, and the anthropic principle〉, 《Astronomy and Astrophysics》, 243, 1

Riess, A. G. et al. (2016), 〈A 2.4% determination of the local value of the Hubble constant〉, 《The Astrophysical Journal》, 826, 1

Tegmark, M. (1998), 〈Is "the Theory of Everything" Merely the Ultimate Ensemble Theory?〉, 《Annals of Physics》, 270, 1

Tegmark, M. e Rees, M. J. (1998), 〈Why is the cosmic microwave background fluctuation level 10^{-5}〉, 《The Astrophysical Journal》, 499

Weinberg, S. (1987), 〈Anthropic Bound on the Cosmological Constant〉, 《Physical Review Letters》, 59, 2607

웹사이트

https://alwaysasking.com/is-the-universe-fine-tuned/

https://www.britannica.com/science/proton-proton-cycle

https://www.dlt.ncssm.edu/tiger/chem2.htm#nuclear

https://www.wm.edu/news/stories/2018/the-weak-force-life-couldnt-exist-without-it.php

https://homepages.spa.umn.edu/~larry/CLASS/GLASSDARKLY/anthrop/anthcoi.html

https://plato.stanford.edu/entries/fine-tuning/

https://sciencemeetsfiction.com/2018/01/23/a-study-in-parallel-universes-the-weakless-universe/

http://www.focus.org.uk/strongforce_long.pdf

https://sci.esa.int/web/euclid

그림 저작권

그림 1.1 © Carnegie Observatories

그림 2.1 © ESA and the Planck Collaboration

그림 2.2 © Russ Carroll, Robert Gendler, Bob Franke, Dan Zowada Memorial Observatory, Wayne State University

그림 2.3 © N.A.Sharp, NOAO/NSO/Kitt Peak FTS/AURA/NSF

그림 3.2 © NSO/NSF/AURA

그림 4.1 © 2005−2021 CERN

그림 5.1 © Kamioka Observatory, ICRR (Institute for Cosmic Ray Research), The University of Tokyo

그림 5.2 © ESA/Hubble, NASA

그림 7.1 © Illustris Collaboration

그림 7.2 © NASA, ESA, and the Digitized Sky Survey. Acknowledgment: Z. Levay (STScI) and D. De Martin (ESA/Hubble)

그림 7.3 © NASA, ESA, and J. Lotz and the HFF Team (STScI)

그림 7.4 © NASA/ESA, The Hubble Key Project Team and The High−Z Supernova Search Team

그림 11.1 © Diderot

- 일러스트 Fabio Magliocca / Librofficina

아무도 넘볼 수 없는
최상의 우주 설계

초판 1쇄 인쇄 | 2024년 3월 20일
초판 1쇄 발행 | 2024년 3월 25일

지은이 | 필리포 보나벤투라, 로렌초 콜롬보,
       마테오 밀루치오
옮긴이 | 박종순
펴낸이 | 조승식
펴낸곳 | 도서출판 북스힐
등록 | 1998년 7월 28일 제 22-457호
주소 | 01043 서울시 강북구 한천로 153길 17

전화 | 02-994-0071
팩스 | 02-994-0073
인스타그램 | @bookshill_official
블로그 | blog.naver.com/booksgogo
이메일 | bookshill@bookshill.com

값 17,000원
ISBN 979-11-5971-558-7